典型兽用抗生素自然环境行为及生态毒理效应

李兆君　成登苗　冯　瑶　等　著

科学出版社

北　京

内 容 简 介

本书基于作者近年来兽用抗生素环境行为的研究成果编纂而成，主要介绍了环境体系(包括农田土壤及自然水体)中典型兽用抗生素吸附-解吸、迁移转化规律、生态毒理效应以及抗生素检测方法等。主要内容包括：农业环境介质中典型兽用抗生素残留检测方法开发及应用，土壤中典型兽用抗生素吸附-解吸规律、降解及生态效应机制，典型抗生素在植物体内的吸收转运及对植物的影响，典型抗生素在水体环境中的降解及水生生物敏感性等。

本书可供环境、生态、农业资源等专业的研究人员、管理人员及高等院校相关专业师生阅读参考。

图书在版编目(CIP)数据

典型兽用抗生素自然环境行为及生态毒理效应 / 李兆君等著. —北京：科学出版社，2020.10

ISBN 978-7-03-066326-9

Ⅰ. ①典… Ⅱ. ①李… Ⅲ. ①兽用药-抗菌素-研究 Ⅳ. ①S859.79

中国版本图书馆CIP数据核字(2020)第197469号

责任编辑：刘 冉 / 责任校对：郑金红
责任印制：吴兆东 / 封面设计：北京图阅盛世

科 学 出 版 社 出版

北京东黄城根北街 16 号
邮政编码：100717
http://www.sciencep.com

北京九州迅驰传媒文化有限公司 印刷
科学出版社发行 各地新华书店经销

*

2020 年 10 月第 一 版 开本：720×1000 1/16
2021 年 12 月第二次印刷 印张：15 3/4
字数：320 000

定价：118.00 元
(如有印装质量问题，我社负责调换)

著 者 名 单

李兆君　成登苗　冯　瑶
刘元望　章　程　马倩倩
李艳丽　张树清　赵全胜

前　言

随着集约化畜牧业以及配合饲料工业的发展，我国每年有数万吨的兽用抗生素作为治疗用药和饲料添加剂，在预防、治疗动物疾病，降低动物发病率与死亡率，提高饲料利用率，促进动物生长和改进动物产品质量等方面均起到了非常重要的作用。但令人不安的是抗生素通过饲喂或肌肉注射进入动物体内并不能完全被吸收，用药量的 30%～90%以母体或代谢物形式随尿液或粪便排出体外，并随未经合理无害化处理的畜禽废弃物作为有机肥施用进入农田环境。在农田生态系统中，抗生素极易向植物体内富集，其富集率可高达万倍以上，同时也会对环境中的非靶标生物产生一定的影响。抗生素还可以抑制植物生长、影响动物发育和诱导抗性基因等，且抗性基因能够通过迁移进入植物体内并影响生态安全；同时，土壤微生物及植物体内的抗性基因可以通过食物链传递进入人体并转移给人体内致病菌，进而使致病菌产生抗性基因而影响人体健康。而有关农业环境中典型兽用抗生素的残留概况与生态风险，典型兽用抗生素在土壤-植物的迁移、降解、吸附行为等科学问题均未有系统论著。

本书在总结过去研究工作的基础上系统地阐述典型兽用抗生素分布特征、迁移机制、检测方法及风险评估，为兽用抗生素环境行为的研究提供参考。本书由李兆君研究员(中国农业科学院农业资源与农业区划研究所)、成登苗(东莞理工学院)和冯瑶，以及刘元望、章程、马倩倩、李艳丽、张树清、赵全胜共同撰写完成。全书共分 8 章。第 1 章介绍典型兽用抗生素在农田环境中的残留情况和风险表征等基本知识，是全书的铺垫(李兆君、成登苗撰写)；第 2 章介绍畜禽粪便、土壤、水、植物等农业环境中残留抗生素的检测方法(冯瑶、成登苗、李兆君撰写)；第 3 章介绍典型抗生素在土壤中的吸附-解吸及其影响因素(马倩倩、李兆君撰写)；第 4 章介绍典型抗生素在土壤中的降解及其微生物分子生态学机制(李艳丽、李兆君撰写)；第 5 章介绍典型抗生素在土壤及根土界面的微生态效应(刘元望、李兆君撰写)；第 6 章介绍典型抗生素在土壤-植物系统的迁移规律、吸收转运及其机制(章程、李兆君撰写)；第 7 章介绍典型抗生素对农业环境植物的毒性分析与生长影响(刘元望、李兆君撰写)；第 8 章介绍典型抗生素对水体环境生物的毒性分析、生长影响及抗生素自然降解反应(成登苗、李兆君撰写)。全书最后由李兆君、成登苗和冯瑶统稿，张树清和赵全胜校稿。

本书的研究工作得到了"十三五"国家重点研发计划(No. 2018YFD0500200)、国家自然科学基金(No. 31572209)的资助，特此向支持和关心作者研究工作的所有单位表示衷心的感谢。作者要感谢科学出版社编辑为本书出版付出的辛勤劳动。本书参考了有关单位或者个人研究成果的部分，均已在参考文献中列出，在此一并致谢。

本书在研究污染物在沉积物-水界面迁移机制、检测方法及风险评估等方面有许多独到的见解及新的检测方法和技术，可作为环境科学、农业环境学类的研究生教材，也可供相关专业的教师及科技工作者参考。

《典型兽用抗生素自然环境行为及生态毒理效应》追求的目标是科学、全面、系统地介绍典型兽用抗生素的自然环境行为和生态毒理效应，这给编写本书增添了难度。再加上作者水平有限，虽几经修改，书中疏漏在所难免，欢迎广大读者不吝赐教。

作　者

2020 年 3 月 23 日

目　　录

第一篇　典型兽用抗生素农业环境残留概况及检测方法

第1章 典型兽用抗生素农业环境残留概况及风险表征

1.1 兽用抗生素简介

近年来，我国畜牧业发展迅速，逐渐成了世界畜牧业大国。随着我国畜牧业生产向集约化和现代化不断发展，兽用抗生素（veterinary antibiotics, VAs）作为治疗用药和饲料添加剂，在预防、治疗动物疾病，降低动物发病率与死亡率，提高饲料利用率，促进动物生长和改善动物产品质量等方面均起到了非常重要的作用（Tylova et al., 2010）。

据统计，2010 年全球牲畜消耗了 63151 吨抗生素，预计到 2030 年，这一数字将惊人地增长 67%，从（63151 ± 1560）吨增至（105596 ± 3605）吨（Van Boeckel et al., 2015）。中国是世界上抗生素生产和消费大国之一。2003 年，中国生产了 28000 吨青霉素和 10000 吨土霉素（OTC），分别占全球总产量的 60%和 65%（Richardson et al., 2005）。四环素类抗生素是最常用的 VAs，其次是磺胺类、大环内酯类及氟喹诺酮类等。表 1.1 列举了畜牧业生产中一些常用的 VAs。

表 1.1 畜牧业生产中常用抗生素

分类	抗生素	结构特征	应用
四环素类 (tetracyclines, TCs)	土霉素 金霉素 四环素	化学结构属于氢化并四苯的衍生物，母核由四个环组成，主要的官能团包括二甲氨基 N(CH$_3$)$_2$、酰氨基 CONH$_2$ 和酚二酮等	动物疾病治疗，同时也作为添加剂大量使用，用于提高饲料利用效率，促进动物生长
磺胺类 (sulfonamides, SAs)	磺胺嘧啶 磺胺甲嘧啶 磺胺二甲嘧啶	一类具有对氨基苯磺酰胺结构的抗生素的总称	动物疾病治疗
大环内酯类 (macrolides, MLs)	泰乐菌素 泰万菌素 替米考星	由链霉菌产生的一类弱碱性抗生素，由两个六元环拼合的双环结构组成，并由内酯基团使其环化，多为碱性亲脂性大分子化合物	动物疾病的治疗，有时也作为添加剂大量使用，用于提高饲料利用效率，促进动物生长
氟喹诺酮类 (fluoroquinolones, FQs)	诺氟沙星 环丙沙星 恩诺沙星 氧氟沙星	在喹诺酮结构的 6 位上添加氟原子，7 位上引入哌嗪环或其他衍生物后，构成的新一代喹诺酮类药物	动物疾病治疗

根据动物的类型和大小，所用抗生素的剂量从 3 mg/kg 到 220 mg/kg 不等（Kumar et al., 2005b）。大多数 VAs 并没有被动物体完全消化，约有给药量的 30%～90%的抗生素随着动物尿液和粪便排出体外（Li Y et al., 2013），且大部分抗生素以原药形式输入到环境体系中（Xie et al., 2012）。兽用抗生素的滥用不但会导致动物性产品药物残留超标，而且还会导致细菌耐药性产生、抗生素抗性基因（antibiotic resistance genes, ARGs）扩散等一系列环境问题，给畜牧业生产和人类健康带来巨大危害。

1.2 兽用抗生素在畜禽粪便及自然环境中的赋存

中国畜禽粪便产量大，据估计，我国畜禽粪便的总产量可达 38 亿吨（成登苗等，2018），其中约 30%的畜禽粪便未经无害化处理直接作为农作物肥料使用。进入土壤中的兽用抗生素不但可能会造成土壤污染，同时还会对土壤微生态系统以及作物正常生长造成一定的影响（姚建华等，2010）；在雨季或农田水分管理不当的情况下，土壤中残留的兽用抗生素又可进一步迁移进入水体环境中，进而对地表水和地下水造成污染风险（Cheng et al., 2014）。

1.2.1 畜禽粪便中抗生素残留概况

畜禽粪便中抗生素残留主要来源于未被动物吸收和代谢的部分。表 1.2 列举了国内外检测频率较高的兽用抗生素，主要包括四环素类、磺胺类、氟喹诺酮类和大环内酯类在内的四大类兽用抗生素在不同畜禽粪便中的残留情况（Hu et al., 2010; An et al., 2015; Hua et al., 2017; Li X et al., 2013; Li et al., 2015; Selvam et al., 2012）。总体而言，不同类型抗生素在畜禽粪便中的残留浓度遵循的规律为：四环素类＞氟喹诺酮类＞磺胺类＞大环内酯类（Li et al., 2015; Zhao et al., 2010）。通过对比各国畜禽粪便中兽用抗生素的残留情况发现，除泰乐菌素和恩诺沙星外，中国各种类型的兽用抗生素的残留浓度在一定程度上高于其他国家（郭欣妍等，2014; Ho et al., 2014）。

表 1.2 不同类型动物粪便中兽用抗生素的浓度水平

分类	名称	浓度（mg/kg）	粪便种类	国家	参考文献
四环素类	四环素	0.11～43.5	混合粪	中国	(Hu et al., 2010)
		0.06～56.95	猪粪	中国	(An et al., 2015)
		0.26～57.95	猪粪	中国	(Hua et al., 2017)
		0.43～2.69	奶牛粪	中国	(Li X et al., 2013)
		0.54～4.57	鸡粪	中国	(Li X et al., 2013)
		0.32～30.55	猪粪	中国	(Li X et al., 2013)

分类	名称	浓度 (mg/kg)	粪便种类	国家	参考文献
四环素类	土霉素	0.08～183.50	混合粪	中国	(Hu et al., 2010)
		0.57～47.25	猪粪	中国	(An et al., 2015)
		ND^a～15.68	猪粪	中国	(Hua et al., 2017)
		0.21～10.37	奶牛粪	中国	(Li X et al., 2013)
		0.96～13.39	鸡粪	中国	(Li X et al., 2013)
		0.73～56.81	猪粪	中国	(Li X et al., 2013)
	金霉素	0.41～26.8	混合粪	中国	(Hu et al., 2010)
		1.24～143.97	猪粪	中国	(An et al., 2015)
		0.36～57.95	猪粪	中国	(Hua et al., 2017)
		0.61～1.94	奶牛粪	中国	(Li X et al., 2013)
		0.57～3.11	鸡粪	中国	(Li X et al., 2013)
		0.68～22.34	猪粪	中国	(Li X et al., 2013)
		11.90	鸡粪	美国	(Dolliver et al., 2008)
		0.119	猪粪	加拿大	(Aust et al., 2008)
		0.046	猪粪	澳大利亚	(Martínez-Carballo et al., 2007)
磺胺类	磺胺甲噁唑	0.23～5.70	混合粪	中国	(Hu et al., 2010)
		0.02～18.00	猪粪	中国	(An et al., 2015)
		0.05～9.35	猪粪	中国	(Hua et al., 2017)
		0.22～1.02	奶牛粪	中国	(Li X et al., 2013)
		0.25～7.11	鸡粪	中国	(Li X et al., 2013)
		0.21～2.16	猪粪	中国	(Li X et al., 2013)
	磺胺嘧啶	0.12～4.98	猪粪	中国	(An et al., 2015)
		0.68～46.37	猪粪	中国	(Hua et al., 2017)
		<MQL^b～5.773	鸡粪	马来西亚	(Ho et al., 2014)
	磺胺甲嘧啶	0.07～4.59	猪粪	中国	(An et al., 2015)
		1.63～16.50	猪粪	中国	(Hua et al., 2017)
	磺胺二甲嘧啶	0.05～1.95	猪粪	中国	(An et al., 2015)
		0.38～37.32	猪粪	中国	(Hua et al., 2017)
		0.10～0.11	奶牛粪	中国	(Li X et al., 2013)
		0.14～0.89	鸡粪	中国	(Li X et al., 2013)
		0.13～0.15	猪粪	中国	(Li X et al., 2013)
		10.80	鸡粪	美国	(Dolliver et al., 2008)
		9.99	猪粪	加拿大	(Aust et al., 2008)
		0.091	鸡粪	澳大利亚	(Martínez-Carballo et al., 2007)
		0.02	猪粪	澳大利亚	(Martínez-Carballo et al., 2007)

分类	名称	浓度 (mg/kg)	粪便种类	国家	参考文献
	氧氟沙星	0.23～15.70	混合粪	中国	(Hu et al., 2010)
	环丙沙星	<LOD^c～4.30	混合粪	中国	(Hu et al., 2010)
		0.28～0.84	奶牛粪	中国	(Li X et al., 2013)
		0.33～2.94	鸡粪	中国	(Li X et al., 2013)
		0.31～0.96	猪粪	中国	(Li X et al., 2013)
氟喹诺酮类	恩诺沙星	0.46～4.17	奶牛粪	中国	(Li X et al., 2013)
		0.33～15.43	鸡粪	中国	(Li X et al., 2013)
		0.36～2.22	猪粪	中国	(Li X et al., 2013)
		0.021～26.86	鸡粪	马来西亚	(Ho et al., 2014)
	诺氟沙星	0.43～1.76	奶牛粪	中国	(Li X et al., 2013)
		0.50～9.52	鸡粪	中国	(Li X et al., 2013)
		0.41～3.18	猪粪	中国	(Li X et al., 2013)
		0.004～1.87	鸡粪	马来西亚	(Ho et al., 2014)
大环内酯类	泰乐菌素	0.22～0.28	奶牛粪	中国	(Li X et al., 2013)
		0.23～0.34	鸡粪	中国	(Li X et al., 2013)
		0.23～1.88	猪粪	中国	(Li X et al., 2013)
		0.014～13.74	鸡粪	马来西亚	(Ho et al., 2014)
		3.70	鸡粪	美国	(Dolliver et al., 2008)
		0.0124	猪粪	加拿大	(Aust et al., 2008)

a. 未检出；b. 方法定量限；c. 检出限

　　如表 1.2 所示，我国四环素类抗生素的残留水平为 ND（未检出）～183.50 mg/kg，特别是土霉素和金霉素的残留水平最大值分别可以达到 183.50 mg/kg 和 143.97 mg/kg，四环素次之，但最高残留浓度也可以达到 57.95 mg/kg；其他国家的变化范围为 0.046～0.119 mg/kg。我国磺胺类抗生素在畜禽粪便中的残留浓度变化范围为 0.02～46.37 mg/kg，其中磺胺嘧啶和磺胺二甲嘧啶的最高残留量分别为 46.37 mg/kg 和 37.32 mg/kg，磺胺甲噁唑和磺胺甲嘧啶次之，最高残留浓度为 18.00 mg/kg 和 16.50 mg/kg；世界其他国家为＜MQL～10.80 mg/kg。我国氟喹诺酮类抗生素的残留浓度变化范围为＜LOD（检出限）～15.70 mg/kg（氧氟沙星）；而马来西亚鸡粪样品中恩诺沙星的最高含量可以达到 26.86 mg/kg（Ho et al., 2014），超过了我国鸡粪样品中的最高含量。我国大环内酯类抗生素的残留浓度为 0.22～1.88 mg/kg；其他国家范围为 0.0124～13.74，其中马来西亚鸡粪样品中泰乐菌素的最高残留可达 13.74 mg/kg，高于我国和其他国家。由表 1.2 可知，虽然我国各地兽用抗生素的污染水平存在不少差异，但是均处于一个较高的残留水平，特别是四环素类抗生素。

此外，其他兽用抗生素也在畜禽粪便中有所检出，比如硝基呋喃类的呋喃唑酮(Pan et al., 2011)、双烯萜类的泰妙菌素(Hou et al., 2015)、大环内酯类的替米考星(Ho et al., 2014)和氯霉素类的甲砜霉素(Chen et al., 2012)等，其浓度最大可以达 136.9 μg/kg。相较于上述四大类常用兽用抗生素，这些抗生素在畜禽粪便中还处于相对较低的残留浓度水平。

1.2.2　土壤环境中抗生素残留概况

土壤通过施用含有抗生素的粪肥和灌溉含抗生素的污水等途径受到抗生素污染并成为抗生素纳污库。国内外土壤中典型抗生素残留水平见表 1.3(Xie et al., 2012; Wei et al., 2016)。

表 1.3　国内外部分土壤中典型抗生素含量(μg/kg)

区域	四环素	土霉素	金霉素	恩诺沙星	环丙沙星	诺氟沙星	磺胺氯哒嗪	泰乐菌素
瑞士					270～400	270～320		
德国	2.3～50.1		1.7～59.9					
英国		1691					365	
西班牙					3000；5800	6200；9800		
加拿大			705～754					1142～1408
浙江(中国)		440～1232	435～1560					
山东(中国)				0.1～166.9	2.4～651.6	0.4～288.3		
江苏(中国)	0～763	0～3511	0～4723	0～3.0	0～9.4			

如表 1.3 所示，不同国家和地区土壤中抗生素残留水平有所差异，这可能与抗生素的使用种类与用量、畜禽粪肥的施用量、环境条件等差异有关。总体来看，土壤中抗生素以四环素类(TCs)抗生素检出频率和浓度最高。Kay 等(2004)检测到英国莱斯特郡索尔河上游的农场土壤中土霉素(OTC)浓度高达 1691 μg/kg。加拿大施粪肥和不用粪肥的农田土壤中金霉素(CTC)的浓度分别为 754 μg/kg 和 705 μg/kg。与发达国家相比，我国土壤中四环素类抗生素残留水平也较高，浙江地区施用畜禽粪便的土壤中 OTC 和 CTC 的最高残留量分别为 1232 μg/kg 和 1560 μg/kg。西班牙土壤中检测到高浓度氟喹诺酮类(FQs)残留，在施用粪肥的两个土壤样品中诺氟沙星(NOR)浓度分别为 6200 μg/kg 和 9800 μg/kg，环丙沙星(CIP)的浓度分别为 3000 μg/kg 和 5800 μg/kg。我国山东省中北部菜地土壤中 NOR 最高检出浓度为 288.3 μg/kg，CIP 最高检出浓度为 651.6 μg/kg(Xie et al., 2012)。由此可见，我国土壤环境中抗生素污染问题也是不容忽视的，应引起足够重视。

1.2.3 水体环境中抗生素残留概况

随着畜禽养殖业中抗生素的大量使用，携带大量未代谢完全的抗生素的畜禽粪污经农业生产和养殖废水排放等方式不断进入水体环境中，使其在不同的水环境体系中不断被检出。水环境体系中抗生素的残留水平多为 ng/L～μg/L 级。同时，抗生素持续不断的输入使其在水体环境中形成一种"假"持久性现象。表 1.4 总结了国内外部分地表水中典型抗生素残留情况(Liang et al., 2013; Na et al., 2013; Yan et al., 2013; Zhang et al., 2013; Chen and Zhou, 2014)。

表 1.4 国内外部分地表水中典型抗生素含量(ng/L)

区域	四环素	土霉素	磺胺二甲嘧啶	磺胺嘧啶	红霉素	氧氟沙星	诺氟沙星
白洋淀			ND～16.1	0.86～505	ND～121	0.38～32.6	ND～156
海河			ND～53.5	3.1～52.0	3.1～10.3	9.1～95.2	ND～128.9
珠江	ND[a]～13.1		ND～218	ND～18.0	ND～121	ND～15.8	ND～136
大连近岸海域	ND～3.82	1.09～6.28	ND～2.81	ND～2.05			
长江口	ND～2.37	ND～22.5	0.53～89.1		0.05～45.4	ND～12.4	ND～14.2
黄海				ND～6.2	ND～187.3		
莱州湾			ND～108	ND～18.7	0.23～282	ND～45.4	ND～572
黄浦江	ND～54.3	ND～219.8	2.2～764.9	4.9～112.5	0.4～6.9	ND～28.5	ND～0.2
渤海湾沿岸带	ND～30.0	ND～270.0	ND～130.0	ND～41.0	ND～150.0	ND～5100	ND～6800
维多利亚港(中国香港)						0～16.4	0～20.1
易北河(瑞士)					30～70		
拉波德尔河(美国)		0～1200					

a. 未检出(<方法定量限)

如表 1.4 所示，在不同区域或水域，抗生素类污染物的分布存在明显差异。海河(Gao et al., 2012)、珠江(Liang et al., 2013)、白洋淀(Shi et al., 2012)、渤海湾沿岸带(Zou et al., 2011)等水体中都存在较高浓度的抗生素残留，而在大连近岸海域(Zhang et al., 2012)、维多利亚港(徐维海, 2007)等水体残留浓度较低。对于不同类抗生素，污染最重的水域也存在一定差异，如磺胺类在黄浦江(Chen and Zhou, 2014)和白洋淀水体中的浓度最高，而氟喹诺酮类和四环素类在渤海沿岸海水中残留浓度最高。

1.3 典型兽用抗生素生态环境风险

抗生素除了用于人类疾病的治疗外，还主要用于动物细菌性感染疾病的治疗和作为促生长剂及饲料添加剂用于集约化畜牧业和养殖业中。摄入动物体内未被代谢的抗生素经不同途径进入环境，导致水体(水和沉积物)和土壤等环境介质中抗生素及其代谢活性产物残留浓度逐渐提高。进入环境介质中的抗生素不仅会抑制微生物的活性，干扰生态系统物质循环和能量流动，同时还会影响植物、土壤动物和微生物的生长等，进而对生态系统稳定构成潜在性的风险。此外，环境中抗生素残留可诱导致病微生物产生 ARGs，进而对人类健康造成巨大威胁。

1.3.1　典型兽用抗生素对土壤微生物及活性的影响

抗生素多为抗微生物药物，能直接杀死环境(土壤和水体等)中某些微生物或抑制其生长，影响环境中微生物群落的组成，影响粪便等有机类物质以及营养元素转化等，进而影响土壤肥力。Dijck 等(1976)研究了抗生素对土壤和水环境中典型微生物的影响，发现有 7 种微生物对测试的 21 种抗生素表现敏感，另外 29 种微生物则对大多数抗生素具有耐药性。Yang 等(2009)研究发现磺胺类(磺胺嘧啶和磺胺甲噁唑)抗生素和四环素类(土霉素)抗生素能够抑制土壤细菌和放线菌生长，使土壤微生物生物量明显下降，却能促进土壤真菌生物量增加。其他研究也证实残留有磺胺嘧啶的畜禽粪便对土壤微生物群落结构和细菌多样性产生显著影响，并使土壤细菌/真菌比例下降(Hammesfahr et al., 2008)。Zhang 等(2002)研究发现，土壤中阿维素含量达到 25 mg/kg 时就能明显抑制土壤微生物的种群数量和细菌、真菌、放线菌的生长速度。

微生物群落结构的变化，尤其是功能微生物群落的消长，势必影响微生物活性及生态功能。Thiele-Bruhn 和 Beck(2005)研究表明四环素浓度在 0.003～7.35 mg/kg 时对土壤微生物活性具有抑制作用。而磺胺嘧啶对土壤基质诱导呼吸作用的影响随时间、剂量和土壤性质的不同有所变化(Kotzerke et al., 2008)。王加龙等(2005)研究了恩诺沙星对土壤微生物功能的影响。研究结果显示，在药物作用活性期 6 d 内，相对较低浓度恩诺沙星残留对土壤呼吸作用有刺激作用，而相对较高浓度(1 μg/g)则对其产生抑制作用。说明高浓度恩诺沙星会抑制土壤微生物群体的生命活动，降低土壤呼吸作用，进而会影响土壤中有机质的分解与再循环，降低土壤肥力。但是恩诺沙星对土壤纤维分解作用没有明显影响。其原因可能是土壤中分解纤维素的微生物很多，种群分布广泛(细菌、放线菌、真菌中都有)，另外，恩诺沙星抗菌机制主要是通过抑制原核生物特别是细菌 DNA 旋转酶活力使其 DNA 无法复制而起到杀菌作用，而对真核生物相应酶作用微弱，而在该实验条件下(pH 为 6.0)，土壤中纤维素的降解主要依靠真菌作用。高浓度的恩诺沙星对与土壤供氮能力相关的氨化作用和硝化作用均有抑制作用，而且对土壤硝化作用的影响更显著。土壤硝化作用与氨化作用一样，都是生物圈内氮循环的重要环节，因此，若土壤中恩诺沙星残留长期保持着较高水平，则会在一定程度上破坏土壤的氮循环。

　　兽用抗生素对微生物的毒性随作用时间延长而存在很大差异。Thiele 和 Beck (2005)采用基质诱导呼吸法研究了土霉素和磺胺嘧啶对两种不同表土呼吸强度的影响。结果表明，沙质始成土土壤施入两种抗生素 4 h 后对呼吸强度没有影响，24 h 后兽药显著抑制呼吸强度，48 h 后，呼吸强度有所升高；壤质淋溶土土壤施入这两种兽药后，48 h 内对呼吸强度没有影响，48 h 后显著抑制土壤呼吸强度。他们的研究还表明，在 14 d 培养期内，土霉素和磺胺嘧啶显著降低了土壤微生物生物量，但真菌数量随着两种兽药浓度升高而增多，土霉素对真菌的增加效果更明显。因此，土霉素也被用来作为土壤中细菌杀菌剂来研究真菌的功能。此外，Boleas 等(2005)的研究结果表明，当土壤中土霉素浓度为 0.01～100 mg/kg 时，*Eiseniafoetida S.* 活性不受影响，但显著抑制了脱氢酶和磷酸酶的活性。他们还发现与只施土霉素相比，土霉素与粪便混施处理的酶活性最先受到抑制，但随后毒性消失。

　　在适当浓度下，一些兽用抗生素可提高微生物活性，促进其生长。因此，兽用抗生素对土壤微生物的影响是多个影响因子共同作用的结果。表 1.5 列出了几种兽用抗生素对生物的毒性效应。

表 1.5　几种兽用抗生素对生物的毒性效应

抗生素	受试生物	毒性指标：抑制率(%)	浓度(mg/L)
枯草杆菌抗生素	大型蚤	EC_{50}(24 h)，EC_{50}(48 h)	126，30
土霉素	污泥细菌	EC_{50}	1.2
土霉素+青霉素	细菌(沙土)	71%	10
四环素	污泥细菌	EC_{50}	22
泰乐菌素	污泥细菌	EC_{50}	54.7
磺胺嘧啶	污泥细菌	EC_{50} 0/10 h	15.9/16.8

注：引自 Sarmah et al., 2006，有删改

1.3.2　典型兽用抗生素对水生生物的影响

　　目前，关于抗生素对水生生物的毒性研究主要集中于甲壳类、藻类和细菌。已有研究表明氯霉素、氟苯尼考、甲砜霉素对隆线蚤和剑尾鱼属于低毒物质(李霞，2010)，阿莫西林、红霉素、左氧氟沙星和诺氟沙星对蓝藻类的毒性效应比绿藻类更敏感(Gong et al., 2013)。Wollenberger 等(2000)研究发现，喹乙醇对大型蚤的急性毒性很强，并对水环境有潜在不良作用，1.0 mg/kg 的土霉素会导致锥形宽水蚤生长异常和繁殖障碍。低于急性中毒剂量的奥林酸仍能严重干扰淡水中甲壳类生物水蚤的繁殖性能。伊维菌素对大型蚤的毒性大于鱼类，伊维菌素对太阳鱼和虹鳟 48 h 的半数致死浓度分别为 4.8 μg/L 和 3.0 μg/L。同时，水蚤和鱼对大环内酯

类药物比较敏感，蓝绿藻细菌对很多抗微生物药物敏感，如阿莫西林、青霉素、沙拉沙星、螺旋霉素和土霉素等的 EC_{50} 值均低于 100 μg/L（Holten et al., 1999），并对鱼的酶活性、免疫机能和胚胎发育产生不良影响。

另外，阿维菌素、伊维菌素和美倍霉素在环境中的滞留对周围昆虫有强大的抑制或杀灭作用。伊维菌素可使粪虫（甲壳虫）成虫繁殖能力下降，幼虫发育受阻，对金龟子的影响可达排泄后的 10 d 左右。

1.3.3　典型兽用抗生素对植物的影响

尽管抗生素在环境中浓度较低，但是由于其具有生物活性，因此在长期的低水平暴露的情况下，抗生素对土壤环境中的微生物抗性、土壤动物生物毒性影响以及通过食物链对高营养级非靶标生物产生的效应已经成了一个新的研究热点。同时，由于同一生物对不同药物的反应不同，不同生物对同种药物的反应也存在差异，所以药物进入环境后对环境生物的影响呈现多态性（张可煜等，2006）。抗生素类药物进入环境后，主要从环境生物个体、环境系统物质转化等方面对环境产生影响（孔维栋和朱永官，2007）。

药物对植物生长发育的影响取决于药物的类型、剂量等因素。较低浓度的氯四环素和土霉素就能显著地影响杂色豆的生长和发育。当培养介质（土壤）中抗生素浓度为 160 μg/L 时，杂色豆要比萝卜敏感得多。另外，Migliore 等（1996）的研究结果表明，当磺胺嘧啶浓度处于 13～2000 mg/kg 的浓度范围内，几种试验植物体内抗生素主要被根系积累，根系中抗生素含量显著高于植物茎部。但是，上述浓度与环境中抗生素的实际浓度差异较大，不能代表实际环境中抗生素对植物的影响（Jjemba, 2002）。Kong 等（2007）的研究结果表明，水培营养液中土霉素浓度超过 0.002 mmol/L 时，土霉素即对紫花苜蓿（*Medicago sativa* L.）生长产生抑制作用。虽然抗生素能够影响植物生长和发育，但是由于不同植物对抗生素的吸收和耐性强度不同，抗生素的植物毒性效应也存在较大差异。Kumar 等（2005a）研究结果表明，玉米、洋葱和甘蓝能够吸收氯四环素，但不吸收泰乐菌素。李兆君等（2008）的研究结果则表明土霉素对小麦的毒性存在基因型差异，不同品种之间耐性相差可达 100 倍。

总之，虽然抗生素对植物的毒性已有一定的研究，但是大部分集中在对植物生长及其体内分布的研究上，对胁迫条件下，植物体内的生理生化反应报道甚少。

参 考 文 献

成登苗, 李兆君, 张雪莲, 等. 2018. 畜禽粪便中兽用抗生素削减方法研究进展. 中国农业科学, 51: 3335-3352.

郭欣妍, 王娜, 许静, 等. 2014. 兽药抗生素的环境暴露水平及其环境归趋研究进展. 环境科学与技术, 37: 76-86.

孔维栋, 朱永官. 2007. 抗生素类兽药对植物和土壤微生物的生态毒理学效应研究进展. 生态毒理学报, 2: 1-9.

李霞. 2010. 氟苯尼考及其类似物对水生生物的毒性效应. 广州: 暨南大学.

李兆君, 姚志鹏, 张杰, 等. 2008. 兽用抗生素在土壤环境内的行为及其生态毒理效应研究进展. 生态毒理学报, 3: 15-20.

王加龙, 刘坚真, 陈杖榴, 等. 2005. 恩诺沙星残留对土壤微生物数量及群落功能多样性的影响. 应用与环境生物学报, 11: 86-89.

徐维海. 2007. 典型抗生素类药物在珠江三角洲水环境中的分布、行为与归宿. 广州: 中国科学院研究生院(广州地球化学研究所).

姚建华, 牛德奎, 李兆君, 等. 2010. 抗生素土霉素对小麦根际土壤酶活性和微生物生物量的影响. 中国农业科学, 43: 721-728.

俞慎, 王敏, 洪有为. 2011. 环境介质中的抗生素及其微生物生态效应. 生态学报, 31: 4437-4446.

张可煜, 章力建, 薛飞群, 等. 2006. 兽药的立体污染及防治. 中国兽医寄生虫病, 14: 40-46.

An J, Chen H, Wei S, et al. 2015. Antibiotic contamination in animal manure, soil, and sewage sludge in Shenyang, Northeast China. Environmental Earth Sciences, 74: 5077-5086.

Aust M O, Godlinski F, Travis G R, et al. 2008. Distribution of sulfamethazine, chlorotetracycline and tylosin in manure and soil of Canadian feedlots after subtherapeutic use in cattle. Environmental Pollution, 156(3): 1243-1251.

Boleas S, Alonso C, Pro J, et al. 2005. Toxicity of the antimicrobial oxytetracycline to soil organisms in a multi-species-soil system(MS.3) and influence of manure co-addition. Journal of Hazardous Materials, 122(3): 233-241.

Chen K, Zhou J. 2014. Occurrence and behavior of antibiotics in water and sediments from the Huangpu River, Shanghai, China. Chemosphere, 95: 604-612.

Chen Y, Zhang H, Luo Y, et al. 2012. Occurrence and assessment of veterinary antibiotics in swine manures: A case study in East China. Chinese Science Bulletin, 57: 606-614.

Cheng D, Liu X, Wang L, et al. 2014. Seasonal variation and sediment-water exchange of antibiotics in a shallower large lake in North China. Science of the Total Environment, s476-477: 266-275.

Dijck P V, van de Voorde H, 1976. Sensitivity of environmental microorganism to antimicrobial agents. Applied and Environmental Microbiology, 31: 332-336.

Dolliver H, Gupta S, Noll S. 2008. Antibiotic degradation during manure composting. Journal of Environmental Quality, 37(3): 1245-1253.

Gao L, Shi Y, Li W, et al. 2012. Occurrence, distribution and bioaccumulation of antibiotics in the Haihe River in China. Journal of Environmental Monitoring, 14: 1247-1254.

Gong L M, Gonzalo S, Rodea-Paloma R I, et al. 2013. Toxicity of five antibiotics and their mixtures towards photosynthetic aquatic organisms: Implications for environmental risk assessment. Water Research, 47: 2050-2064.

Halley B A, Jacob T A, Lu A Y, 1989. The environmental impact of the use of ivemectine, environmental effects and fate. Chemosphere, 18: 1543-1563.

Hammesfahr U, Heuer H, Manzke B, et al. 2008. Impact of the antibiotic sulfadiazine and pig manure on the microbial community structure in agricultural soils. Soil Biology and Biochemistry, 40(7): 1583-1591.

Ho Y B, Zakaria M P, Latif P A, et al. 2014. Occurrence of veterinary antibiotics and progesterone in broiler manure and agricultural soil in Malaysia. Science of the Total Environment, 488-489: 261-267.

Holten L H C, Halling-Sørensen B, Jørgensen S E, 1999. Algal toxicity of antibacterial agents applied in Danish fish farming. Archives of Environmental Contamination and Toxicology, 36: 1-6.

Hou J, Wan W, Mao D, et al. 2015. Occurrence and distribution of sulfonamides, tetracyclines, quinolones, macrolides, and nitrofurans in livestock manure and amended soils of Northern China. Environmental Science & Pollution Research, 22: 4545-4554.

Hu X, Zhou Q, Luo Y. 2010. Occurrence and source analysis of typical veterinary antibiotics in manure, soil, vegetables and groundwater from organic vegetable bases, northern China. Environmental Pollution, 158: 2992-2998.

Hua W, Chu Y, Fang C. 2017. Occurrence of veterinary antibiotics in swine manure from large-scale feedlots in Zhejiang Province, China. Bulletin of Environmental Contamination & Toxicology, 98: 472.

Jjemba P K. 2002. The potential impact of veterinary and human therapeutic agents in manure and biosolids on plants grown on arable land: a review. Agriculture Ecosystems & Environment, 93: 267-278.

Kong W, Zhu Y, Liang Y, et al. 2007. Uptake of oxytetracycline and its phytotoxicity to alfalfa. Environmental Pollution, 147: 187-193.

Kotzerke A, Sharma S, Schauss K, et al. 2008. Alterations in soil microbial activity and N transformation processes due to sulfadiazine loads in pig-manure. Environmental Pollution, 153: 315-322.

Kumar K, Gupta S C, Baidoo K S, et al. 2005a. Antibiotic uptake by plants from soil fertilized with animal manure. Journal of Environmental Quality, 34: 2082-2085.

Kumar K, Gupta S C, Chander Y, et al. 2005b. Antibiotic use in agriculture and its impact on the terrestrial environment. Advances in Agronomy, 87: 1-54.

Li C, Chen J, Wang J, et al. 2015. Occurrence of antibiotics in soils and manures from greenhouse vegetable production bases of Beijing, China and an associated risk assessment. Science of the Total Environment, s521-522: 101-107.

Li X, Xie Y, Wang J, et al. 2013. Influence of planting patterns on fluoroquinolone residues in the soil of an intensive vegetable cultivation area in Northern China. Science of the Total Environment, s458-460: 63-69.

Li Y, Zhang X, Li W, et al. 2013. The residues and environmental risks of multiple veterinary antibiotics in animal faeces. Environmental Monitoring & Assessment, 185: 2211-2220.

Liang X, Chen B, Nie X, et al. 2013. The distribution and partitioning of common antibiotics in water and sediment of the Pearl River Estuary, South China. Chemosphere, 92: 1410-1416.

Martínez-Carballo E, González-Barreiro C, Scharf S, et al. 2007. Environmental monitoring study of selected veterinary antibiotics in animal manure and soils in Austria. Environmental Pollution, 148: 570-579.

Migliore L, Brambilla G, Casoria P, et al. 1996. Effect of sulphadimethoxine contamination on barley (*Hordeum distichum* L., Poaceae, Liliopsida). Agriculture Ecosystems & Environment, 60: 121-128.

Na G, Fang X, Cai Y, et al. 2013. Occurrence, distribution, and bioaccumulation of antibiotics in coastal environment of Dalian, China. Marine Pollution Bulletin, 69: 233-237.

Pan X, Qiang Z, Ben W, et al. 2011. Residual veterinary antibiotics in swine manure from concentrated animal feeding operations in Shandong Province, China. Chemosphere, 84: 695-700.

Richardson B J, Lam P K S, Martin M. 2005. Emerging chemicals of concern: Pharmaceuticals and personal care products (PPCPs) in Asia, with particular reference to Southern China. Marine Pollution Bulletin, 50(9): 913-920.

Sarmah A K, Meyer M T, Boxall A B A. 2006. A global perspective on the use, sales, exposure pathways, occurrence, fate and effects of veterinary antibiotics (VAs) in the environment. Chemosphere, 65: 725-759.

Selvam A, Zhan Z, Wong J, 2012. Composting of swine manure spiked with sulfadiazine, chlortetracycline and ciprofloxacin. Bioresource Technology, 126: 412-417.

Shi Y, Pan Y, Wang J, 2012. Distribution of perfluorinated compounds in water, sediment, biota and floating plants in Baiyangdian Lake, China. Journal of Environmental Monitoring, 14: 636-642.

Thiele-Bruhn S, Beck I C. 2005. Effects of sulfonamide and tetracycline antibiotics on soil microbial activity and microbial biomass. Chemosphere, 59: 457-465.

Tylova T, Olsovska J, Novak P, et al. 2010. High throughput analysis of tetracycline antibiotics and their epimers in liquid hog manure using ultra performance liquid chromatography with UV detection. Chemosphere, 78: 353-359.

Van Boeckel T P, Brower C, Gilbert M, et al. 2015. Global trends in antimicrobial use in food animals. Proceedings of the National Academy of Sciences of the United States of America, 112(18): 5649-5654.

Wei R, Ge F, Zhang L, et al. 2016. Occurrence of 13 veterinary drugs in animal manure-amended soils in Eastern China. Chemosphere, 144: 2377-2383.

Wollenberger L, Halling-Sorensen B, Kusk K O. 2000. Acute and chronic toxicity of veterinary antibiotics to Daphnia magna. Chemospere, 40: 723-730.

Xie Y, Li X, Wang J, et al. 2012. Spatial estimation of antibiotic residues in surface soils in a typical intensive vegetable cultivation area in China. Science of the Total Environment, 430: 126-131.

Yan C, Yang Y, Zhou J, et al. 2013. Antibiotics in the surface water of the Yangtze Estuary: Occurrence, distribution and risk assessment. Environmental Pollution, 175: 22-29.

Yang Q, Zhang J, Zhu K, et al. 2009. Influence of oxytetracycline on the structure and activity of microbial community in wheat rhizosphere soil. Journal of Environmental Sciences, 21: 954-959.

Zhang R, Tang J, Li J, et al. 2013. Occurrence and risks of antibiotics in the coastal aquatic environment of the Yellow Sea, North China. Science of the Total Environment, 450-451: 197-204.

Zhang R, Zhang G, Zheng Q, et al. 2012. Occurrence and risks of antibiotics in the Laizhou Bay, China: Impacts of river discharge. Ecotoxicology and Environmental Safety, 80: 208-215.

Zhang Y, Luo Z, Zhao Y. 2002. The effect of averment on the activity of soil microbiology. Journal of Jiamusi University (Natural Science Edition), 20: 49-51.

Zhao L, Dong Y, Wang H, 2010. Residues of veterinary antibiotics in manures from feedlot livestock in eight provinces of China. Science of the Total Environment, 408: 1069-1075.

Zou S, Xu W, Zhang R, et al. 2011. Occurrence and distribution of antibiotics in coastal water of the Bohai Bay, China: Impacts of river discharge and aquaculture activities. Environmental Pollution, 159: 2913-2920.

第 2 章　农业环境中抗生素残留检测方法

近年来，随着人们对食品安全和环境问题的重视，环境和食品中抗生素残留的危害性逐渐受到公众的关注，对多介质中抗生素残留检测和去除的探究也日益增多。抗生素因其化学结构不同而具有不同的特性。因此，所有不同种类的抗生素较难实现同时分析(Yuan et al., 2014)。我们以常用典型抗生素为研究对象，研究建立了畜禽粪便、土壤、水体、植物等不同环境介质中多种抗生素同时检测的方法，包括样品的前处理、萃取条件以及色谱测试条件等，以期为环境中抗生素的残留检测与风险评价提供方法支撑。

2.1　畜禽粪便及土壤中抗生素残留的检测方法

畜禽粪便和土壤均是含有多组分的复杂介质，有机物种类繁多，不利于其中抗生素残留的提取与检测。通过有效的前处理技术减少基质干扰，摸索简便可靠的抗生素分析检测方法是研究畜禽粪便和土壤介质中抗生素残留的有效途径。国内外学者对两种介质中抗生素分析检测技术也开展了研究。由于同属一类的抗生素性质相似，故很多研究建立了某一种或某一类抗生素的检测方法。王冉等(2007)建立了猪粪便、猪尿液和鸡排泄物中金霉素的提取和高效液相色谱(HPLC)法，该方法的检测限为 0.5 mg/kg。Marco 等(2003)建立了牛粪中土霉素和泰乐菌素同时检测的高效液相色谱法，检测限为 10 μg/kg。Andreu 等(2009)建立了土壤中金霉素、土霉素、四环素、多西霉素等四种四环素类抗生素同时检测的加压液相萃取-固相萃取-液相色谱-串联质谱(PLE-SPE-LC-MS/MS)法，检测限为 1～3 μg/kg。但是，养殖中使用的兽用抗生素种类多样，导致环境中抗生素并非单一存在。因此，更多的研究聚焦于多种类抗生素的同时分析检测。王丽等(2013)利用固相萃取-高效液相色谱-串联质谱(SPE-HPLC-MS/MS)法同时测定畜禽粪便中四环素类(四环素、金霉素、土霉素)、喹诺酮类(诺氟沙星、环丙沙星、洛美沙星)和磺胺二甲嘧啶 7 种抗生素，检出限分别为 0.25～7.18 μg/kg、0.15～3.16 μg/kg 和 0.04 μg/kg。Jacobsen 等(2004)建立了 PLE-SPE-LC-MS/MS 法，实现了土壤中四环素类(金霉素、土霉素)、磺胺类(磺胺嘧啶)、大环内酯类(红霉素、泰乐菌素)等 5 种抗生素的同时检测，检测限为 0.6～5.6 μg/kg。高效液相色谱方法定量限偏高，而液相色谱-串联质谱(LC-MS/MS)成本高，检测费用高，很难满足抗生素的常规测定。本节通过对提取过程中提取剂种类、固相萃取柱及淋洗液和洗脱液的选择进行优化,建立并完善了畜禽粪便和土壤中五大类共计 11 种抗生素残留同时检测的固相萃取-高效液相色谱方法。同时,采集养殖场新鲜样品以验证方法的可行性,为监测畜禽粪便中多种抗生素残留提供技术支撑。

目标抗生素标准品:土霉素(oxytetracycline, OTC)、金霉素(chlortetracycline, CTC)、诺氟沙星(norfloxacin, NOR)、环丙沙星(ciprofloxacin, CIP)、恩诺沙星(enrofloxacin, ENR)、磺胺噻唑(sulfathiazole, ST)、磺胺二甲嘧啶(sulfamethazine, SDMe)、磺胺甲噁唑(sulfamethoxazole, SMZ)、氯霉素(chloramphenicol, CAP)、泰乐菌素(tylosin, TYL)购自德国 Dr. Ehrenstorfer 公司,磺胺间甲氧嘧啶(sulfamonomethoxine, SMN)购自美国 Sigma 公司。上述 11 种抗生素的分子结构见表 2.1。

准确称取上述 11 种抗生素药物标准品各 0.010 g,加入少量甲醇溶解,然后转移到 10 mL 棕色容量瓶中,用甲醇定容,配制成 1.0 mg/mL 的标准储备液。混合标准溶液(0.1 mg/L、0.5 mg/L、1.0 mg/L、5.0 mg/L、10.0 mg/L 和 50.0 mg/L)均由储存标样加甲醇稀释配制而成。以上标准储备液和混合标准溶液均保存在 4℃冰箱中。

2.1.1 样品采集与前处理

1. 畜禽粪便样品

在同一采样点选取具有代表性的 3~4 个点进行混合,采集工具使用直径 2 cm 的柱状采样器。采集到的畜禽粪便样品用黑色塑封袋密封,用干冰冷藏保存并尽快运输至实验室,畜禽粪便样品运回实验室后进行冷冻干燥,研磨过 60 目不锈钢筛,装于黑色塑封袋中−20℃冻存。

准确称取(1.00 ± 0.001)g 粪样于 50 mL 试管中,每个样品设置 3 个重复。在 1.00 g 冻干样品中加入 EDTA-McIlvaine 缓冲液 10 mL,涡旋混匀 30 s,超声 15 min,然后在 4℃,8000 r/min 条件下离心 10 min,将上清液倒入干净的离心管中,沉淀再加入 10 mL 的 EDTA-McIlvaine 缓冲液,重复以上步骤,提取两次后的沉淀再用 10 mL 有机混合提取剂分为两次提取,步骤同上。合并四次提取液,用 10 mL 正己烷去除脂肪,过 0.45 μm 微孔滤膜,将过膜后液体在旋转蒸发仪上(70 r/min,40℃)浓缩至 3~5 mL,用于净化。将 Oasis HLB 固相萃取柱(6 mL/500 mg,美国 Waters 公司)依次用 5 mL 甲醇和 10 mL 超纯水活化。然后将浓缩后的提取液以 1 mL/min 流速过柱,用 5 mL 淋洗液(25%甲醇水溶液)冲洗 HLB 萃取柱并真空抽干 5 min,然后向 HLB 小柱中加入 10 mL 洗脱液(65%甲醇水溶液)以将富集在小柱上的目标抗生素洗脱下来,收集洗脱液于旋转蒸发仪上蒸至近干,用流动相(0.1%甲酸水溶液:乙腈 = 80:20,体积比)定容至 1 mL,过 0.22 μm 的有机系滤膜,待测。具体步骤如图 2.1 所示。

表 2.1　所选抗生素的基本性质及应用范围

分类	药品	分子量	结构	pK_a	$\log K_{ow}$	应用范围
四环素类 TCs	土霉素 OTC	460.43		3.3/7.3/9.1	−0.90, −1.22	人类、牛、羊、猪、鸡
	金霉素 CTC	478.89		3.3/7.4/9.3	−0.62, −0.36	人类、牛、羊、猪、鸡
氟喹诺酮类 FQs	诺氟沙星 NOR	319.24		6.22/8.51	−1.0, −1.7	人类、鱼、牛、羊、猪、鸡
	环丙沙星 CIP	331.35		6.43/8.49	0.28	人类、鱼、牛、羊、猪、鸡

续表

分类	药品	分子量	结构	pK_a	$\log K_{ow}$	应用范围
氟喹诺酮类 FQs	恩诺沙星 ENR	359.40		6.27/8.3	1.1	人类、鱼、牛、羊、猪
磺胺类 SAs	磺胺噻唑 ST	255.32		7.10	0.02	人类、鱼、牛、羊、猪、鸡
	磺胺二甲嘧啶 SDMe	278.33		2.65/7.65	0.26	人类、鱼、牛、羊、猪、鸡
	磺胺间甲氧嘧啶 SMN	280.30		6.05	0.18	人类、鱼、牛、羊、猪、鸡
	磺胺甲噁唑 SMZ	253.28		1.4/5.8	0.89	人类、鱼、牛、羊、猪、鸡

续表

分类	药品	分子量	结构	pK_a	logK_{ow}	应用范围
氯霉素类 CAPs	氯霉素 CAP	323.14		9.5	1.14	牛、鸡、虾
大环内酯类 MAs	泰乐菌素 TYL	916.10		7.1	3.5	牛、羊、猪、鸡

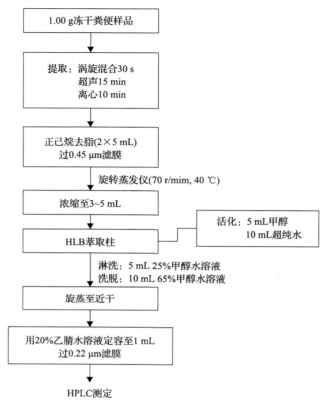

图 2.1　畜禽粪便中抗生素提取流程图

2. 土壤样品

在同一采样点选取具有代表性的 3~4 个点进行混合，采集工具为直径 2 cm 的柱状采样器，采样深度为 0~20 cm。样品采集后用黑色塑封袋密封，冷藏运输至实验室，土壤样品运回实验室后进行冷冻干燥，研磨过 100 目不锈钢筛，装于黑色塑封袋中 –20℃冻存。土壤样品的前处理与畜禽粪便样品基本一致，因土壤中不像畜禽粪便中含有较多的脂肪，故无须利用正己烷进行去脂。具体流程见图 2.2。

提取过程中所用的甲醇、乙腈、正己烷均为色谱纯，购自美国 Fisher 公司；丙酮、磷酸氢二钠、乙二胺二乙酸二钠、柠檬酸、甲酸、乙酸、磷酸和氢氧化钠均为分析纯试剂，购买自广州试剂公司；实验用水为经 Milli-Q 净化系统（Millipore, Billerica, MA, USA）过滤的去离子水。

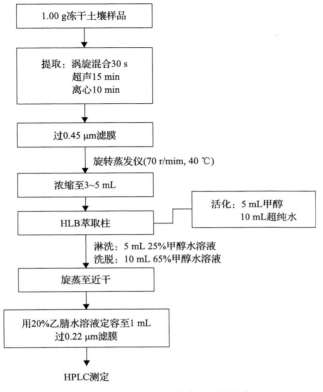

图 2.2　土壤中抗生素提取流程图

EDTA-McIlvaine 缓冲液配制：准确称取 21.0 g 柠檬酸和 28.4 g 无水磷酸氢二钠，分别用超纯水溶解并定容至 1 L，制成 0.1 mol/L 柠檬酸溶液和 0.2 mol/L 磷酸氢二钠溶液，两种溶液按 8∶5(体积比)混合，配制成 McIlvaine 缓冲液。称取 37.2 g EDTA-二钠溶解于 1 L McIlvaine 溶液中，配得 0.1 mol/L EDTA-McIlvaine 缓冲液，用 HCl 或者 NaOH 调节 pH 为 4.0(Storey et al., 2014)。

有机混合提取剂配制：量取一定量的甲醇、乙腈、丙酮，按照 2∶2∶1(体积比)混合配制而成，用 H_3PO_4 调节 pH 为 4.0。

2.1.2　粪便样品萃取条件及方法优化

1. 提取剂种类的选择

分别用甲醇+乙酸+水(6∶3∶1，体积比)溶液(M1)，EDTA-McIlvaine 缓冲液(M2)，有机混合提取剂(M3)，M2 与 M3 组合(M4)作提取剂，比较各目标抗生素的回收率(图 2.3)。结果显示，以 M1 作提取剂时，加标回收率为 21%～61%，相对标准偏差 RSD 介于 5%~12%；四环素类抗生素易与金属离子产生强荧光性，而 EDTA 与金属离子具有极强的螯合作用，可与四环素类产生竞争，有效减少四环素类抗生素与粪便中金属离子的螯合，McIlvaine 缓冲液可以有效降低四环素类与蛋白质的键合作用，由于所测定粪便中抗生素种类多而复杂，M2 作提取剂的加标回收率也不高（17%~81%）；甲醇可以有效提取磺胺类及喹诺酮类化合物，而乙腈则对大环内酯类化合物的提取效果较好（万位宁等；2013），选用 M3 可有效提高提取效率，但共提取杂质过多会干扰待测物检测。采用 M2 与 M3 共同作提取剂，可从粪便中同时提取 11 种抗生素，且回收率最为理想（48%~99%），相对标准偏差 RSD 低于 13%。最终选择无机（M2）及有机（M3）提取液对样本各提取两次以满足提取要求。

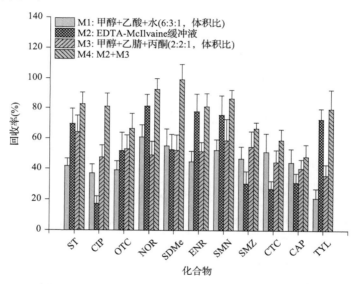

图 2.3　不同提取剂对猪粪中 11 种抗生素的提取效率

2. 固相萃取柱的选择

选择性吸附剂是保证畜禽粪便中抗生素提取效率的重要基础（Chen et al., 2014）。实验比较了 Oasis HLB、Cleanert C_{18}、Cleanert NH_2 三种固相萃取柱对 11 种抗生素的净化效率（图 2.4）。在 5.0 μg/g、10.0 μg/g 和 50.0 μg/g 三个浓度下，Oasis HLB 固相萃取柱的抗生素平均回收率为 38.3%~97.2%，且重现性较好，Cleanert C_{18} 和 Cleanert NH_2 的 11 种抗生素平均回收率分别为 5.2%~71.7% 和 3.7%~59.2%。由图 2.4 可见，除 NOR 和 SMN 外，Oasis HLB 对其他抗生素的回收率均高于 Cleanert C_{18} 和 Cleanert NH_2。Cleanert C_{18} 和 Cleanert NH_2 虽然均以硅

胶为基质，但二者的作用力和保留机制不同，对不同极性抗生素的萃取效率存在差异，C_{18} 对非极性、弱极性以及中等极性化合物具有广泛保留，而 NH_2 具有较强的极性吸附作用。Oasis HLB 吸附剂是由亲水性 *N*-乙烯基吡咯烷酮和亲脂性二乙烯苯按比例聚合而成。与硅胶吸附剂相比，Oasis 吸附剂对化合物的选择范围广，对极性和非极性化合物均可吸附。因此，总体上以聚合物为填料的柱子回收率高于硅胶键合的 C_{18} 柱和 NH_2 柱。

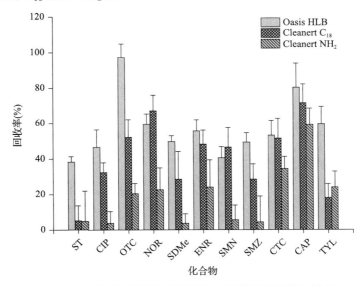

图 2.4　三种固相萃取柱对猪粪中 11 种抗生素的提取效率

3. 淋洗液和洗脱液的优化

为了筛选出极性合适的淋洗液和洗脱液，将 10 mg/L 的抗生素混合标准溶液添加到 1.0 g 冻干猪粪样品中，提取步骤参见图 2.1，浓缩后的提取液通过 HLB 柱富集后，分别用不同比例的甲醇水溶液（15%、25%、35%、45%、55%、65%、75%、85%）冲洗柱子，比较各处理的抗生素回收率（表 2.2）发现，用低浓度（15% 和 25%）甲醇水溶液冲洗柱子时，无抗生素目标物被洗出，随着甲醇比例增高，被洗脱出的抗生素逐渐增加，在 65% 浓度时，8 种抗生素回收率达最大值，仅 CTC、ENR 和 SMN 的回收率在甲醇比例继续增大时有小幅度升高，分别提高 0.9%、2.9% 和 1.0%。甲醇浓度（75% 和 85%）的增加对抗生素回收率的影响不明显，反而洗脱出大量杂质，妨碍抗生素的分离。因此，最终选择 25% 甲醇水溶液作为淋洗液，65% 甲醇水溶液作为洗脱液。

表 2.2　不同比例甲醇水溶液作洗脱液的抗生素加标回收率(%)

甲醇比例	15%	25%	35%	45%	55%	65%	75%	85%
OTC	ND[a]	ND	19.7 ± 6.4	43.9 ± 4.1	62.1 ± 1.7	90.3 ± 3.5	86.4 ± 5.8	85.3 ± 6.9
CTC	ND	ND	7.9 ± 1.7	30.1 ± 2.7	46.5 ± 1.1	69.4 ± 1.6	70.3 ± 3.3	67.1 ± 4.3
NOR	ND	<LOQ[b]	20.1 ± 4.5	38.6 ± 5.3	70.2 ± 1.8	80.8 ± 1.1	69.7 ± 4.2	68.1 ± 7.4
CIP	ND	ND	11.6 ± 4.4	29.7 ± 1.9	48.5 ± 4.2	68.7 ± 2.3	65.9 ± 3.1	66.0 ± 1.7
ENR	ND	1.5 ± 0.2	27.3 ± 3.3	38.2 ± 7.7	56.7 ± 3.2	74.3 ± 1.0	77.2 ± 8.3	75.3 ± 3.2
ST	ND	ND	20.1 ± 2.6	40.7 ± 8.2	60.9 ± 5.4	75.5 ± 3.5	70.0 ± 2.8	68.6 ± 4.9
SDMe	ND	ND	<LOQ	26.4 ± 5.8	51.0 ± 2.7	70.8 ± 1.9	69.6 ± 3.9	69.7 ± 9.4
SMN	ND	ND	8.6 ± 1.7	30.5 ± 4.7	53.1 ± 6.7	83.1 ± 9.4	84.1 ± 12.9	81.2 ± 6.5
SMZ	ND	ND	6.3 ± 0.5	27.6 ± 5.4	43.7 ± 4.2	73.1 ± 5.0	70.9 ± 4.4	71.0 ± 3.7
CAP	ND	ND	18.9 ± 4.9	40.3 ± 11.1	62.4 ± 3.6	90.9 ± 6.7	81.0 ± 7.2	83.7 ± 9.7
TYL	ND	ND	19.5 ± 7.6	41.6 ± 4.8	67.9 ± 8.9	93.0 ± 4.5	90.2 ± 3.4	90.7 ± 12.1

a. ND，未检出；b. LOQ，定量限

2.1.3　抗生素检测高效液相色谱技术

采用 Alliance 2695 型高效液相色谱仪-2998 型 PDA 检测器(美国 Waters 公司)，Waters Atlantis® T3 色谱柱(150 mm×4.6 mm, 3 μm)；流动相为 0.1%甲酸水溶液(A)和乙腈(B)；流速为 1.0 mL/min；柱温 40℃；进样体积 10 μL；检测波长为 274 nm。梯度洗脱程序：0~20 min，90%~80% A，10%~20% B；20~24 min，80% A，20% B；24~25 min，80%~40% A，20%~60% B；25~31 min，40% A，60% B；31~32 min，40%~90% A，60%~10% B；32~35 min，90% A，10% B。11 种抗生素标准品(10 mg/L)的色谱图见图 2.5。

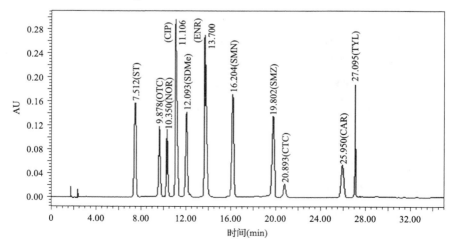

图 2.5　11 种抗生素混合标准溶液(10 mg/L)的色谱图

1. 标准曲线的线性及检出限

用甲醇将配制好的抗生素混合标准储备液稀释成系列浓度的抗生素标准工作液(0.1 mg/L、0.5 mg/L、1.0 mg/L、5.0 mg/L、10.0 mg/L 和 50.0 mg/L)。取稀释好的标准工作液各 1 mL 加入 1.00 g 空白猪粪样品中，使抗生素混合样品在样品中的浓度分别为 0.1 μg/kg、0.5 μg/kg、1.0 μg/kg、5.0 μg/kg、10.0 μg/kg 和 50.0 μg/kg，每个浓度重复 3 次。按照优化后的方法(图 2.1)对样品进行处理，得到最终的进样浓度分别为 0.1 μg/kg、0.5 μg/kg、1.0 μg/kg、5.0 μg/kg、10.0 μg/kg 和 50.0 μg/kg，最后进行上机测定。以各抗生素的响应峰面积为 y 轴，以抗生素浓度为 x 轴，分别对 11 种抗生素在设定浓度范围内作图得到标准曲线及其对应的线性方程和相关系数。并通过测得各样品的峰高与噪声(基线峰高)，以 3 倍信噪比计算检出限(LOD)，10 倍信噪比计算定量限(LOQ)，结果见表 2.3。

表 2.3　粪便中抗生素校正曲线及其线性相关系数(R^2)、检出限(LOD)和定量限(LOQ)

抗生素	线性方程	R^2	LOD (μg/kg)	LOQ (μg/kg)
OTC	$y = 42.413x + 54.694$	0.9959	0.3	1.0
CTC	$y = 22.708x - 67.678$	0.9963	0.4	1.3
NOR	$y = 179.68x + 61.545$	0.9997	0.4	1.4
CIP	$y = 213.87x - 18.903$	0.9996	0.3	0.8
ENR	$y = 215.51x - 14.85$	0.9983	1.9	5.9
ST	$y = 118.57x - 72.665$	0.9997	1.0	3.1
SDMe	$y = 93.19x + 14.816$	0.9957	0.6	1.9
SMN	$y = 137.37x - 59.293$	0.9936	0.1	0.3
SMZ	$y = 50.631x + 61.068$	0.9969	0.9	2.8
CAP	$y = 61.566x - 17.938$	0.9980	0.2	0.5
TYL	$y = 25.988x + 43.953$	0.9961	1.7	5.0

可见，11 种抗生素在设定的浓度范围内有良好的线性关系，线性相关系数 R^2 为 0.9936～0.9997。本方法测得猪粪中的 11 种抗生素的检出限为 0.1～1.9 μg/kg，定量限为 0.3～5.9 μg/kg，本方法的检出限远低于用同样方法测定猪粪中土霉素、泰乐菌素和磺胺氯哒嗪三种抗生素的检出限值(70～140 μg/kg)(Blackwell et al., 2004)，而与 Schlüsener 等(2003)用液相色谱-串联质谱方法得到的结果一致，但本方法耗时短、经济投入低，实用性更高。

2. 加标回收率的测定

对空白猪粪样品添加混合标准溶液，在添加水平为 5 mg/kg、10 mg/kg 和 50 mg/kg 时，按照优化后的样品前处理和色谱分析步骤条件进行处理和测定，计算猪粪中各目标物的加标回收率和相对标准偏差。由表 2.4 可知,猪粪中目标物在 5 mg/kg、10 mg/kg 和 50 mg/kg 的加标回收率分别介于 62.7%~90.4%,72.4%~97.1%和 74.1%~99.2%。相对标准偏差低于 10%,该结果与王丽等(2013)的研究结果一致。因此,利用本研究建立的方法对畜禽粪便中多种抗生素残留进行检测,能够得到较好的准确度和精密度。

表 2.4　猪粪中 11 种抗生素的加标回收率(%)及相对标准偏差(RSD)

抗生素	5 mg/kg		10 mg/kg		50 mg/kg	
	%	RSD(%)	%	RSD(%)	%	RSD(%)
OTC	76.4	1.7	92.6	2.5	90.6	2.8
CTC	73.1	3.6	72.4	1.8	77.0	5.4
NOR	81.4	3.2	83.8	1.6	91.2	3.8
CIP	73.0	5.1	76.8	2.3	74.1	5.7
ENR	90.2	4.1	80.4	1.7	84.4	5.0
ST	75.4	4.1	76.5	3.0	81.7	3.2
SDMe	71.6	0.8	74.4	1.1	74.2	3.7
SMN	62.7	3.5	85.8	0.9	71.0	4.8
SMZ	69.3	5.6	77.3	10.0	79.1	6.2
CAP	90.4	4.6	97.1	5.7	99.2	6.7
TYL	83.6	4.4	96.7	5.5	98.2	5.9

2.1.4　粪便样品中抗生素残留测定

采集北京市郊区规模化养殖场的新鲜牛粪、猪粪、鸡粪样品各 5 个,样品冷冻干燥处理后,按上述所建立的分析方法进行提取与检测。检测结果见表 2.5,四环素类抗生素在 3 种动物粪便中的检出浓度最高,占总抗生素残留量的 98.4%,其次是氟喹诺酮类抗生素和磺胺类抗生素,分别占 0.7%和 0.6%,氯霉素和泰乐菌素仅占很小的比例。国内各省的研究结果也表明,四环素类抗生素与其他抗生素相比呈现最高的检出浓度。Pan 等(2011)在山东地区猪粪中检出 CTC 含量高达764.4 mg/kg,为目前国内报道的最高残留检出浓度。此外,各类抗生素检测浓度的不同可能与其化学性质有关(Li et al., 2015)。在所采集的样品中,四环素类抗生素中金霉素的检出率达 93.9%,平均值为 5601 µg/kg,而土霉素未被检出;氟喹诺酮类检出率为 86.67%,以诺氟沙星为主,其次是环丙沙星和恩诺沙星三种氟喹诺酮类抗生素在粪便中的总残留达 305 µg/kg;66.7%的畜禽粪便样品中检出四种磺胺类抗生素,除了在两个猪粪样品中检出相对高浓度的磺胺间甲氧嘧啶,分别为 363.5 µg/kg 和 175.3 µg/kg,其他样品检出的磺胺类浓度都很低(未检出至11.2 µg/kg);氯霉素的检出率也高达 66.7%,最大浓度为 92.3 µg/kg,平均残留为20.4 µg/kg;只有一个鸡粪样品中可以检出泰乐菌素残留,检出浓度为 0.9 µg/kg。

表 2.5　不同畜禽养殖场采集粪便样品中抗生素残留水平 (μg/kg) (n=3)

化合物	牛粪				猪粪				鸡粪			
	检出率 (%)	均值 (μg/kg)	中值 (μg/kg)	最大值 (μg/kg)	检出率 (%)	均值 (μg/kg)	中值 (μg/kg)	最大值 (μg/kg)	检出率 (%)	均值 (μg/kg)	中值 (μg/kg)	最大值 (μg/kg)
OTC	0.0	ND[a]	ND	ND	0	ND	ND	ND	0	ND	ND	ND
CTC	80.0	334.8	59.0	1126.0	100.0	13311.8	2034	62852.8	100.0	3157.1	2090.5	7389.3
ΣTCs[b]	80.0	334.8	59.0	1126.0	100.0	13311.8	2034	62852.8	100.0	3157.1	2090.5	7389.3
NOR	40.0	13.8	24.2	45.0	60.0	1.8	2.8	3.4	80.0	2.2	0.9	6.6
CIP	40.0	28.1	0.5	140.0	40.0	1.0	ND	3.9	60.0	3.4	4.0	10.1
ENR	60.0	27.3	4.4	120.0	60.0	16.2	12.6	54.5	100.0	8.2	4.5	14.8
ΣFQs[c]	60.0	69.2	29.1	305.0	100.0	19.0	15.4	61.8	100.0	13.9	9.4	31.5
ST	0.0	ND	ND	ND	20.0	0.1	ND	0.5	20.0	0.2	ND	0.9
SDMe	20.0	0.1	ND	0.3	0	ND	ND	ND	80.0	2.5	3.0	3.7
SMN	0.0	ND	ND	ND	60.0	108.0	1.1	363.5	20.0	0.8	ND	4.2
SMZ	0.0	ND	ND	ND	20.0	0.3	ND	1.7	40.0	2.4	ND	11.2
ΣSAs[d]	20.0	0.1	ND	0.3	80.0	108.4	1.1	365.7	100.0	5.9	3.0	20.0
CAP	40.0	2.8	ND	8.2	60.0	30.4	8.9	92.3	100.0	27.8	16.0	79.1
TYL	0.0	ND	ND	ND	0	ND	ND	ND	20.0	0.2	ND	0.9

a. ND, 未检出; b. ΣTCs, 四环素类抗生素总浓度; c. ΣFQs, 氟喹诺酮类抗生素总浓度; d. ΣSAs, 磺胺类抗生素总浓度

3 种粪便样品中抗生素检出率存在显著差异。以鸡粪中抗生素残留最为突出，所有样品中均可以检出四环素类、氟喹诺酮类、磺胺类和氯霉素抗生素残留；其次是猪粪，四环素类和氟喹诺酮类检出率为 100%，80%牛粪样品中检出四环素类和氟喹诺酮类残留；残留量大致为猪粪＞鸡粪＞牛粪，平均检出浓度依次为66.56 mg/kg、15.79 mg/kg 和 1.67 mg/kg。以上残留特征再次印证了抗生素广泛应用于畜禽养殖业中且大部分随动物排泄物排出体外这一事实。

本节建立了成本低廉、简单快捷的同时测定畜禽粪便和土壤中 11 种抗生素的固相萃取-高效液相色谱法，其中，抗生素的加标回收率介于 62.65%～99.16%之间，相对标准偏差低于 10%，检出限为 0.1～1.9 μg/kg，定量限为 0.3～5.9 μg/kg，其准确度和精密度均能满足环境样品的分析要求。固相萃取过程可以有效去除提取液中的大量杂质，从而保证后续上机分析的顺利进行。此外，该方法可以应用于动物粪便中及土壤中 11 种抗生素的同时测定，满足实验室日常检测。考虑到抗生素和动物粪便以及不同类型土壤的理化性质各有差异，该方法有待继续优化，对更多类型的畜禽粪便和抗生素残留展开分析。

2.2　水环境中抗生素残留的检测方法

水环境中的抗生素含量相对较低，要准确了解抗生素残留水平，必须建立一套能够精确到 ng/kg 甚至 pg/kg 级水平的抗生素检测程序。整个过程包括水样的浓缩富集和检测两部分。目前，对水环境中抗生素浓缩富集方法研究较多的是固相萃取法(solid phase extraction, SPE)，然后利用高效液相色谱-串联质谱联用技术(HPLC-MS/MS)和高效液相色谱(HPLC)法进行检测分析，其中 HPLC-MS/MS 主要采用内标法定量，减少了基质效应及色谱进样造成的误差，目前应用较为广泛。

2.2.1　样品前处理

水体样品：将 1000 mL 水样通过 0.45 μm 玻璃纤维滤膜过滤，加入 4 mL 5%的 Na_2EDTA 溶液和 100 ng 内标物质敌草隆-d6。利用磷酸调节 pH 到 2.0～2.5 范围内。HLB 固相萃取柱预先采用 3×2 mL 甲醇、3×2 mL 盐酸溶液(0.5 mol/L)、3×2 mL 超纯水(流速在 1～2 mL/min)分别进行淋洗预处理。连通水样，开启真空泵，控制流速约为 3 mL/min。完成过柱后，用 10 mL 超纯水淋洗 HLB 固相萃取柱，在氮气保护下干燥约半小时。而后用 10 mL 甲醇洗脱抗生素(流速在 1 mL/min)，洗脱液收集于玻璃具塞离心管中。洗脱液在室温下用氮气吹扫至近干，用初始流动相定容至 0.2 mL。经 0.45 μm 玻璃纤维滤膜过滤后上机测定。具体流程见图 2.6。

沉积物样品：取 1 g 沉积物放入 50 mL 塑料离心管中，加入 20 mL EDTA-McIlvaine 缓冲溶液(pH=4)，400 r/min 振荡提取 20 min，使固液两相充分混合。而后 4000 r/min 离心 20 min，将上层清液经过 0.45 μm 玻璃纤维滤膜过滤，收集滤液。上述操作重复两次。而后按水样净化与富集步骤处理，具体流程见图 2.7。

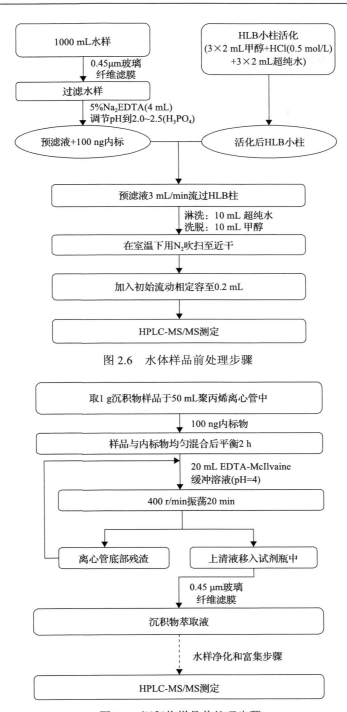

图 2.6　水体样品前处理步骤

图 2.7　沉积物样品前处理步骤

2.2.2　抗生素检测

1. 目标抗生素

本研究选取化学性质较为稳定、使用量较大的 10 种抗生素作为研究对象，包括四环素、土霉素、磺胺噻唑、磺胺甲嘧啶、磺胺嘧啶、红霉素、罗红霉素、螺旋霉素、氧氟沙星和诺氟沙星，其理化性质见表 2.6。内标物质选用敌草隆-d6。

表 2.6　10 种抗生素的理化性质

抗生素	化学式	分子量	pK_a	$\log K_{ow}$	水溶性（mg/L）	类别
四环素	$C_{22}H_{24}N_2O_8$	444	3.3, 7.7, 9.7	$-1.3\sim0.05$	$230\sim52000$	四环素类
土霉素	$C_{22}H_{24}N_2O_9$	460	3.3, 7.3, 9.1			四环素类
磺胺噻唑	$C_9H_9N_3O_2S_2$	255	$2\sim3, 4.5\sim10.6$	$-1.1\sim1.7$	$7.5\sim1500$	磺胺类
磺胺甲嘧啶	$C_{12}H_{14}N_4O_2S$	278				磺胺类
磺胺嘧啶	$C_{10}H_{10}N_4O_2S$	250				磺胺类
红霉素	$C_{37}H_{65}NO_{12}$	715	$7.7\sim8.9$	$1.6\sim3.1$	$0.45\sim15$	大环内酯类
罗红霉素	$C_{41}H_{76}N_2O_{15}$	836				大环内酯类
螺旋霉素	$C_{43}H_{74}N_2O_{14}$	843				大环内酯类
氧氟沙星	$C_{18}H_{20}FN_3O_4$	361				氟喹诺酮类
诺氟沙星	$C_{16}H_{18}FN_3O_3$	319				氟喹诺酮类

2. 抗生素分析

高效液相色谱-质谱联用技术（HPLC-MS/MS）兼具高效液相色谱（HPLC）强分离能力，又具有质谱的高灵敏度和极强的定性能力，是目前环境样品中抗生素检测的主要手段之一。本节 HPLC-MS/MS 采用多反应离子检测模式（MRM）检测水体及沉积物样品中抗生素的含量。液相色谱采用 Waters 2695（Milford, MA, USA），色谱柱 Zorbax Bonus-RP（5 μm, 2.1×150 mm）。以含 0.1%甲酸的水溶液（A）和含 0.1%甲酸的乙腈溶液（B）为流动性进行梯度洗脱，流速为 0.2 mL/min，进样量为 10 μL。经优化后的梯度洗脱过程如下：0～5 min，100%至 90%（A）；5～8 min，线性梯度洗脱至 70%（A）；8～11 min，至 40%（A）；11～20 min，线性梯度洗脱至 70%（A）；20～25 min，至 90%（A）；最后 5 min，回到 100%（A）。

质谱分析采用 Micromass Quattro 三重四极杆质谱仪，电喷雾离子源（ESI）。质谱条件如下：离子源温度和脱溶剂温度分别为 100℃和 300℃，毛细管电压为 3.0 kV，氮气作为雾化气与脱溶剂气，其流量分别为 25 L/h 和 630 L/h。一级质谱采用母离子扫描方式，碰撞气为氩气(3.6×10^{-3} mbar①)。驻留时间为 100 ms/离子对。保留时间和其他质谱参数列于表 2.7。

表 2.7　保留时间和其他液质联用质谱参数

抗生素名称	保留时间(min)	母离子质荷比(m/z)	子离子质荷比(m/z)(丰度/%)
四环素	9.73	445	427(100), 410(75)
土霉素	9.69	461	426(100), 443(30)
磺胺噻唑	13.36	256	156(100), 108(16)
磺胺甲嘧啶	13.82	279	156(100), 204(20)
磺胺嘧啶	11.61	251	92(100), 108(90)
红霉素	14.12	716	539(100), 522(70)
罗红霉素	14.35	837	158(100), 697(30)
螺旋霉素	10.09	843	231(100), 422(10)
氧氟沙星	9.28	362	318(100), 261(10)
诺氟沙星	9.90	320	302(100)

3. 质量保证和控制

由于环境样品较为复杂，即使采用上述富集、净化方法之后，仍难以完全去除基质效应的影响。相对于外标法而言，内标法的定量结果重现性强，相对标准偏差小。因此，本研究采用内标法定量，以减弱基质效应对测定结果的影响。经过筛选，氘代敌草隆与抗生素的色谱行为和响应特征相似，且氘代敌草隆与样品中各类抗生素分离充分，出峰时间正好处于所有抗生素的中间位置。此外，环境中无氘代敌草隆的存在，不会对检测结果造成影响。因此，本研究选用氘代敌草隆作为内标物质，运用相对响应因子(RRF)校正各目标化合物的浓度值。结果表明，在分析过程中 RRF 随时间变化小，相对比较稳定。可见，采用内标物氘代敌草隆和 RRF 为检测环境样品中抗生素的含量提供了一个行之有效的手段。

$$\text{RRF} = \frac{\text{化合物响应值 / 化合物的量}}{\text{内标物响应值 / 内标物的量}} \tag{2.1}$$

利用采集来的河水、海水和沉积物样品(选用污染较轻的样品，后期研究发现，其中并无抗生素残留)，配制接近环境浓度的不同浓度的加标样品，而后按照上述的预处理后进行检测，计算加标回收率和方法定量限(LOQ)，其中 LOQ 的计算方法为十倍标准偏差除以斜率(Zhang and Zhou, 2007)。实验测定的抗生素在河水、海水和沉积物中的加标回收率和方法定量限见表 2.8。抗生素在河水中回收率

---

① 1 bar=0.1 MPa

表 2.8　抗生素在不同水体和沉积物中的定量限和回收率

抗生素名称	河水 (n=7)					海水 (n=7)					沉积物 (n=7)				
	回收率(%)				定量限 (ng/L)	回收率(%)				定量限 (ng/L)	回收率(%)				定量限 (ng/g)
	10 ng/L	50 ng/L	100 ng/L	500 ng/L		10 ng/L	50 ng/L	100 ng/L	500 ng/L		10 ng/L	50 ng/L	100 ng/L	500 ng/L	
四环素	88	87	90	97	1.5	88	87	92	98	9.0	78	83	89	84	3.4
土霉素	82	89	82	93	1.2	86	88	89	96	10.0	70	75	74	86	3.1
磺胺噻唑	86	83	89	92	0.31	86	84	89	92	0.56	79	84	87	95	2.0
磺胺甲噁唑	84	89	96	97	0.29	83	89	92	98	0.49	81	85	92	96	1.5
磺胺嘧啶	69	80	85	91	0.43	84	81	87	90	0.81	72	79	83	88	1.5
红霉素	73	79	80	88	4.0	73	80	85	86	5.0	80	79	86	83	1.5
罗红霉素	64	77	83	89	3.0	76	76	75	80	5.0	75	79	82	87	1.5
螺旋霉素	85	89	94	92	6.0	87	82	88	96	8.0	94	91	90	95	2.0
氧氟沙星	85	84	88	89	0.4	80	84	83	91	4.0	72	68	78	83	3.1
诺氟沙星	84	88	89	92	0.4	81	85	84	94	5.0	85	87	95	95	3.1

为 64%~97%，海水中为 73%~98%，沉积物中为 68%~96%。在河水中的定量限为 0.29~6 ng/L，海水中的定量限为 0.49~10 ng/L，沉积物中的定量限为 1.5~3.4 ng/g。总体而言，抗生素在河水、海水和沉积物中的定量限和回收率结果较理想，能够满足研究需要。

2.2.3　水体样品中抗生素残留测定

1. 样品采集

在生态系统中，潮间带指海陆相互作用的交界地带，是最富有生机的多功能体系之一，因此本节选取渤海湾潮间带区域进行了抗生素赋存和季节变化的研究。2009 年 6 月(夏季)和 2009 年 11 月(秋季)沿着渤海湾沿线潮间带区域全程 280 km 的沿线布设了 16 个点位，采集了表水及沉积物样品。

2. 表水中的抗生素残留情况

表 2.9 总结了渤海湾潮间带表水中抗生素的残留浓度水平，一半以上的采样点都检测到了所有的 10 种抗生素。四环素、土霉素、磺胺嘧啶和诺氟沙星的检测频率为 100%，而罗红霉素在 6 月份的检测频率仅为 56.3%。渤海湾表水中所有抗生素都处于 ng/L 水平，其中 11 月份中值浓度变化范围为<LOQ~67.83 ng/L，最高浓度可以达到 98.31 ng/L(四环素)；6 月份中值浓度变化范围为<LOQ~19.35 ng/L，最高浓度可以达到 98.04 ng/L(罗红霉素)。

四环素类抗生素表现为较高的检测频率和浓度水平。其中夏季中值浓度都<LOQ，但是秋季的四环素的浓度水平(中值 67.83 ng/L，最大值 98.31 ng/L)却达到了所有抗生素浓度水平的最大值，其次是土霉素(中值 10.82 ng/L，最大值 84.51 ng/L)。作为表水中检测频率较高的磺胺类抗生素，11 月份表水中的检测频率也达到了 100%，其变化范围在 7.25~9.37 ng/L，6 月份为 0.99~8.06 ng/L。大环内酯类检测频率和浓度水平低于其他几类抗生素，红霉素和罗红霉素的中值浓度均<LOQ。氟喹诺酮类抗生素的检测频率为 87.5%~100%，氧氟沙星的浓度变化范围为未检出~13.88 ng/L，诺氟沙星为<LOQ~80.31 ng/L。

潮间带水体中抗生素的季节变化明显，四环素类抗生素在河流枯水季及细菌性引起的呼吸道疾病较为流行的 11 月份总的含量水平明显高于 6 月份，其中四环素 11 月份含量较 6 月份高 1~481 倍，土霉素则为 5~2096 倍。相反，对于水产养殖大量使用的诺氟沙星，由于夏季是水产养殖业繁盛期和水产经济动物疾病高发期，大量使用诺氟沙星致使其较其他抗生素表现为相反的季节变化规律，其 11 月份的含量(3.68 ng/L)仅为 6 月份(8.56 ng/L)的一半左右。

表 2.9　渤海湾潮间带表水中抗生素的残留浓度水平

抗生素	2009 年 6 月					2009 年 11 月				
	Fre. (%)	浓度 (ng/L)				Fre. (%)	浓度 (ng/L)			
		Mean	Med.	Max.	Min.		Mean	Med.	Max.	Min.
四环素	100.0	12.30	<LOQ	88.68	<LOQ	100.0	58.25	67.83	98.31	<LOQ
土霉素	100.0	<LOQ	<LOQ	<LOQ	<LOQ	100.0	22.36	10.82	84.51	<LOQ
磺胺噻唑	93.8	10.84	7.51	30.92	n.d.	100.0	10.66	9.37	25.50	0.91
磺胺甲噁唑	62.5	1.37	0.99	4.37	n.d.	100.0	7.92	7.25	17.44	0.68
磺胺嘧啶	100	10.61	8.06	41.73	<LOQ	100.0	15.63	7.80	72.90	3.77
红霉素	87.5	6.49	<LOQ	20.52	n.d.	100.0	9.20	<LOQ	51.56	<LOQ
罗红霉素	56.3	6.25	<LOQ	98.04	n.d.	87.5	<LOQ	<LOQ	<LOQ	n.d.
螺旋霉素	87.5	30.09	19.35	95.04	n.d.	100.0	44.71	38.07	96.31	<LOQ
氧氟沙星	87.5	<LOQ	<LOQ	7.16	n.d.	93.8	<LOQ	<LOQ	13.88	n.d.
诺氟沙星	100.0	15.97	8.56	80.31	<LOQ	100.0	10.19	3.68	53.00	<LOQ

注：LOQ 为定量限；Fre. 为表水中每种抗生素的检出频率 ($n=19$)；Mean 为平均值；Med. 为中值；Max. 为最大值；Min. 为最小值；n.d. 为未检出

表 2.10　渤海湾潮间带沉积物中抗生素的浓度水平

抗生素	2009 年 6 月					2009 年 11 月				
	Fre. (%)	浓度 (ng/g)				Fre. (%)	浓度 (ng/g)			
		Mean	Med.	Max.	Min.		Mean	Med.	Max.	Min.
四环素	94.7	19.18	<LOQ	89.37	n.d.g	100	26.00	10.19	94.79	<LOQ
土霉素	94.7	2.26	<LOQ	9.16	n.d.	100	18.25	4.69	90.80	<LOQ
磺胺噻唑	89.5	<LOQ	<LOQ	3.47	n.d.	100	<LOQ	<LOQ	<LOQ	<LOQ
磺胺甲噁唑	84.2	<LOQ	<LOQ	3.95	n.d.	93.8	<LOQ	<LOQ	2.87	n.d.
磺胺嘧啶	84.2	<LOQ	<LOQ	2.26	n.d.	89.5	<LOQ	<LOQ	<LOQ	n.d.
红霉素	84.2	1.54	<LOQ	11.68	n.d.	100	4.22	2.45	26.60	<LOQ
罗红霉素	18.8	10.62	n.d.	92.25	n.d.	57.9	<LOQ	<LOQ	<LOQ	n.d.
螺旋霉素	100	16.53	18.13	29.91	<LOQ	81.3	21.12	24.72	61.90	n.d.
氧氟沙星	100	1.22	<LOQ	3.44	<LOQ	94.7	<LOQ	<LOQ	3.54	n.d.
诺氟沙星	100	4.94	3.63	20.86	<LOQ	100	<LOQ	<LOQ	6.76	<LOQ

注：LOQ 为定量限；Fre.为水样中每种抗生素的检出频率(n=19)；Mean 为平均值；Med.为中值；Max.为最大值；Min.为最小值；n.d.为未检出

3. 沉积物中抗生素的浓度水平

表 2.10 总结了渤海湾潮间带 16 个采样点两个采样时间点沉积物中抗生素残留的浓度水平，10 种抗生素的检出频率为 18.8%～100%，含量水平 ng/g 级。11 月份中值浓度的变化范围为<LOQ～24.72 ng/g，最高浓度可以达到 94.79 ng/g（四环素）；6 月份为 n.d.～18.13 ng/g，最高浓度可以达到 92.25 ng/g（罗红霉素）。

四环素类抗生素表现为较高的检出频率（94.7%～100%）和浓度水平。氟喹诺酮类也表现出较高的检出频率（94.7%～100%），但是在沉积物上的含量水平却较四环素类抗生素低，其中氧氟沙星的变化范围为 n.d.～3.54 ng/g，诺氟沙星为<LOQ～20.86 ng/g。对于磺胺类抗生素，其中磺胺嘧啶含量水平变化范围为 n.d.～2.26 ng/g，磺胺甲嘧啶为 n.d.～3.95 ng/g。

四环素类抗生素沉积物中的变化趋势与表水中的相似，其 11 月份含量水平明显高于 6 月份。而氟喹诺酮类抗生素则表现为相反的变化趋势。

4. 抗生素沉积物-水相间分配系数

渤海湾潮间带水体中抗生素在表水/沉积物间的准分配系数（$k_{d,s}$）列于表 2.11。其中四环素类抗生素的变化范围为 523～787 L/kg，氟喹诺酮类抗生素为 293～951 L/kg，在渤海湾潮间带沉积物上较其他两类抗生素表现为更强的吸附能力。然而，与文献报道值相比氟喹诺酮类抗生素却表现为较低的吸附性能。

表 2.11　渤海湾潮间带抗生素在表水/沉积物间的准分配系数（$k_{d,s}$）

分类	抗生素	$k_{d,s}$(L/kg)	参考文献值(L/kg)
四环素类	四环素	523	951～2750
	土霉素	787	290～31170
磺胺类	磺胺噻唑	36	378
	磺胺甲嘧啶	97	30
	磺胺嘧啶	10	3.51, 222
大环内酯类	红霉素	246	30.2, 211
	罗红霉素	211	2385
	螺旋霉素	579	
氟喹诺酮类	氧氟沙星	951	9360, 16543
	诺氟沙星	293	310～9493

注：$k_{d,s}$ 通过表水和沉积物中抗生素含量计算

资料来源：Tolls, 2001；Kim and Carlson, 2007；Zhang et al., 2011；Li et al., 2012；Chen et al., 2014

2.3　植物中抗生素残留的检测方法

由于大部分蔬菜中存在叶绿素、叶黄素等色素的干扰，实现蔬菜中残留抗生素的同时提取较为困难。目前，对蔬菜中多种抗生素分析方法的研究较少。张艳等（2009）和吴小莲等（2013）建立了蔬菜中 4 种喹诺酮类抗生素的分析检测方法，分别采用高效液相色谱-荧光检测（HPLC-FLD）和固相萃取-超高效液相色谱-串联电喷雾电离质谱（SPE-UPLC-ESI-MS/MS），检测限分别为 0.575～1.538 μg/kg 和 0.021～0.092 μg/kg。Yu 等（2018）建立了叶菜中三大类（氟喹诺酮类、磺胺类、四环素类）20 种抗生素同时检测的 QuEChERS-UHPLC-MS/MS 分析技术，平均回收率 57%～91%，检测限为 0.33～2.92 μg/kg。He 等（2018）建立了蔬菜中五大类（磺胺类、喹诺酮类、大环内酯类、β-内酰胺类、四环素类）49 种抗生素同时检测的液相色谱-串联四极杆线性离子阱质谱（LC-QqLIT-MS/MS）法，检出限为 2～5 μg/kg。可见，在低投入的情况下测定的抗生素种类较单一，检出限高；而同时测定多种抗生素所需投入的仪器成本偏高。为此，本节建立了可同时测定蔬菜中 11 种抗生素的固相萃取-高效液相色谱-串联质谱检测方法，灵敏度高，操作方便。即通过有效提取蔬菜中的抗生素，在优化的液相色谱和质谱条件下利用高效液相色谱-串联质谱法对蔬菜样品中多种抗生素进行同时检测，可为农产品质量安全评价提供技术支撑。

2.3.1　样品采集与前处理

样品采集时选取具有代表性的 3～4 个点，采集到的样品用黑色塑料袋密封，用干冰冷藏保存并尽快运输至实验室，用绞菜机将蔬菜样品绞碎，并冷冻干燥，研磨过 100 目不锈钢筛，装于黑色塑封袋中–20℃冻存待测。

准确称取 1.000 g 待测蔬菜样品于 50 mL 试管中，每个样品设置 3 个重复。然后加入 10 mL 乙腈：盐酸（125：4，体积比）提取剂，涡旋振荡 30 s，常温超声 15 min，在温度 4℃、转速为 8000 r/min 的条件下离心 15 min，上清液转移到另外棕色容器中。然后再用相同的方法提取沉淀一次，步骤同上。合并提取液，加入 0.495 g 碳酸钠粉剂，静置 8 h，以中和多余的盐酸（抗生素物质与多余盐酸结合易形成盐）。在 4℃，8000 r/min 条件下离心 10 min，将上清液过 0.45 μm 针筒式微孔滤膜，过膜后液体在旋转蒸发仪上（70 r/min，40℃）浓缩至 3～5 mL，用于净化。将浓缩后的提取液通过活化后的 HLB 柱进行富集，用超纯水淋洗 HLB 柱去除部分杂质，并抽干 5 min，再用 10 mL 1%乙酸乙腈溶液（乙腈：乙酸=99：1，体积比）洗脱 HLB 萃取柱，获得目标抗生素洗脱液。收集洗脱液于旋转蒸发仪上蒸至近干，用流动相（0.1%甲酸水溶液：乙腈=80：20，体积比）定容至 1 mL，过 0.22 μm 的有机系滤膜，待测。具体步骤如图 2.8 所示。

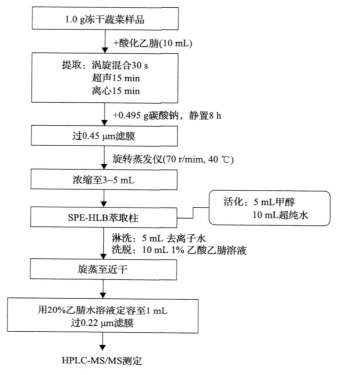

图 2.8　蔬菜中抗生素提取流程图

提取过程中用到的甲酸、乙酸和乙腈均为色谱纯，购自美国 Fisher 公司；盐酸和碳酸钠均为分析纯试剂，购买自广州试剂公司；实验用水为经 Milli-Q 净化系统（Millipore, Billerica, MA, USA）过滤的去离子水。

2.3.2　蔬菜样品萃取条件及方法优化

1. 提取剂种类的选择

pH 值是影响多种抗生素理化性质变化的主要因素之一。例如，当 pH 值在 pK_{a1}和 pK_{a2}之间时，四环素类抗生素为两性离子，而磺胺类抗生素为中性分子（Yu et al., 2018; Willach et al., 2017）。为了获得干扰少的萃取物，需要调整合适的提取液 pH 值。乙腈作为一种有效的萃取液，通过加入盐酸调节其酸碱度。在优化过程中，选择了由乙腈和盐酸组成的三个不同体积比例的提取液方案，包含体积比 125∶1（M1）、125∶4（M2）和 125∶8（M3）。如图 2.9 所示，在三种提取液中，乙腈/盐酸（125∶4，体积比）能够显著提高蔬菜样品中目标抗生素的回收率，回收率可达 60.9%～100.7%，相对标准偏差（RSD）为 1.0%～6.8%。提取液 M1 和 M3 回收率较低，分别为 18.1%～58.2% 和 24.9%～64.1%，相应的 RSD 分别为 1.8%～8.2%

和 0.9%～8.7%。可见,提取液 M2 为同时提取多种抗生素提供了适宜的酸碱环境,可显著提高抗生素的电离效率和回收率。

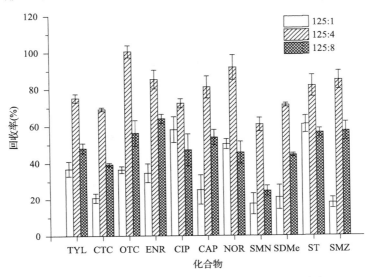

图 2.9　不同提取剂对蔬菜中 11 种抗生素的提取效率

2. 固相萃取柱的选择

选择性吸附是保证植物样品中抗生素高效提取的基础。采用 Oasis HLB (Waters, Milford, MA, USA)、C_{18}(Agela, Torrance, USA)和 NH_2(Agela, Torrance, USA)三种常用的固相萃取柱对蔬菜样品进行高效净化。由图 2.10 可知,C_{18} 和 NH_2 萃取柱净化后的抗生素回收率均低于 HLB 萃取柱。C_{18}、NH_2 和 HLB 萃取柱

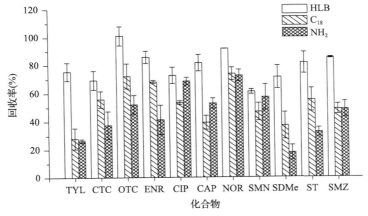

图 2.10　三种固相萃取柱对蔬菜中 11 种抗生素的提取效率

的回收率分别为 28.0%～73.6%、17.6%～72.4%和 60.9%～100.9%。这种差异可能是由于 C_{18} 和 NH_2 萃取柱对目标化合物都具有很高的选择性。另外，HLB 萃取柱中吸附剂为亲脂性二乙烯基苯和亲水性 N-乙烯基吡咯烷酮，而 C_{18} 和 NH_2 萃取柱中吸附剂为硅胶，因此 HLB 柱对高极性的抗生素具有更强的吸附能力。

2.3.3　抗生素检测高效液相色谱-质谱联用技术

高效液相色谱-质谱联用技术(HPLC-MS/MS)兼具高效液相色谱的强分离能力与质谱的高灵敏度和极强定性鉴定能力，是目前监测复杂基质中痕量抗生素的有效分析手段之一。本节具体的抗生素检测色谱条件为：色谱柱(150mm×4.6mm，3.5 μm)；流动相 A 为 0.1%甲酸溶液，流动相 B 为乙腈；流速为 0.3 mL/min；进样体积 5 μL；柱温 35℃；梯度洗脱顺序：0～11 min，80%(A)；11～16 min，80%～40%(A)；16～18 min，40%～80%(A)和 18～28 min，80%(A)。

质谱条件为：离子源为电喷雾离子源(ESI)；扫描方式为正/负离子扫描；检测方式选择多反应监测模式(MRM)；干燥气温度 300℃，流速 10.0 L/min；雾化气压力 20.0 psi[①]；毛细管电压 3800 V；碰撞电压和 MRM 参数见表 2.12。11 种抗生素混合标准液的总离子流图及质谱图分别见图 2.11 和图 2.12。

表 2.12　目标抗生素的 HPLC-MS/MS 分析参数

抗生素	保留时间(min)	母离子(m/z)	定量离子(m/z)	碰撞能(eV)	定性离子(m/z)	碰撞能(eV)	碎裂电压(V)
TYL	22.195	961.9	173.8	50	145.1	50	130
CTC	21.454	479.0	444.0	18	462.0	13	130
OTC	8.706	461.1	443.2	15	426.0	5	120
CAP	23.267	−321.1	151.0	10	257.0	5	120
SDMe	15.963	279.1	186.0	15	156.0	15	100
SMN	21.825	281.1	156.0	10	188.0	10	120
ST	10.648	256.0	156..0	10	108.0	10	100
SMZ	23.003	254.1	156.1	10	160.1	15	100
NOR	7.183	320.1	302.1	15	276.6	10	120
CIP	8.317	332.1	314.1	24	231.0	34	120
ENR	10.234	360.1	342.1	15	316.1	15	120

注：TYL，泰乐菌素；CTC，金霉素；OTC，土霉素；CAP，氯霉素；SDMe，磺胺二甲嘧啶；SMN，磺胺间甲氧嘧啶；ST，磺胺噻唑；SMZ，磺胺甲噁唑；NOR，诺氟沙星；CIP，环丙沙星；ENR，恩诺沙星

① 1 psi = 6.894 76×10³ Pa

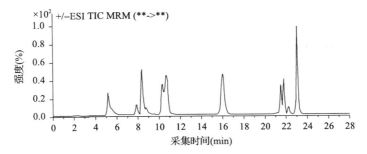

图 2.11　11 种抗生素混合标准溶液(10 mg/L)的总离子流图

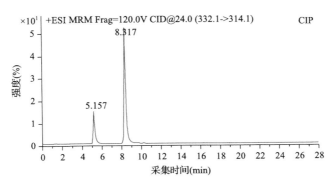

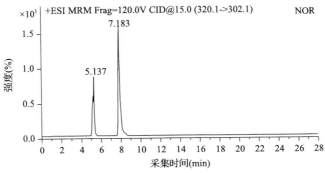

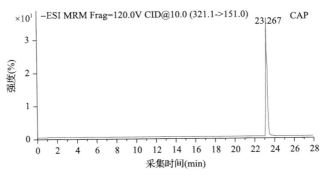

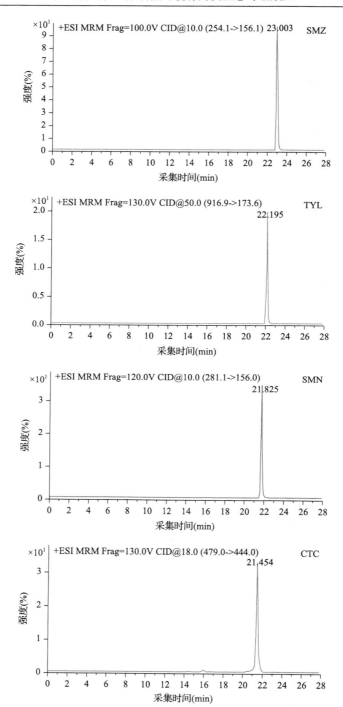

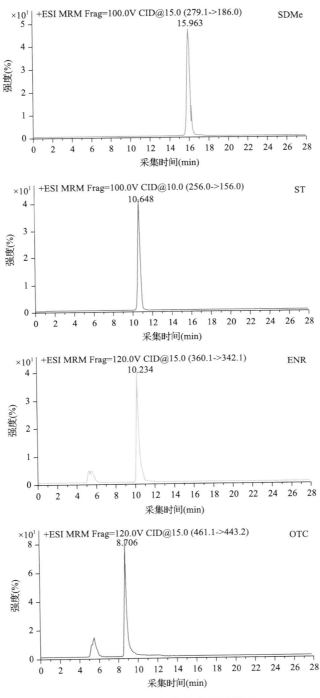

图 2.12　11 种目标抗生素的质谱图

采用内标法定量,可以有效降低样品基质复杂组分对测定结果的影响。在本方法中,选择与样品中各目标抗生素色谱行为和响应特征相似的诺氟沙星-D_5和磺胺甲噁唑-C_{13}作为内标物质,可以与目标物充分分离,运用相对校正因子(f)校正目标抗生素的浓度值:

$$f = \frac{A_{\text{ant}}}{A_{\text{is}}} \times \frac{C_{\text{is}}}{C_{\text{ant}}} \tag{2.2}$$

式中,A_{ant}为标准溶液中抗生素的峰面积;A_{is}为标准溶液中内标物的峰面积;C_{ant}为标准溶液中抗生素的浓度;C_{is}为标准溶液中内标物的浓度。

1. 标准曲线的线性及检出限

所有目标抗生素在 0.001～10 μg/mL 浓度范围内具有良好的线性关系,校准曲线相关系数(R^2)均大于 0.99。抗生素在蔬菜中的检测限(LOD)和定量限(LOQ)分别为 0.005～0.227 μg/kg 和 0.015～0.760 μg/kg。具体的抗生素在蔬菜中的检出限、定量限及线性关系见表 2.13。

表 2.13　蔬菜中抗生素校正曲线及其线性相关系数(R^2)、检出限(LOD)和定量限(LOQ)

抗生素	线性方程	R^2	LOD (μg/kg)	LOQ (μg/kg)
TYL	$y = 0.130x - 0.028$	0.997	0.005	0.017
CTC	$y = 0.049x + 0.100$	0.998	0.014	0.046
OTC	$y = 0.015x + 0.146$	0.991	0.227	0.760
ENR	$y = 0.025x + 0.064$	0.991	0.011	0.036
CIP	$y = 0.029x + 0.069$	0.994	0.026	0.088
CAP	$y = 0.454x - 0.112$	0.999	0.024	0.081
NOR	$y = 0.100x + 0.054$	0.995	0.138	0.459
SMN	$y = 0.051x - 0.079$	0.994	0.005	0.017
SDMe	$y = 0.015x - 0.076$	0.993	0.007	0.024
ST	$y = 0.022x - 0.030$	0.999	0.014	0.048
SMZ	$y = 0.022x - 0.033$	0.999	0.005	0.015

2. 加标回收率的测定

将采集回的未检测出抗生素的有机蔬菜样品(韭菜、芹菜、扁豆、豆角、菜花)冷冻干燥,研磨过 100 目筛,准确称取 1.000 g 研磨样品,将抗生素混合标准液混合于蔬菜样品中得到 0.05 mg/kg、0.1 mg/kg 和 0.5 mg/kg 的加标蔬菜样品。按照优化后的样品处理和液质联用分析步骤进行处理和测定,计算不同蔬菜中各目标抗生素的加标回收率和相对标准偏差。由表 2.14 可知,11 种抗生素在 5 种蔬菜中的回收率分别为 71.4%～93.2%(TYL)、82.2%～97.1%(CTC)、76.2%～96.5%

表 2.14　11 种抗生素在不同蔬菜样本中的回收率（n=5）

抗生素	加标浓度(mg/kg)	韭菜		芹菜		扁豆		豆角		菜花	
		回收率(%)	相对标准偏差(%)	回收率(%)	相对标准偏差(%)	回收率(%)	相对标准偏差(%)	回收率(%)	相对标准偏差(%)	回收率(%)	相对标准偏差(%)
TYL	0.05	89.2	2.0	81.6	3.1	81.4	6.7	81.1	7.6	79.2	3.5
	0.1	86.8	3.3	79.3	4.9	82.8	5.5	82.0	5.5	73.1	5.4
	0.5	93.2	3.5	78.4	6.8	87.4	5.4	89.7	4.6	71.4	7.3
CTC	0.05	91.4	3.9	82.2	4.6	92.7	4.3	92.8	4.5	97.1	3.5
	0.1	89.9	1.1	83.6	5.5	91.6	2.6	93.7	3.9	92.2	5.6
	0.5	91.3	4.7	86.9	7.3	94.3	6.5	94.0	5.2	89.4	7.2
OTC	0.05	76.2	4.7	91.8	4.2	91.1	4.7	93.2	7.7	91.9	4.3
	0.1	93.0	1.5	89.2	3.6	93.0	2.1	96.5	5.1	93.0	7.2
	0.5	96.4	3.7	94.1	7.1	94.6	1.9	93.3	3.2	89.9	4.3
ENR	0.05	100	4.6	90.3	7.7	98.3	4.2	92.9	2.5	93.2	3.2
	0.1	90.1	3.1	97.8	5.1	93.7	3.3	99.2	1.3	91.5	4.2
	0.5	95.0	6.8	100.5	9.1	97.5	4.5	95.3	4.4	97.9	3.8
CIP	0.05	87.2	7.9	82.8	6.0	81.6	1.9	71.9	3.1	73.5	2.4
	0.1	83.5	5.6	87.3	12.3	82.0	5.7	79.1	2.8	72.9	3.1
	0.5	85.9	5.2	104.0	13.4	89.2	2.8	88.0	3.3	78.3	4.0
NOR	0.05	77.3	7.6	96.1	6.1	86.5	5.9	88.0	2.6	91.4	4.4
	0.1	83.1	5.8	94.8	7.9	89.6	2.3	85.2	5.4	93.1	2.5
	0.5	85.6	4.6	96.7	8.9	91.3	1.7	87.5	1.7	90.4	3.3
SMN	0.05	86.6	3.7	86.1	7.3	87.4	5.6	95.7	3.6	86.2	2.5
	0.1	88.9	8.9	88.4	9.0	91.2	8.0	94.9	7.5	81.1	8.2
	0.5	89.4	5.6	89.8	2.5	95.1	4.5	97.2	4.1	89.4	5.3
SDMe	0.05	96.5	7.2	94.5	8.3	93.7	5.7	93.9	5.0	97.9	1.9
	0.1	91.4	5.0	96.2	5.9	91.8	1.2	96.2	2.4	95.7	3.2
	0.5	95.2	4.5	94.6	10.0	94.0	3.1	97.4	3.3	99.1	4.2
ST	0.05	81.5	6.2	80.2	9.6	89.2	4.7	94.4	4.0	91.8	4.9
	0.1	82.7	4.1	82.6	7.4	86.3	2.5	95.3	6.4	96.2	3.3
	0.5	83.1	3.0	87.9	3.9	88.6	6.4	97.1	4.3	93.8	3.2
SMZ	0.05	86.6	3.8	84.1	5.1	92.1	7.5	87.5	2.7	85.9	2.6
	0.1	88.9	4.9	87.4	6.8	97.5	8.0	84.9	1.9	88.7	1.5
	0.5	91.3	6.8	92.0	7.4	94.2	4.1	89.5	5.6	91.3	4.8
CAP	0.05	93.0	3.5	73.1	6.7	86.9	4.3	74.7	3.5	86.2	3.7
	0.1	92.4	6.8	77.7	5.5	92.3	2.9	80.6	5.4	72.8	5.2
	0.5	94.3	8.7	72.6	5.4	93.5	5.1	83.1	7.3	91.5	2.9

(OTC)、90.1%～100.5%（ENR）、71.9%～104.0%（CIP）、77.3%～96.7%（NOR）、81.1%～97.2%（SMN）、91.4%～99.1%（SDMe）、80.2%～97.1%（ST）、84.1%～97.5%（SMZ）、72.6%～94.3%（CAP），并且相对偏差较小，可以满足蔬菜样品中目标物含量检测的技术要求。

2.3.4　蔬菜样品中抗生素残留测定

在规模化农场采集 35 个不同蔬菜样品，测其抗生素残留情况。表 2.15 显示，四环素类抗生素在不同蔬菜中的残留量最高，平均残留浓度为 4.026 μg/kg。次之为氟喹诺酮类、磺胺类、氯霉素、泰乐菌素，浓度分别为 3.463 μg/kg、0.123 μg/kg、0.050 μg/kg 和 0.037 μg/kg。本研究结果与畜禽粪便中抗生素残留量的规律一致。这是由于含有抗生素的畜禽粪便作为肥料施用到农田中而导致抗生素在蔬菜组织的积累。在所有的蔬菜样本中，四环素类土霉素的检出频率为 71%，平均残留浓度为 2.578 μg/kg，检出最大浓度为 4.706 μg/kg，最小浓度低于检出限。金霉素在所有样品中均有检出，平均浓度为 1.448 μg/kg，最大和最小残留浓度分别为 4.966 μg/kg 和 1.043 μg/kg。在 34 个蔬菜样品中检测到氟喹诺酮类，三种氟喹诺酮类抗生素并未被同时检出，且在样品中的残留水平不同。恩诺沙星和环丙沙星的检出率分别为 54% 和 71%，平均浓度分别为 0.785 μg/kg 和 0.935 μg/kg。诺氟沙星的检出频率最高，为 86%，平均残留浓度在三种氟喹诺酮类中也是最高的，为 1.743 μg/kg，可能因其价格低廉而在畜牧行业应用广泛。同样，磺胺类仅在一个蔬菜样本中未被检测到，残留浓度从未检出到 1.956 μg/kg，平均浓度 0.123 μg/kg。其中，磺胺间甲氧嘧啶（SMN）、磺胺二甲嘧啶（SDMe）、磺胺噻唑（ST）、磺胺甲噁唑（SMZ）的检出频率分别为 66%、51%、63% 和 71%。平均残留浓度分别为 0.023 μg/kg、0.002 μg/kg、0.083 μg/kg 和 0.015 μg/kg。磺胺类的总浓度和单一抗生素浓度的水平均低于前两类抗生素。氯霉素和泰乐菌素在 35 个样品中检出率较低，其中，氯霉素的检出率为 28%，最大和平均浓度分别为 0.698 μg/kg 和 0.050 μg/kg；泰乐菌素在四个样本中被检出，平均残留浓度为 0.037 μg/kg。

表 2.15　蔬菜样品中 11 种抗生素的残留情况（$n=5$）

化合物	检出率(%)	残留浓度（μg/kg）			
		均值	中值	最大值	最小值
OTC	71	2.578	3.463	4.706	ND[a]
CTC	100	1.448	1.153	4.966	1.043
ΣTCs[b]	100	4.026	4.606	6.838	1.089
ENR	54	0.785	1.414	1.659	ND
CIP	71	0.935	1.302	1.414	ND
NOR	86	1.743	1.954	3.029	ND

续表

化合物	检出率(%)	残留浓度(μg/kg)			
		均值	中值	最大值	最小值
ΣFQs[c]	97	3.463	3.336	5.251	ND
SMN	66	0.023	0.008	0.328	ND
SDMe	51	0.002	0.001	0.010	ND
ST	63	0.083	0.003	1.940	ND
SMZ	71	0.015	0.004	0.261	ND
ΣSAs[d]	97	0.123	0.023	1.956	ND
CAP	28	0.050	ND	0.698	ND
TYL	11	0.037	ND	0.425	ND

a. ND，未检出；b. ΣTCs，四环素类抗生素总浓度；c. ΣFQs，氟喹诺酮类抗生素总浓度；d. ΣSAs，磺胺类抗生素总浓度

参 考 文 献

包艳萍, 李彦文, 莫测辉, 等. 2010. 固相萃取-高效液相色谱法分析蔬菜中 6 种磺胺类抗生素. 环境化学, 29(3): 513-518.

万位宁, 陈熹, 居学海, 等. 2013. 固相萃取-超高效液相色谱串联质谱法同时检测禽畜粪便中多种抗生素残留. 分析化学, 41(7): 993-999.

王丽, 钟冬莲, 陈光才, 等. 2013. 固相萃取-高效液相色谱-串联质谱法测定畜禽粪便中的残留抗生素. 色谱, 31(10): 1010-1015.

王冉, 魏瑞成, 刘铁铮, 等. 2007. 畜禽排泄物中金霉素残留的测定方法. 江苏农业学报, (6): 634-637.

吴小莲, 向垒, 莫测辉, 等. 2013. 超高效液相色谱-电喷雾串联质谱测定蔬菜中喹诺酮类抗生素. 分析化学, 41(6): 876-881.

张艳, 李彦文, 莫测辉, 等. 2009. 高效液相色谱-荧光测定蔬菜中喹诺酮类抗生素. 广东农业科学, (6): 176-180.

Andreu V, Vazquez-Roig P, Blasco C, et al. 2009. Determination of tetracycline residues in soil by pressurized liquid extraction and liquid chromatography tandem mass spectrometry. Analytical and Bioanalytical Chemistry, 394: 1329-1339.

Blackwell P A, Hans-Christian H L, Hai-Ping M, et al. 2004. Ultrasonic extraction of veterinary antibiotics from soils and pig slurry with SPE clean-up and LC-UV and fluorescence detection. Talanta, 64: 1058-1064.

Chen C, Li J, Chen P, et al. 2014. Occurrence of antibiotics and antibiotic resistances in soils from wastewater irrigation areas in Beijing and Tianjin, China. Environmental Pollution, 193: 94-101.

He Z, Wang Y, Xu Y, et al. 2018. Determination of antibiotics in vegetables using QuEChERS-based method and liquid chromatography-quadrupole linear ion trap mass spectrometry. Food Analytical Methods, 11(10): 2857-2864.

Hu X, Zhou Q, Luo Y. 2010. Occurrence and source analysis of typical veterinary antibiotics in manure, soil, vegetables and groundwater from organic vegetable bases, northern China. Environmental Pollution, 158: 2992-2998.

Jacobsen A M, Halling-Sørensen B, Ingerslev F, et al. 2004. Simultaneous extraction of tetracycline, macrolide and sulfonamide antibiotics from agricultural soils using pressurised liquid extraction, followed by solid-phase extraction and liquid chromatography-tandem mass spectrometry. Journal of Chromatography A, 1038: 157-170.

Karmi M. 2014. Detection and presumptive identification of antibiotic residues in poultry meat by using FPT. Global Journal of Pharmacology, 8: 160-165.

Kim S, Carlson K. 2007. Temporal and spatial trends in the occurrence of human and neterinary antibiotics in aqueous and river sediment matrices. Environmental Science & Technology, 41: 50-57.

Li C, Chen J, Wang J, et al. 2015. Occurrence of antibiotics in soils and manures from greenhouse vegetable production bases of Beijing, China and an associated risk assessment. Science of Total Environment, 521-522: 101-107.

Li W, Shi Y, Gao L, et al. 2012. Occurrence of antibiotics in water, sediments, aquatic plants, and animals from Baiyangdian Lake in North China. Chemosphere, 89: 1307-1315.

Li Z, Xie X, Zhang S, et al. 2011a. Negative effects of oxytetracycline on wheat (*Triticum aestivum* L.) growth, rootactivity, photosynthesis and chlorophyll contents. Journal of Integrative Agriculture, 10: 545-553.

Li Z, Xie X, Zhang S, et al. 2011b. Wheat growth and photosynthesis as affected by oxytetracycline as a soil contaminant. Pedosphere, 21: 244-250.

Marco D L, Veronica C, Francesca C, et al. 2003. Use of oxytetracycline and tylosin in intensive calf farming: evaluation of transfer to manure and soil. Chemosphere, 52: 203-212.

Pan X, Qiang Z, Ben W, et al. 2011. Residual veterinary antibiotics in swine manure from concentrated animal feeding operations in Shandong Province, China. Chemosphere, 84 (5) : 695-700.

Pino M R, Val J, Mainar A M, et al. 2015. Acute toxicological effects on the earthworm Eisenia fetida of 18 common pharmaceuticals in artificial soil. Science of Total Environment, 518-519: 225-237.

Schlüsener M P, Spiteller M, Kai B. 2003. Determination of antibiotics from soil by pressurized liquid extraction and liquid chromatography-tandem mass spectrometry. Journal of Chromatography A, 1003: 21-28.

Storey J M, Clark S B, Johnson A S, et al. 2014. Analysis of sulfonamides, trimethoprim, fluoroquinolones, quinolones, triphenylmethane dyes and methyltestosterone in fish and shrimp using liquid chromatography-mass spectrometry. Journal of Chromatography B, 972: 38-47.

Tolls J. 2001. Sorption of veterinary pharmaceuticals in soils: A review. Environmental Science & Technology, 35: 3397-3406.

Willach S, Lutze H V, Eckey K, et al. 2017. Degradation of sulfamethoxazole using ozone and chlorine dioxide-Compound-specific stable isotope analysis, transformation product analysis and mechanistic aspects. Water Research, 122: 280-289.

Yu X, Liu H, Pu C, et al. 2018. Determination of multiple antibiotics in leafy vegetables using QuEChERS-UHPLC-MS/MS. Journal of Separation Science, 41: 713-722.

Yuan X, Qiang Z, Ben W, et al. 2014. Rapid detection of multiple class pharmaceuticals in both municipal wastewater and sludge with ultra high performance liquid chromatography tandem mass spectrometry. Journal of Environmental Sciences, 26: 1949-1959.

Zhang D, Lin L, Luo Z, et al. 2011. Occurrence of selected antibiotics in Jiulongjiang River in various seasons, South China. Journal of Environmental Monitoring, 13: 1953-1960.

Zhang X, Zhang D, Zhang H, et al. 2012. Occurrence, distribution, and seasonal variation of estrogenic compounds and antibiotic residues in Jiulongjiang River, South China. Environmental Science and Pollution Research International, 19: 1392-1404.

Zhang Z, Zhou J. 2007. Simultaneous determination of various pharmaceutical compounds in water by solid-phase extraction-liquid chromatography-tandem mass spectrometry. Journal of chromatography A, 1154: 205-213.

第二篇　抗生素在农业环境中的迁移转化及微生态效应

第3章　土霉素在土壤中的吸附-解吸

土霉素(oxytetracycline)等四环素类抗生素是应用最广泛、使用量最大的一类抗生素。土霉素的辛醇-水分配系数(K_{ow})为 1.22 ± 0.75，由于土霉素是一种广谱性的抗生素，可杀灭多种细菌，因此很难被生物降解，其在土壤中的半衰期(DT50)为 16 天，DT90 为 111 天。研究结果也表明，土壤中土霉素能够减弱土壤的生物学功能(姚志鹏等，2009；姚建华等，2010)。同时，土霉素对小麦生长有一定的毒害作用，且这种毒害作用存在基因型差异(解晓瑜等，2009)。土霉素在土壤环境中生态风险势必与其在土壤中吸附行为有关。因此，有关土霉素在土壤中的吸附-解吸及其影响因素逐渐成为研究热点。

土霉素分子结构如图 3.1 所示，母核上含有下列官能团：C-4 位上的二甲氨基[—N(CH₃)₂]、C-2 位上的酰氨基[—CONH₂]、C-10 位上的酚羟基[—OH]，以及两个含有酚基和烯醇基的共轭双键系统。分子中 C-5 位和 C-7 位上的取代基不同，构成不同的四环素类抗生素。它们具有共同的基本母核(氢化四苯)，但取代基不同，可与酸或碱反应生成盐。土霉素通常在碱性水溶液中易溶解，在酸性水溶液中较稳定，属于两性分子(如图 3.2 所示)，在 pH<3.57 环境介质中带正电荷，在3.57<pH<7.49 的环境介质中显中性，在 pH>7.49 的环境介质中带负电荷。

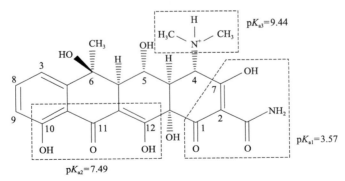

图 3.1　土霉素的分子结构及解离常数

关于土霉素的吸附研究中，吸附介质采用较多的是黏土矿物、有机质、金属氧化物等土壤组分，也有部分关于土壤吸附研究的报道，但相对较少，特别是有关中国代表性土壤对四环素类吸附的研究鲜有报道。本章关于土霉素在不同类型土壤上的吸附、解吸机理的研究结果，可为预测土霉素在土壤中的迁移转化提供重要依据。

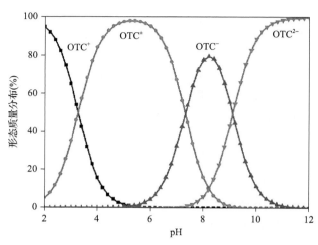

图 3.2　土霉素在不同 pH 条件下的带电荷情况

3.1　土壤粒度和溶液初始 pH 对土霉素吸附-解吸的影响

有关土霉素在土壤上的吸附及其影响因素已经成为环境科学、土壤学的研究热点之一(Gu et al., 2007; 鲍艳宇等, 2009a,b)。土壤对土霉素的吸附不仅与土壤理化性质有关，同时还受环境条件等多方面因素的影响。从目前文献报道的结果来看，这些研究所用土壤的粉碎度各不相同，所用的土壤有的是粉碎后 40 目筛，土壤粒径约为 0.42 mm(Stephen and Linda, 2005)；有的是粉碎后过 60 目筛，土壤粒径约为 0.25 mm(焦少俊等，2008)，有的是粉碎后过 10 目筛，土壤粒径约为 2 mm(Angela et al., 2005)，这为客观评价土霉素在土壤中的行为造成了一定的困难。鉴于此，我们研究了不同研磨度的潮土、紫色土、黑土和红壤 4 种性质差异较大的土壤对土霉素的吸附差异，以期为今后研究抗生素类有机污染物在土壤上的吸附时粉碎粒径的选择，以及为探明土霉素在土壤中吸附行为等提供一定的理论依据。

3.1.1　试验设计与研究方法

供试土壤分别为：黑土(采自中国科学院海伦农业生态实验站)、红壤(采自中国农业科学院农业资源与农业区划研究所湖南衡阳红壤实验站)、潮土(采自中国农业科学院农业资源与农业区划研究所廊坊试验站)和紫色土(采自西南大学原西南农业大学实验站)。土壤取回经自然风干后,分成两部分,其中一部分经研磨分别过 10 目(土壤粒径<2.00 mm)、20 目(土壤粒径<0.84 mm)、60 目(土壤粒径<0.25 mm)和 100 目(土壤粒径<0.15 mm)土壤筛后供试验研究用。另一部分供土壤基本理化性质测定用,供试土壤基本理化性质见表 3.1。

　　土壤的主要理化性质均采用常规方法进行测定:pH 值的测定采用电位法;有机质含量的测定采用重铬酸钾氧化外加热法;铁铝氧化物含量的测定采用连二亚硫酸钠-柠檬酸钠-碳酸氢钠(DCB)处理,比色法测定铁铝含量;阳离子交换量(CEC)采用乙酸铵交换法。

表 3.1　供试土壤主要理化性质

土壤类型	有机质(%)	pH	CEC(cmol/kg)	游离氧化铁(mg/kg)	游离氧化铝(mg/kg)
黑土	2.531	5.41	31.03	14798.05	724.86
红壤	2.074	5.39	10.54	29534.05	2086.65
潮土	0.550	7.89	6.10	7027.78	246.22
紫色土	1.191	7.41	24.03	10200.83	416.73

1. 不同粒径土壤对土霉素吸附的动力学研究

　　分别称取备用的不同粒径土壤 0.200 g,放入 50 mL 棕色玻璃离心管,按照水土比 100∶1 加入 20 mL 以 1.5 mmol/L 的 NaN_3(抑制土壤中细菌对土霉素的降解)和 0.01 mol/L $CaCl_2$ 溶液配制的 50 mg/L 的土霉素溶液。在 25℃恒温条件下 200 r/min 振荡,分别在 0.5 h,1 h,2 h,4 h,8 h,12 h,24 h,36 h,72 h 分批次进行毁灭性取样。混合液经 4000 r/min 离心 10 min,取上清液,经 0.45 μm 有机滤膜过滤,使用 HPLC 测定滤液中土霉素的浓度,以上处理均重复 3 次,以不含土霉素的处理作为空白,不含土壤的处理作为对照。用不同时间段对照和相应的土壤溶液中土霉素浓度之差计算出土壤对土霉素的吸附量,并作出吸附量随时间的变化曲线,用 Elovich 等吸附动力学模型对其进行拟合,并计算其拟合度及相应的吸附参数。

2. 不同粒径土壤对土霉素的等温吸附实验

　　等温吸附实验参照 OECD guideline 106 批平衡方法(OECD, 2000)进行,分别称取备用的不同粒径土壤 0.200 g,放入 50 mL 棕色玻璃离心管,按照水土比 100∶1 加入 20 mL 以 1.5 mmol/L 的 NaN_3 和 0.01 mol/L $CaCl_2$ 溶液配制的土霉素溶液,土霉素含量分别为:0.5 mg/L、1.0 mg/L、2.0 mg/L、5.0 mg/L、10 mg/L、20 mg/L、40 mg/L、60 mg/L、80 mg/L、100 mg/L、150 mg/L、200 mg/L。在 25℃恒温条件

下 200 r/min 振荡 24 h, 以 4000 r/min 离心 10 min, 取上清液, 过 0.45 μm 有机滤膜, 使用高效液相色谱法(HPLC)测定滤液中土霉素的浓度, 以上处理均重复 3 次, 以不含土霉素的处理作为空白, 不含土壤的处理作为对照。

3. 溶液 pH 对土壤吸附土霉素的等温吸附-解吸影响

用微量的 NaOH 和 HCl 溶液调节, 使溶液 pH 分别达到 2、2.5、3、4、5、6、8 和 10。吸附操作同上。解吸过程为: 在吸附实验结束后, 离心倒出上清液, 加入 20 mL 0.01 mol/L 的 CaCl$_2$ 溶液, 在 25℃恒温条件下 200 r/min 振荡 24 h, 以 4000 r/min 离心 10 min, 取上清液, 过 0.45 μm 有机滤膜, 使用 HPLC 测定滤液中土霉素的浓度, 以上处理均做 3 个重复, 未含土壤的 20 mL 的 0.01 mol/L CaCl$_2$ 溶液为空白。

4. 溶液中土霉素含量的测定方法

土霉素含量的测定采用 HPLC 进行测定, 仪器条件为: Agilent 1100 高效液相色谱仪, 紫外检测器, HP100 自动进样器, 四元泵。色谱操作条件: 资生堂 CAPCELL PAK C$_{18}$ 色谱柱(3.0 mm I.D.×150 mm); 进样量 20 μL; 流速 0.6 mL/min; 柱温 25℃; 检测波长 355 nm; 流动相: B(甲醇):C(乙腈):D(0.01 mol/L 草酸)=10:20:70。

数据分析: 溶液中土霉素的浓度(C_w)由 HPLC 方法直接测定, 固相中土霉素的浓度(C_s)由下式计算:

$$C_s = \frac{(C_0 - C_w) \times V}{M_s}$$

式中, C_s 为单位质量土壤吸附的土霉素的量(mg/kg); C_w 为平衡溶液中土霉素浓度(mg/L); C_0 为对照处理平衡液中土霉素的浓度(mg/L); V 为吸附试验中平衡溶液的体积, 20 mL; M_s 为吸附实验中所用土壤的质量(kg), 本实验中为 0.20×10^{-3} kg。

结果通过 Origin 8.0 对动力学吸附曲线和等温吸附曲线进行方程拟合。

3.1.2 吸附动力学

本实验选择了两种粒径差异较大的土壤(粒径<0.84 mm 和粒径<0.15 mm)作为代表土壤样品进行了动力学实验研究, 测定了土霉素浓度为 50 mg/L 时, 土霉素在四种土壤上的吸附, 结果见图 3.3。由图 3.3 可知, 不同粒径的土壤对土霉素的吸附具有相似的变化趋势, 吸附量随时间逐渐增大, 最后趋于饱和。在相同

时间段内，土壤对土霉素的吸附量不仅与土壤类型有关，同时也与土壤粒径大小有关。就土壤类型而言，在两种不同的粒径条件下，同一时间段内潮土的吸附量都是最小的，而黑土的吸附量都是最大的，紫色土和红壤的吸附量居中。就土壤粒径而言，土壤粒径<0.15 mm 的土壤对土霉素的吸附量大于土壤粒径<0.84 mm 的土壤，黑土、潮土和紫色土对土霉素的吸附在小粒径时先达到平衡，而红壤是在大粒径时先达到平衡(表 3.2)，这可能是由于红壤的游离氧化物含量较高。供试土壤对土霉素的吸附是一个十分复杂的动力学过程，既包括快吸附过程同时又包括慢吸附过程(表 3.2)。黑土、潮土和紫色土对土霉素的吸附过程主要发生在最初的 0.5 h 内。就同一土壤而言，粒径<0.15 mm 的潮土和紫色土对土霉素的吸附速率约为粒径<0.84 mm 的土壤的 2 倍。在 0.5~1 h 内土壤对土霉素的吸附速率有的为负值，1~2 h 内土壤对土霉素的吸附速率均大于 0.5~1 h 内的吸附速率，但小于 0~0.5 h 内的吸附速率，吸附速率约为 0~0.5 h 内的 10%。在 12~24 h 时除红壤外的三种土壤对土霉素的吸附速率仅约为 0~0.5 h 时的 1%。以上结果表明，土霉素在黑土、潮土、紫色土上的吸附在 0.5 h 内为快速吸附，且吸附的同时伴随着解吸过程，吸附能小的点位随着振荡时间的延长容易被解吸出来，随后进入慢吸附状态。红壤不符合以上三种土壤的吸附规律，这与红壤中游离氧化物含量较高有关。

　　一级动力学方程模型、抛物线模型、Elovich 模型、双常数模型可以较好地拟合土霉素在四种土壤上吸附量随时间的变化情况(表 3.3)。由表 3.3 可知，抛物线模型拟合程度最好，其次是一级动力学方程模型，再次是双常数模型，最后为 Elovich 模型。就土壤粒径而言，潮土和紫色土对土霉素吸附方程拟合效果是：粒径<0.15 mm 的土壤好于粒径<0.84 mm 的土壤，这和红壤、黑土的结果相反。

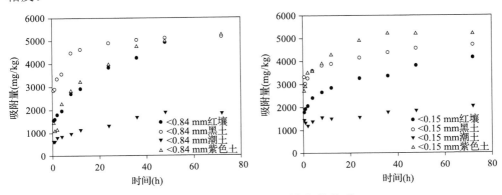

图 3.3　吸附时间与吸附量之间的关系

表 3.2 不同取样时间段内不同粒径紫色土和潮色土对土霉素的吸附速率 [mg/(kg·h)]

土壤类型	粒径 (mm)	取样时间段 (h)									
		0~0.5	0.5~1	1~2	2~4	4~8	8~12	12~24	24~36	36~48	48~72
黑土	<0.84	5699.63	112.23	447.37	104.66	226.86	38.17	23.12	11.34	6.75	2.18
	<0.15	6642.91	-579.27	231.96	164.56	55.54	18.07	22.00	18.88	14.99	6.24
红壤	<0.84	3113.25	89.22	196.85	82.73	183.77	54.56	76.40	34.70	56.38	10.06
	<0.15	3580.29	1969.55	2063.52	1203.77	663.04	711.85	271.68	279.94	317.50	172.96
潮土	<0.84	125.15	0.92	16.93	2.41	3.10	4.09	1.50	3.04	1.78	-0.21
	<0.15	290.39	-23.57	-13.58	9.45	4.37	-1.36	0.49	1.85	0.53	0.81
紫色土	<0.84	288.45	-71.04	5.76	55.41	14.26	9.74	6.25	6.48	2.02	1.09
	<0.15	542.38	38.35	59.05	3.37	8.26	9.44	5.25	2.57	-0.10	0.00

表 3.3 不同模型对土霉素在 4 种土壤上吸附平衡曲线的拟合

土壤类型	粒径 (mm)	一级动力学方程模型				二级动力学方程模型			抛物线模型			Elovich 模型			双常数模型		
		A	K	S_{e1}	R^2	K	S_{e2}	R^2	A	K	R^2	A	B	R^2	A	B	R^2
红壤	<0.84	-0.321	-0.038	5439.053	0.993	0.199	5006.04	0.802	1143.38	511.041	0.983	1450.454	777.031	0.901	7.307	0.294	0.979
	<0.15	-0.615	-0.039	4161.196	0.963	1.016	3489.152	0.682	1706.314	297.217	0.982	1481.178	586.228	0.946	7.537	0.177	0.982
黑土	<0.84	-0.734	-0.144	5088.403	0.986	1.538	4940.733	0.813	2736.514	525.743	0.85	3077.41	537.557	0.956	8.051	0.13	0.938
	<0.15	-1.137	-0.052	4677.373	0.949	3.861	4203.143	0.504	3087	207.732	0.943	3195.042	323.898	0.914	8.069	0.087	0.938
潮土	<0.84	-0.375	-0.037	2007.200	0.972	0.3044	1747.800	0.727	505.200	17.720	0.960	441.828	43.680	0.962	-2.078	0.264	0.954
	<0.15	-0.698	-0.010	2665.900	0.872	0.001	1670.800	0.172	1230.600	8.970	0.864	446.582	44.150	0.880	1.116	0.088	0.714
紫色土	<0.84	-0.230	-0.588	5229.500	0.974	0.151	5496.800	0.920	1270.500	52.000	0.986	1258.824	124.450	0.728	1.362	0.329	0.962
	<0.15	-0.762	-0.084	5240.100	0.973	1.497	4878.600	0.761	2885.500	33.890	0.884	1314.255	129.930	0.895	4.793	0.140	0.967

3.1.3　土壤粒径对土霉素等温吸附的影响

探讨土壤粒径对土霉素等温吸附规律，有助于了解土壤和土霉素之间的相互作用。该部分在室温 25℃，溶液的 pH 值为原始的土壤溶液 pH 值，离子强度为 0.01 mol/L CaCl$_2$ 条件下，分别以潮土、红壤、黑土、紫色土为吸附介质，探讨了土壤粒径对土霉素吸附的影响。

吸附结果见图 3.4，无论土壤粒径如何，4 种土壤对土霉素的吸附量均随液相中土霉素浓度的升高而增加，在低浓度时不同粒径的土壤对土霉素的吸附量差异不大，这是由于土壤的表面吸附点位足够吸附溶液中的土霉素，随着溶液中土霉素浓度的增加，粒径大的土壤对土霉素的吸附速率慢慢趋于平缓，而粒径小的土壤由于具有更大的表面积，可以为土霉素的吸附提供更多的点位，故其吸附量逐渐增多。

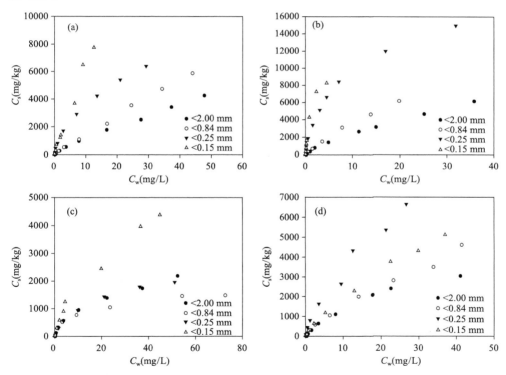

图 3.4　土霉素在不同研磨度的 4 种土壤上的吸附等温线

(a)红壤；(b)黑土；(c)潮土；(d)紫色土

根据吸附等温线的形状，可将等温线分为 S 型、L 型和 C 型，本实验的结果符合 L 型的结果，表现为开始时对溶质分子很快地大量吸附，当吸附剂上大部分活性吸附点位被溶质饱和后，就趋于缓慢，这可能是由于：①有机物与吸附剂之间具有多种相互作用；②有机物分子之间具有较强的分子间引力，导致有机物分子相互之间结成团状结构；③有机物吸附质和溶剂之间不存在或存在很小的竞争吸附作用。

由图 3.4 可知，在设定的土霉素浓度范围内，红壤和黑土对土霉素吸附量随着土壤粒径的减小而增大，即吸附量与土壤颗粒粒径大小呈反比。在潮土中不同粒径的土壤对土霉素的吸附量 (Q_m) 大小顺序是：$Q_{m(<0.15)} > Q_{m(<0.25)} > Q_{m(<2.00)} > Q_{m(<0.84)}$，而且粒径<0.25 mm 的土壤对土霉素的吸附量和粒径<2.00 mm 的土壤及粒径<0.84 mm 吸附量差异不明显，这可能是由于在研磨之前潮土中细颗粒土壤含量较多，大颗粒土壤在含量上差异不大，大颗粒土壤对土霉素的吸附差异未表现出来。紫色土对土霉素的等温吸附曲线中，最大吸附量 Q_m 与土壤粒径呈显著负相关($R=0.76$)，但吸附强度 K_f 值与粒径负相关性不显著($R=0.13$)，这一结果与 Xing 和 Pignatello(1998) 的结果相似，这可能是由于紫色土中混有大量的石块，用研钵研磨的过程中石块的摩擦作用严重破坏了土壤的机械结构，虽然土壤颗粒的表面积增大了，但使得土壤胶体颗粒间及颗粒内的微孔被破坏，影响了土霉素的嵌入吸附。

四种类型的土壤在不同粒径时对土霉素的吸附都偏离了直线型，故本实验结果采用了 Freundlich 模型和 Langmuir 模型方程进行拟合(表 3.4)，Freundlich 模型拟合的 R^2 值介于 0.9540～0.9982 之间，Langmuir 模型拟合的 R^2 值介于 0.9806～0.9986 之间，表明两种拟合模型方程均适用于四种土壤对土霉素的吸附。

在红壤吸附土霉素的过程中，n 值接近于 1，表明土霉素在红壤上的吸附是由于土霉素在无定形有机质中发生分配作用或在亲水矿物上发生的吸附。在黑土、潮土、紫色土吸附土霉素的过程中，$n<1$，表明了土霉素在这三种土壤上的吸附是发生在非均质吸附剂表面和致密有机质上的吸附，溶质分子先占据能量最高的点位，然后再依次占据能量较低的点位。

上述结果表明，不同研磨度的土壤对土霉素的吸附速率、吸附量及吸附机理均存在差异。考虑到研磨太细会破坏土壤的机械组成，粒径太大难以对吸附机理进行研究，此外结合田间土壤的实际情况，选择粒径<0.25 mm 土壤颗粒进行研究比较符合实际。

表 3.4　不同粒径土壤对土霉素等温吸附参数

土壤类型	土壤粒径(mm)	Freundlich 模型			Langmuir 模型		
		K_f	n	R^2	K_L	Q_m (mg/kg)	R^2
红壤	<2.0	133.51	0.905	0.9954	0.0018	56428.66	0.9953
	<0.84	157.56	0.959	0.9983	0.0018	82606.28	0.9983
	<0.25	866.87	0.956	0.9980	0.0216	17966.07	0.9880
	<0.15	702.92	0.957	0.9878	0.0062	110083.02	0.9878

续表

土壤类型	土壤粒径(mm)	Freundlich 模型			Langmuir 模型		
		K_f	n	R^2	K_L	Q_m (mg/kg)	R^2
黑土	<2.0	385.82	0.781	0.9961	0.0058	36908.34	0.9945
	<0.84	557.23	0.807	0.9982	0.0253	18315.13	0.9986
	<0.25	2622.64	0.520	0.9650	0.1218	18423.46	0.9920
	<0.15	3782.45	0.577	0.9540	0.6682	11322.33	0.9942
潮土	<2.0	259.81	0.537	0.9788	0.0648	2613.17	0.9806
	<0.84	266.25	0.415	0.9708	0.1067	1632.04	0.9834
	<0.25	370.05	0.397	0.9560	0.0523	2773.65	0.9970
	<0.15	403.19	0.648	0.9617	0.0338	7557.08	0.9633
紫色土	<2.0	293.30	0.646	0.9804	0.0385	5024.64	0.9978
	<0.84	295.95	0.706	0.9976	0.0278	7168.01	0.9977
	<0.25	229.99	0.727	0.9820	0.0107	30894.80	0.9920
	<0.15	505.03	0.805	0.9912	0.0074	43308.87	0.9857

3.1.4　初始 pH 对土霉素等温吸附-解吸的影响

随溶液酸碱条件的变化，土霉素可解离成不同的形态，因此其吸附过程还可能会受到溶液 pH 的影响。通过研究不同环境条件下土壤对土霉素的吸附，有利于深入理解其吸附机理及规律。由于土霉素属于极性离子型有机物，其在土壤上的吸附不仅受到其本身理化性质的影响，同时也受土壤溶液 pH 的影响。土壤溶液 pH 通过改变土霉素的电荷状态而影响土壤对其的吸附机理，从而表现出吸附强度和吸附量的差异。

pH 在土壤吸附土霉素的过程中所产生的影响效果见图 3.5(红壤)和图 3.6(黑土)。由图可知，不同初始 pH 条件下两种土壤对土霉素的吸附模型都属于 L 型。

在图 3.5(a)中，在土霉素浓度<100 mg/L 时，不同 pH 条件下，红壤对土霉素的吸附量大小顺序为：pH=3>pH=2.5>pH=2>pH=4>pH=5>pH=6>pH=8>pH=10。pH=3 时红壤对土霉素吸附量最大的原因在于：红壤中铁铝氧化物含量较高，其表面电荷随 pH 可变性强，在过低和过高的 pH 时土霉素与金属氧化物表面因带有同种电荷而相互排斥，导致吸附量降低，这也和 pH 趋近于有机污染物的 pK_a 时，吸附最强相一致。

由图 3.6(a)可知，在不同 pH 条件下，黑土对土霉素的吸附规律和红壤对土霉素的吸附规律稍有不同，在黑土中，土霉素在黑土上的吸附量随着 pH 的增大而逐渐降低。黑土与红壤吸附机理差异的原因在于：黑土中的有机质和 CEC 含量较红壤高，可以为土霉素提供较多的吸附点位，即使在土霉素以正离子形态存在时，也有足够的阳离子交换点位供土霉素正离子交换，同时，土霉素的极性基团与土壤有机质表面的酸性基团（如羧基、羟基等）之间的氢键作用也增加了在低 pH 时黑土对土霉素的吸附（Pila et al., 2007）。

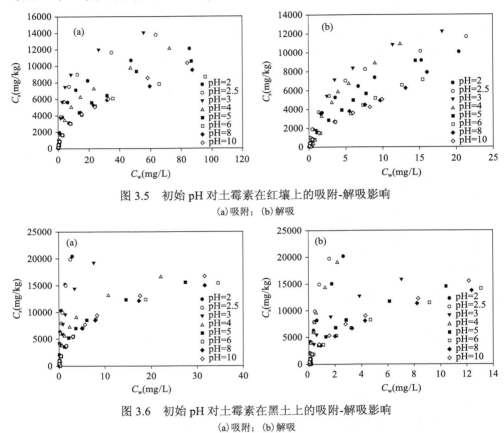

图 3.5　初始 pH 对土霉素在红壤上的吸附-解吸影响
(a)吸附；(b)解吸

图 3.6　初始 pH 对土霉素在黑土上的吸附-解吸影响
(a)吸附；(b)解吸

　　pH≤3 时，土霉素以正离子形式存在，可以和土壤上的负电荷发生静电吸附作用；也可以和土壤中的阳离子发生阳离子交换作用，增加吸附量；这也是在 pH 为 3 和 4 时，土霉素在黑土和红壤上的解吸滞后程度严重的原因。pH 在 4~7 的范围时，土霉素以中性分子形态存在，土壤有机质的分配作用及分子间的范德华力起重要作用，使土霉素与土壤的吸附作用处于中等强度；pH>8 时，土霉素以负离子形式存在于溶液中，此时与土壤胶体表面的负离子产生相斥作用，降低了其在土壤上的吸附量，这与焦少俊等（2008）研究的结果是一致的。鉴于以上原因，两种土壤在 pH 较低的条件下对土霉素的吸附量大于 pH 较高的条件下。

由表 3.5 和表 3.6 可知，Freundlich 模型和 Langmuir 模型都可以较好地拟合两种土壤在不同 pH 时对土霉素的吸附和解吸曲线，相关系数(R^2)在 0.9265～0.9984 之间。在黑土吸附土霉素的过程中，K_f 随着 pH 的增大逐渐减小，Q_m 整体上也是随着 pH 的增大而逐渐减小；而红壤吸附土霉素的过程中，K_f 值和 Q_m 值在 pH=3 时最大，然后随着 pH 向两端而减小。可能是由于黑土中有机质和 CEC 含量足够高，即使在低 pH 条件下仍可以为土霉素提供足够的吸附点位，而在红壤吸附土霉素的过程中，在过高和过低的 pH 条件下，土壤和土霉素带有相同的电荷，而产生互斥作用，降低了土霉素在土壤上的吸附，只有在 pH 接近 pK_a 时吸附量最大。本应该是 pH 较大时，土壤对土霉素的吸附强度和吸附量都更小，但结果表明，pH＞4 后，两种土壤对土霉素吸附的 Q_m 和 K_f 的变化幅度随 pH 改变不大（图 3.7），即中性的土霉素分子和带负电荷的土霉素与土壤之间吸附差异不大，这可能是由于在高 pH 时，带负电荷的土霉素，仍可以和土壤中的二价阳离子形成土霉素-金属离子-土壤三相络合物，相应地增加土霉素的吸附。

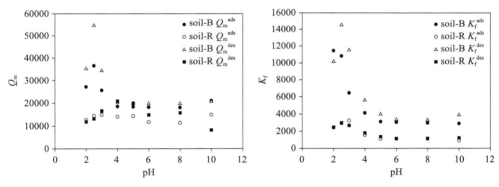

图 3.7　初始 pH 与 Q_m 及 K_f 的关系

表 3.5　不同初始 pH 条件下土霉素在土壤上的吸附参数

土壤类型	pH	Freundlich 模型			Langmuir 模型		
		K_f	n	R^2	K_L	Q_m(mg/kg)	R^2
黑土	2	11442.710	0.593	0.930	1.014	27091.840	0.972
	2.5	10801.640	0.694	0.971	0.468	36544.430	0.986
	3	6451.207	0.572	0.940	0.401	25525.200	0.984
	4	4123.047	0.469	0.952	0.279	18486.310	0.987
	5	3121.205	0.500	0.967	0.163	18370.870	0.990
	6	3058.125	0.468	0.988	0.129	18168.640	0.991
	8	2973.062	0.480	0.985	0.131	17985.470	0.990
	10	2903.070	0.518	0.981	0.106	20981.310	0.989

土壤类型	pH	Freundlich 模型			Langmuir 模型		
		K_f	n	R^2	K_L	Q_m (mg/kg)	R^2
红壤	2	2422.968	0.379	0.961	0.124	12620.970	0.991
	2.5	2929.728	0.388	0.961	0.158	14352.330	0.993
	3	3258.415	0.384	0.927	0.197	14854.620	0.995
	4	1561.566	0.482	0.986	0.058	14026.567	0.985
	5	11350.560	0.040	0.982	0.032	14299.090	0.986
	6	14886.290	0.024	0.984	0.030	11673.600	0.976
	8	1113.634	0.478	0.995	0.040	11350.560	0.982
	10	899.799	0.551	0.998	0.024	14886.290	0.984

表 3.6　不同初始 pH 条件下土霉素在土壤上的解吸参数

土壤类型	pH	Freundlich 模型			Langmuir 模型		
		K_f	n	R^2	K_L	Q_m (mg/kg)	R^2
黑土	2	10147.920	0.714	0.969	0.472	35218.400	0.974
	2.5	14508.340	0.832	0.929	0.381	54625.250	0.951
	3	11503.990	0.710	0.946	0.577	34371.970	0.972
	4	5600.144	0.564	0.957	0.478	20245.000	0.989
	5	3971.481	0.577	0.966	0.253	19767.200	0.992
	6	3358.429	0.561	0.995	0.168	19737.950	0.990
	8	3308.422	0.577	0.986	0.173	19650.170	0.987
	10	3898.378	0.555	0.991	0.207	20533.570	0.988
红壤	2	2471.879	0.481	0.978	0.217	11806.020	0.988
	2.5	3000.732	0.457	0.974	0.251	13140.150	0.993
	3	2684.840	0.556	0.910	0.170	16528.797	0.972
	4	1794.700	0.734	0.961	0.087	20835.925	0.982
	5	1356.150	0.718	0.996	0.056	19912.610	0.992
	6	1136.705	0.680	0.998	0.060	14792.630	0.995
	8	1158.526	0.671	0.992	0.055	15691.210	0.980
	10	1209.679	0.617	0.992	0.141	8198.330	0.986

　　土霉素在两种土壤的解吸过程中，解吸的 K_f 值均大于吸附的 K_f 值，这表明在解吸平衡后，仍有土霉素留在土壤中，这部分属于不可逆吸附部分，即土霉素在两种土壤上的解吸过程均存在滞后现象，解吸的滞后现象表明吸附过程比解吸过程存在较大作用力(Sukul et al, 2008)。在 pH 分别为 3 和 4 时，黑土的解吸 K_f 比吸附 K_f 分别高 5052.78 和 1477.10。pH=3 时，红壤的解吸 K_f 值比吸附 K_f 值高 233.13，相应的黑土解吸 K_f 差值是红壤的 21.7 倍，这表明黑土对土霉素解吸的滞后程度高

于红壤，这是由于两种土壤对土霉素吸附的主要成分不同，红壤以铁铝氧化物等黏土氧化物为主要的吸附成分，而黑土对土霉素的吸附物质以土壤有机质和黏粒为主要成分，土霉素可以被土壤吸附进入黏粒的层间结构中，在解吸过程中层间结构中的土霉素很难被解吸出来，导致其解吸滞后程度比较严重（鲍艳宇等，2009）。

通过批量平衡吸附实验法，研究了四种不同土壤在不同粒径时对土霉素的吸附动力学及等温吸附规律，结果表明，不同土壤对土霉素的吸附过程都包含快速吸附和慢吸附两个阶段，不同土壤对土霉素吸附机理不同，有机质和 CEC 含量高的黑土对土霉素的吸附量最大，而有机质、CEC 含量都较低的潮土对土霉素的吸附速率和吸附量都较小；同种土壤在不同研磨度时对土霉素的吸附机理也存在着差异，大多情况下，粒径小的土壤对土霉素的吸附速率和吸附量相对较大，但是粒径越小对土壤机械结构的破坏程度也越大，从而影响对土霉素的吸附。

pH 对红壤和黑土吸附土霉素的影响研究表明土霉素在两种土壤上的吸附均属于 L 型，红壤和黑土对土霉素的吸附结果存在差异，红壤在溶液 pH 接近 pK_a 时对土霉素的吸附量最大，然后向高和低 pH 递减，黑土对土霉素的吸附量随着 pH 的减小而逐渐增大，黑土的解吸滞后程度较红壤高，这些差异是两种土壤的理化性质差异造成的。另外，两种土壤对土霉素的吸附都是在低 pH 对土霉素的吸附量较大，pH 为 3 和 4 时，解吸滞后程度最严重，这是由于 pH 接近 pK_a 时，土壤对土霉素的吸附强烈。土霉素以正离子形态存在时可以和土壤表面的负电荷结合，以负离子形态存在时和土壤胶体表面的负电荷产生相斥作用，导致了土霉素在 pH 低的时候对土霉素的吸附量大，高 pH 吸附量小。

3.2　土壤有机质和去铁铝氧化物处理对土霉素吸附-解吸的影响

土壤组分是影响土壤对抗生素进行吸附的一个重要因素。自然土壤以黏土矿物为骨架，有机质和金属氧化物包裹在黏土矿物的表层，并在矿物之间起黏结架桥作用。有机质及黏土矿物的含量和性质随着粒径的不同存在差异，土霉素进入土壤后大部分会被土壤中有机质和矿物成分所吸附，目前关于土壤有机质和矿物吸附有机物的研究也比较多，但大部分是采用单一有机质和矿物进行模拟，而关于天然土壤成分对土霉素的吸附方面的研究却不多。

3.2.1　试验设计与研究方法

土壤主要组成是影响土霉素吸附的主要因素，本研究采用 BCR 提取法，去除天然土壤中的有机质和游离的铁铝氧化物,通过比较土霉素在原土和去有机质或铁铝氧化物土壤上吸附趋势的变化,来探讨游离氧化物、有机质在完整土壤吸附土霉素过程中的作用规律。研究中采用的吸附介质有两种:一种是去除原土中有机质的残余物,一种是去除原土中铁铝氧化物的残余物。

有机质的去除:称取 30 g 原土于 250 mL 烧瓶,按照水土比 10(mL)∶1(g) 加入 30 mL 30% 的 H_2O_2,用玻璃棒搅拌,使有机质与 H_2O_2 充分接触反应,再加入 30% H_2O_2 振荡过夜,反复处理直至再加入 H_2O_2 无气泡产生为止。过量的 H_2O_2 可用加热法去除,然后以 4000 r/min 离心 10 min,弃上清液。加入去离子水摇匀后再离心,弃上清液,重复此操作至上清液 pH 接近中性,得到的固相残余物再经 40℃低温烘干,研磨过 60 目筛,即作为吸附介质用于吸附实验。

铁铝氧化物的去除操作如下:称取 1.000 g 原土于 100 mL 锥形瓶中,加入浓度为 0.50 mol/L 的 $NH_2OH \cdot HCl$ 40 mL,用 HCl 调 pH 为 1.5,封口后室温下振荡 16 h。然后以 4000 r/min 离心 10 min,弃上清液。加入去离子水摇匀后再离心,弃上清液,重复此操作至上清液 pH 接近中性,得到的固相残余物再经低温烘干、研磨过筛后即作为吸附介质用于吸附实验。土壤理化性质见表 3.7。

表 3.7　土壤样品的理化性质

土壤类型	有机质(%)	pH	CEC (cmol/kg)	游离氧化铁 (mg/kg)	游离氧化铝 (mg/kg)
黑土	2.531	5.41	31.028	14798.052	724.861
黑土去有机质	0.258	5.20	15.699	12989.744	186.800
红壤	2.074	5.39	10.536	29534.053	2086.650
红壤去有机质	0.266	4.81	9.494	24213.192	1445.613

实验中有机质的去除量达到了 90%,但是并没有改变土壤的无机-有机复合体的物理结构。原土中和有机质含量相关联的阳离子交换量降低了近 50%;在去氧化物的过程中游离态的铁铝氧化物含量并没有降低,但是土壤中与此部分相关的阳离子的交换量降低了 40%,此结果表明本实验采用的去氧化物方法不适合所选的两种土壤,但在一定程度上也影响了土壤的结构。在以后的研究中仍需进一步研究其他提取方法对土壤中氧化物的去除效果。

3.2.2　有机质对土霉素的吸附影响

由表 3.7 可知,两种土壤的 pH、有机质含量相差不大,红壤中的铁铝氧化物总含量是黑土的 2 倍左右,黑土的阳离子交换量却是红壤的 3 倍,黑土对土霉素的吸附量也远大于红壤(图 3.8),这种差异的原因可能是有机质的结构、组成不同,导致土壤中的阳离子交换量不同，在黑土中可以与土霉素发生阳离子交换的离子比较多，有利于土霉素在土壤上的吸附，去除有机质之后，黑土和红壤的阳离子交换量改变不大，但是黑土的阳离子交换量仍大于红壤，这也是在去除有机质之后黑土对土霉素吸附量仍大于红壤的主要原因。去除有机质之后，两种土壤对土霉素的吸附效果相反。

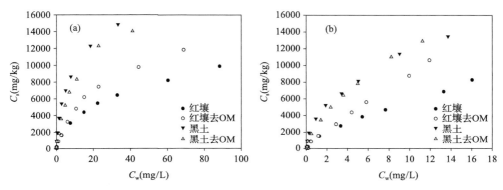

图 3.8 红壤和黑土原土及去有机质后对土霉素的吸附解吸

(a)吸附；(b)解吸

从表 3.8 和表 3.9 可以看出，土霉素在原土及对应的去有机质土壤上的吸附与解吸曲线均可以用 Freundlich 模型和 Langmuir 模型方程较好地拟合，其相关系数(R^2)在 0.983～0.999 之间，用来表示等温线非线性大小的参数 n 值在原土及去有机质土壤对土霉素的吸附过程中均小于 1(0.444～0.872)，这表明各种土壤对土霉素的吸附与解吸过程中均表现出非线性特征。另外，n 值在去有机质土壤上的值大于在相应原土上的值，这表明去除有机质之后土壤对土霉素的吸附强度增强，也表明土壤有机质的存在是土霉素在土壤中产生非线性吸附的一个主要因素。与吸附量和吸附强度有关的参数 K_f，在红壤及其去有机质表面分别为 1117.502 L/kg 和 1313.884 L/kg，表明土霉素在红壤去有机质土壤上的吸附强度要大于原土。表征单分子层最大吸附量的 Q_m，在红壤及其去有机质土壤表面分别为 12.275 g/kg 和 15.535 g/kg，表明土霉素在红壤去有机质土壤上的吸附量大于在红壤原土上的吸附量。K_f 在黑土及其去除有机质表面分别为 3255.226 L/kg 和 2342.804 L/kg，表明土霉素在黑土上的吸附强度大于在其去有机质表面。Q_m 在黑土和黑土去有机质表面分别为 17.204 g/kg 和 17.987 g/kg，这与实际不相符[图 3.8(a)]。同时土霉素在两种原土及其相应的去有机质土壤上的吸附 K_f 值均小于解吸 K_f 值，在红壤去有机质土壤表面，K_f 吸附和解吸值相差不大。说明土霉素在 4 种土壤表面的解吸过程存在滞后效应。

去有机质红壤对土霉素的吸附量增加是由于红壤有机质含量不高，对土霉素吸附的主要成分是矿物质，去除有机质后，矿物黏粒被暴露在土壤表面，对土霉素产生强烈的吸附。经 H_2O_2 处理后红壤的有机质含量虽然下降了很多，但小部分难以氧化的有机质对有机质污染物的亲和能力比易氧化有机质强，因此造成处理后的红壤对土霉素的吸附量增加，吸附强度增大。

而黑土对土霉素吸附的主要成分是土壤有机质，土壤被 H_2O_2 氧化之后，含氧、氮化合物和芳香化合物较易被氧化，这些极性官能团数量的减少，减少了土壤对土霉素的吸附点位，导致土霉素在黑土中的吸附量降低，但是氧化后剩余的有机质对土霉素的吸附能力增强，导致了土霉素在去有机质土壤上的吸附参数 K_f 增大。

表 3.8   原土及去有机质土壤对土霉素等温吸附参数

土壤类型	Freundlich 模型			Langmuir 模型		
	K_f(L/kg)	n	R^2	K_L	Q_m (mg/kg)	R^2
红壤	1117.502	0.490	0.994	0.037	12275.399	0.991
红壤去有机质	1313.884	0.528	0.987	0.042	15535.548	0.998
黑土	3255.226	0.444	0.990	0.148	17204.671	0.988
黑土去有机质	2342.804	0.497	0.983	0.084	17986.905	0.998

表 3.9   原土及去有机质土壤对土霉素等温解吸参数

土壤类型	Freundlich 模型			Langmuir 模型		
	K_f(L/kg)	n	R^2	K_L	Q_m(mg/kg)	R^2
红壤	1169.144	0.696	0.996	0.053	17099.919	0.996
红壤去有机质	1206.505	0.872	0.999	0.022	1239.878	0.999
黑土	3571.819	0.514	0.994	0.200	17737.427	0.981
黑土去有机质	2705.399	0.656	0.993	0.114	22743.044	0.994

研究发现，使用 H_2O_2 去除土壤有机质的效果良好，去除率达到了 90%，而使用 $NH_2OH \cdot HCl$ 去除铁铝氧化物的效果不明显，只是在一定程度上改变了土壤的 pH 和阳离子交换量含量，表明去氧化物的方法不适合本实验所选择的两种土壤。

Freundlich 模型和 Langmuir 模型方程很好地拟合两种原土及其去除有机质和去除氧化物处理之后对土霉素的等温吸附、解吸曲线。等温吸附参数 n 值在去有机质和氧化物之后较原土均增大，表明有机质和去除铁铝氧化物处理是土霉素非线性吸附的原因。由于黑土对土霉素吸附的主要成分中有机质占重要作用，当去除有机质后黑土土壤中有机质含量降低，导致对土霉素的吸附量减少，剩下的未被氧化去除的有机质对土霉素的吸附强度增加；黑土去除氧化物处理之后对土霉素的吸附量增加，是由于增强了土壤的物理吸附性能。而在红壤中对土霉素吸附的主要成分中黏土矿物起重要作用，在红壤去除有机质之后，矿物黏粒被暴露，增强了对土霉素的吸附作用；红壤去除氧化物之后，虽然铁铝氧化物含量变化不大，有可能破坏了土壤结构，导致对土霉素的吸附量降低。

两种土壤去除土壤有机质之后，由对土霉素的吸附量对比可以得出，在这两种土壤中土壤有机胶体所带的负电荷较黏土矿物多，有机胶体对土霉素的吸附作用强于土壤氧化物。

3.3　长期定位施肥对土霉素吸附-解吸的影响

长期施肥能够在一定程度对土壤肥力指标如有机质和 CEC 等产生影响，进而可能会对有机污染物在土壤环境中的行为产生影响。为此，采用四种不同类型的长期定位施肥土壤进行研究，探讨了长期施肥对土壤吸附土霉素的影响，旨在为土霉素污染行为及其生态毒理评价提供理论依据。

3.3.1　试验设计与研究方法

供试土壤样品分别采自沈阳农业大学土壤肥力长期定位试验站，中国科学院封丘农业生态国家实验站，黑龙江农业科学院黑河农业生态试验站和中国农业科学院祁阳红壤实验站。四个站点所选择的长期施肥试验处理情况为：沈阳农业大学土壤肥力长期定位试验站选择的 4 个处理为：CK(不施肥)，NP[氮磷肥，135 kg N + 67.5 kg P/(hm²·a)]，NP+OM[135 kg N/(hm²·a) + 67.5 kg P/(hm²·a) + 135 kg N/(hm²·a)猪粪]和 C[135 kg N/(hm²·a)猪粪]。封丘农业生态国家实验站选择的 4 个处理为：CK(不施肥)，NPK[氮磷钾肥，300 kg N/(hm²·a) + 66 kg P/(hm²·a) + 250 kg K/(hm²·a)]，NPK+OM[氮磷钾肥和作物秸秆，50% NPK + 50%小麦秸秆 4659 kg /(hm²·a)]和 OM[小麦秸秆 9317 kg /(hm²·a)]。黑河市土壤肥料站选择的 4 个处理为：CK(不施肥)，NP[氮、磷肥，150 kg N/(hm²·a) + 150 kg P₂O₅/(hm²·a)]，NPK+OM[氮磷肥和作物秸秆，75 kg N/(hm²·a) + 75 kg P₂O₅/(hm²·a)+ 小麦秸秆 3000 kg /(hm²·a)]和 OM[小麦秸秆 3000 kg /(hm²·a)]。中国农业科学院祁阳红壤国家实验站选择的 4 个处理为：CK(不施肥)，NPK[氮磷钾肥，300 kg N/(hm²·a) + 52 kg P/(hm²·a) + 100 kg K/(hm²·a)]，NPK+OM[氮磷钾肥和猪粪，NPK + 12510 kg /(hm²·a)猪粪]和 OM[18000 kg /(hm²·a)猪粪]。以上处理土壤在本吸附实验前的理化性质见表 3.10。

表 3.10　供试土壤理化性质

土壤类型		有机质(%)	pH	CEC(cmol/kg)	游离氧化铁(mg/kg)	游离氧化铝(mg/kg)
黑河暗棕壤	CK	4.104	4.273	26.077	16223.592	740.166
	OM	4.398	4.883	26.250	15155.448	761.592
	NP	4.314	4.191	26.774	15450.421	684.790
	NP+OM	5.158	5.284	25.979	15769.618	744.023
沈阳棕壤	CK	1.796	5.062	14.038	12523.868	462.101
	OM	1.928	5.372	14.132	11481.767	438.106
	NP	1.705	4.294	15.246	12526.324	473.782
	NP+OM	1.761	4.861	15.229	12427.220	461.332
封丘潮土	CK	0.512	7.502	6.565	8043.361	261.046
	OM	1.451	7.622	8.133	8394.525	295.187
	NPK	0.852	7.733	7.499	8715.735	297.218
	NPK+OM	1.098	7.721	7.748	8384.883	308.067
祁阳红壤	CK	1.377	4.712	21.347	42060.640	1274.870
	OM	2.199	5.543	18.174	48791.211	1532.661
	NPK	1.902	3.382	12.217	43501.400	1473.885
	NPK+OM	2.210	4.772	16.753	41917.545	1448.412

3.3.2　长期施肥对土壤理化性质的影响

由表 3.10 可知，四种类型的土壤经长期施用有机肥之后，有机质的含量较未施用有机肥的土壤均有所增加；不同施肥处理后土壤溶液的 pH 均发生改变，但改变的大小和方向不同；CEC 含量根据不同施肥处理也均有改变，黑土、棕壤、潮土、红壤中 CEC 含量极差分别为 0.795 mmol/kg、1.208 mmol/kg、1.568 mmol/kg 和 9.130 mmol/kg。有趣的是封丘潮土经 OM 处理后 CEC 含量最大，CK 中 CEC 含量最小，而祁阳红壤经 OM 处理后 CEC 含量最低，CK 中 CEC 含量最高，这可能是因为所施用的有机肥种类不同。四种土壤中铁铝氧化物的含量变化均不大。以上结果表明长期定位施肥之后土壤的理化性质有所变化，但这些变化又和原有的土壤性质有关。

3.3.3　不同施肥处理对土霉素吸附-解吸影响

四种土壤经过不同长期施肥处理后对土霉素的吸附、解吸曲线均可以较好地用 Freundlich 模型和 Langmuir 模型方程拟合，拟合系数 R^2 在 0.922～0.999 之间，两者相比，Langmuir 模型方程拟合效果更好。

　　从图 3.9 至图 3.12 可知，不同施肥处理后的土壤对土霉素的吸附量均随着溶液中土霉素浓度的增加而增加，根据土壤对土霉素吸附的等温曲线形状，可以判定四种土壤对土霉素的吸附均属于 L 型，表现为在低浓度时各种土壤都有足够的吸附点位供土霉素吸附，随着浓度的增大，土霉素分子开始向土壤颗粒的内部孔隙中慢慢扩散，吸附曲线趋于平缓，吸附速率降低。Langmuir 模型中反映单分子最大吸附量的 Q_m 和土壤中的有机质含量有着很好的相关性，封丘潮土、沈阳棕壤、祁阳红壤、黑河黑土和它们的有机质含量的相关系数分别为：0.955、0.988、0.753 和 0.034（$P < 0.05$）。而四种土壤中的有机质含量由少到多依次是封丘潮土（0.512%～1.451%）、沈阳棕壤（1.705%～1.928%）、祁阳红壤（1.377%～2.210%）、黑河暗棕壤（4.104%～5.158%），但若是把四种土壤联合起来，有机质含量和 Q_m 的相关系数为 0.292，表明土壤种类不同，有机质在土壤吸附土霉素的过程中所起的作用是不同的，土壤对土霉素的吸附机理不一样，这与 3.2 节的结果相同，只有在有机质含量较低的土壤上施用有机肥才有利于土壤对土霉素的吸附。

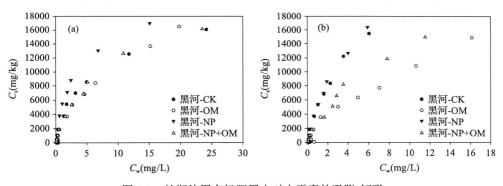

图 3.9　长期施用有机肥黑土对土霉素的吸附-解吸
(a)吸附；(b)解吸

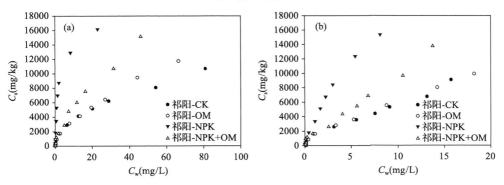

图 3.10　长期施用有机肥红壤对土霉素的吸附-解吸
(a)吸附；(b)解吸

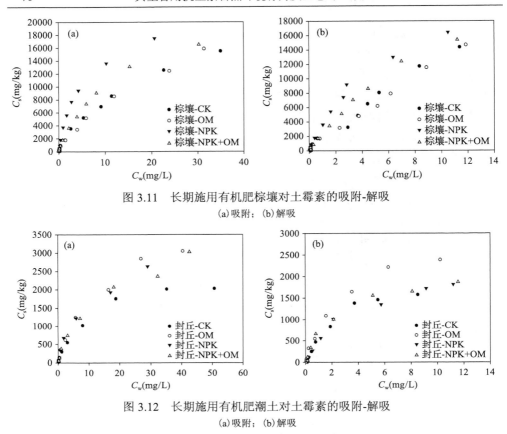

图 3.11　长期施用有机肥棕壤对土霉素的吸附-解吸
(a)吸附；(b)解吸

图 3.12　长期施用有机肥潮土对土霉素的吸附-解吸
(a)吸附；(b)解吸

　　由四种土壤对土霉素的等温吸附曲线拟合结果可知，在黑河暗棕壤、祁阳红壤和沈阳棕壤施用 OM 及化肥+OM 混施肥之后，n 值较 CK 和单施化肥的土壤高，即有机质是引起土壤对土霉素非线性吸附的主要原因。封丘潮土在不同施肥处理后，土壤对土霉素吸附的 n 值差异不大，这可能是由于封丘潮土在施肥处理之后，有机质、CEC、铁铝氧化物等含量较其他三种土壤仍较低，故不符合其他三种土壤对土霉素吸附的 n 值规律。

　　由表 3.11 和表 3.12 可知，祁阳红壤和沈阳棕壤在经过不同施肥处理之后对土霉素的等温吸附参数 K_f 的大小依次是：$K_{f\,NP} > K_{f\,NP+OM} > K_{f\,CK} > K_{f\,OM}$，黑河暗棕壤在经过不同施肥处理之后对土霉素的吸附参数 K_f 的大小依次是：$K_{f\,NP} > K_{f\,CK} > K_{f\,NP+OM} > K_{f\,OM}$，封丘潮土在经过不同施肥处理之后对土霉素的等温吸附参数 K_f 的大小依次是：$K_{f\,NP+OM} > K_{f\,OM} > K_{f\,CK} > K_{f\,NP}$。这些数据表明施用 NP 肥可以在一定程度上增强土壤对土霉素的吸附强度。另外，本实验出现另一个有趣现象是潮土经不同施肥处理后，对土霉素的解吸参数 K_f 大于吸附的 K_f 值，其他三种土壤经不同施肥处理后，对土霉素吸附和解吸的 K_f 值相差不大，有些情况下解吸

表 3.11　长期定位施肥土壤对土霉素的等温吸附参数

土壤类型		Freundlich 模型			Langmuir 模型		
		K_f(L/kg)	n	R^2	K_L	Q_m (mg/kg)	R^2
祁阳红壤	CK	1045.450	0.520	0.995	0.034	13622.601	0.979
	OM	810.430	0.640	0.998	0.018	21328.668	0.990
	NP	4747.000	0.420	0.922	0.448	17272.718	0.994
	NP+OM	1129.130	0.670	0.993	0.024	27600.769	0.984
沈阳棕壤	CK	1899.640	0.597	0.996	0.050	23987.892	0.994
	OM	1436.587	0.693	0.996	0.033	29999.379	0.994
	NP	4049.410	0.500	0.978	0.202	21065.542	0.997
	NP+OM	2566.980	0.602	0.985	0.078	23579.889	0.999
封丘潮土	CK	362.600	0.467	0.954	0.095	2545.899	0.993
	OM	427.278	0.548	0.982	0.070	4129.931	0.990
	NP	398.102	0.563	0.986	0.098	3374.030	0.985
	NP+OM	499.865	0.475	0.979	0.068	3781.668	0.986
黑河暗棕壤	CK	3193.400	0.528	0.953	0.169	19533.931	0.989
	OM	2411.928	0.646	0.987	0.080	25972.400	0.990
	NP	4297.954	0.532	0.930	0.276	20774.817	0.977
	NP+OM	3040.981	0.538	0.974	0.121	21866.254	0.995

表 3.12　长期定位施肥土壤对土霉素的等温解吸参数

土壤类型		Freundlich 模型			Langmuir 模型		
		K_f(L/kg)	n	R^2	K_L	Q_m (mg/kg)	R^2
祁阳红壤	CK	983.623	0.778	0.980	0.020	35347.243	0.971
	OM	1116.625	0.746	0.996	0.032	26341.818	0.989
	NP	3633.752	0.702	0.995	0.121	31095.613	0.999
	NP+OM	1144.705	0.933	0.986	0.003	320332.503	0.985
沈阳棕壤	CK	1665.008	0.896	0.987	0.018	87634.660	0.987
	OM	1414.794	0.947	0.996	0.006	231263.860	0.995
	NP	4015.819	0.617	0.983	0.173	25321.506	0.996
	NP+OM	2762.174	0.731	0.989	0.080	33058.691	0.997
封丘潮土	CK	531.812	0.560	0.940	0.336	2221.086	0.987
	OM	733.024	0.547	0.958	0.304	3226.892	0.992
	NPK	484.000	0.568	0.958	0.268	2389.851	0.986
	NPK+OM	610.543	0.485	0.954	0.432	2198.827	0.992
黑河暗棕壤	CK	4616.204	0.699	0.979	0.200	28335.363	0.991
	OM	1988.702	0.721	0.980	0.054	30952.897	0.974
	NP	4729.091	0.712	0.974	0.189	30506.499	0.983
	NP+OM	3042.852	0.660	0.989	0.110	26493.641	0.992

K_f 值小于吸附的 K_f，这和前两章得出的土壤对土霉素解吸存在滞后现象不一致，其机理有待于进一步研究。研究发现，长期定位施肥能够影响土壤对土霉素的吸附和解吸。在有机质含量低的地区，应加强施用有机肥，以提高土壤对土霉素的吸附量，在有机质含量高的地区，施用有机肥对土壤吸附土霉素的影响不大，长期施用 NP 肥可以增强土壤对土霉素的吸附强度，长期进行 NP+OM 配施，可以提高土壤对土霉素的吸附量，这些效果在有机质含量较低的土壤上表现更明显。本实验再次证明了土壤中有机质是引起土霉素在土壤上非线性吸附的主要原因。

3.4　小结及展望

（1）所有等温吸附过程中，Freundlich 模型和 Langmuir 模型方程都可以较好地拟合土壤对土霉素的等温吸附曲线，多数情况下，解吸过程中存在着解吸滞后现象，滞后的程度随着实验条件及土壤类型的差异而不同。表征非线性程度的 n 值均小于 1，吸附类型属于 L 型。

（2）土壤的粒径影响着土壤对土霉素的吸附速率、吸附强度、吸附量，一般情况是土壤粒径越细，吸附速率和吸附量越大，但是超过一定的研磨度，会破坏土壤的结构，影响土霉素在土壤颗粒微孔中的嵌入吸附，从而影响其吸附量。不同土壤由于理化性质和结构不同，研磨度对土壤吸附土霉素的影响效果不同。

（3）溶液 pH 通过改变土霉素的离子形态而影响其在土壤上的吸附，一般来说，低 pH 条件下土壤对土霉素的吸附强度和吸附量大于高 pH 条件下。在 pH 接近解离常数时土壤对土霉素的吸附强度最大，此时的解吸滞后程度也更严重。

（4）土壤有机质和铁铝氧化物是土壤吸附土霉素的重要成分。土壤去除有机质后可使黏土矿物裸露，增大了吸附量，小部分难以被 H_2O_2 氧化的有机质对土霉素的吸附力较强。虽然两种土壤去除铁铝氧化物的效果不好，但还是改变了土壤的性质。去除氧化物之后，两种土壤对土霉素的吸附结果和去除有机质之后相反。去除有机质和铁铝氧化物之后，土壤对土霉素吸附的非线性参数 n 值变大，推测出有机质和黏土矿物是土壤对土霉素非线性吸附的原因。

（5）研究长期施用有机肥土壤对土霉素的吸附、解吸规律具有重要的现实意义。在有机质含量少的土壤中施用有机肥，有助于土壤对土霉素的吸附，长期施用 NP 肥可以增强土壤对土霉素的吸附强度。

（6）土壤对土霉素的吸附、解吸是一个复杂的过程，受到多种因素的共同影响，在吸附过程中这些因素彼此影响，要揭示土霉素在土壤中的吸附机制，仍需要大量的试验研究，不应该直接把以前的研究结果直接用于实际的推测土霉素在环境中的归属问题，因为气候变化不断地影响着土壤的性质，对于特定的污染物预测研究需进行一定的校准试验。

　　本研究取得了一定的成果,对预测土霉素在土壤中的迁移转化有重要的意义,由于时间有限,本章只是在实验室模拟条件下,研究研磨度、pH、有机质、铁铝氧化物等因素在土壤吸附、解吸土霉素过程产生的影响,要把土壤吸附土霉素机理搞清楚,在许多方面还有待于进一步深入研究:

　　(1)需进一步借助红外、电镜、荧光等技术探讨土壤对土霉素的吸附机理。土霉素在不同形态时与土壤的结合方式不同,氢键、范德华力、离子交换、静电吸附、嵌入吸附、键桥作用、络合作用起作用的条件及作用力大小都有待于进一步研究。

　　(2)对影响吸附因素的研究。土壤吸附土霉素是一个极其复杂的过程,受到多种因素的影响,本章只做了部分研究,未对温度、离子类型及强度、土壤溶解性有机质等因素影响土壤吸附土霉素进行探讨。

　　(3)吸附实验的浓度还需进一步调整。有研究表明,有机污染物在低浓度时,土壤对其吸附表现为非线性,在高浓度时为线性。另外,考虑在实际的土壤环境中,土霉素浓度不高,以后可以分别研究低浓度土霉素和高浓度土霉素在土壤上的吸附规律。

参 考 文 献

鲍艳宇, 周启星, 万莹, 等. 2009a. 土壤有机质对土霉素在土壤中吸附解吸的影响. 中国环境科学, 29(6): 651-655.

鲍艳宇, 周启星, 张浩. 2009b. 阳离子类型对土霉素在 2 种土壤中吸附-解吸影响. 环境科学, 30(2): 551-556.

杜立宇, 梁成华, 潘大伟. 2007. 长期定位施肥条件下设施土壤磷的吸附特性. 安徽农业科学, 35(3): 774-775.

胡冠九, 王冰, 孙成. 2007. 高效液相色谱法测定环境水样中 5 种四环素类抗生素残留. 环境化学, 26(1): 106-107.

焦少俊, 孙兆海, 郑寿荣, 等. 2008. 四环素在乌栅土中的吸附与解吸. 农业环境科学学报, 27(5): 1732-1736.

解晓瑜, 张永清, 李兆君, 等. 2009. 兽用土霉素对小麦毒理效应的基因型差异研究. 生态毒理学报, 4(4): 577-583.

姚建华, 牛德奎, 李兆君, 等. 2010. 抗生素土霉素对小麦根际土壤酶活性和微生物生物量的影响. 中国农业科学, 43(4): 721-728.

姚志鹏, 李兆君, 梁永超, 等. 2009. 土壤酶活性对土壤中土霉素的动态响应. 植物营养与肥料学报, 15(3): 696-700.

张瑞京. 2007. 广州及珠海污水处理厂典型抗生素污染特征研究. 广州: 暨南大学.

Angela C K, Say K O, Moorman T B. 2005. Sorption of tylosin onto swine manure. Chemosphere, 60(2): 284-289.

Blackwell P A, Kay P, Ashauer R, et al. 2009. Effects of agricultural conditions on the leaching behaviour of veterinary antibiotics in soils. Chemosphere, 75(1): 13-19.

Gu C, Karthikeyan K G, Sibley S D, et al. 2007. Complexation of the antibiotic tetracycline with humic acid. Chemosphere, 66(8): 1494-1501.

Kim S D, Cho J, Kim I S, et al. 2007. Occurrence and removal of pharmaceuticals and endocrine disruptorsin South Korean surface, drinking, and waste waters. Water Research, 41(5): 1013-1021.

Knappe E U. 2008. Knowledge and need assessment on pharmaceutical products in environmental waters. http://www.knappe-eu.org.

Lee L S, Carmosini N, Sassman S A, et al. 2007. Agricultural contributions of antimicrobials and hormones on soil and water quality. Advances in Agronomy, 93: 1-68.

OECD. 2000. OECD guidelines for testing of chemicals, test 106: adsorption-desorption using a batch equilibrium method.

Pila J R V, Laird D A. 2007. Sorption of tetracycline and chlortetracycline on K- and Ca-staturated soil clays, humic substances, and clay-humic complexes. Environment Science and Technology, 41 (6): 1928-1933.

Sibley S D, Pedersen J A. 2008. Interaction of mecrolide antimicrobial clarithromycin with dissolved humic acid. Environmental Science and Technology, 42 (2): 422-428.

Stephen A S, Linda S L. 2005. Sorption of three tetracyclines by several soils: assessing the role of pH and cation exchange. Environment Science and Technology, 39 (19): 7452-7459.

Sukul P, Lamshöft M, Zühlke S, et al. 2008. Sorption and desorption of sulfadiazine in soil and soil-manure systems. Chemosphere, (73): 1344-1350.

Wang Y, Jia D, Sun R, et al. 2008. Adsorption and cosorption of tetracycline and copper(Ⅱ) on montmorillonite as affected by solution pH. Environmental Science and Technology, 42 (9): 3254-3259.

Xing B S, Pignatello J J. 1998. Competitive sorption between 1,3-dichlorbenzene or 2,4-dichlorophenol and natural aromatic acids in soil organic matter. Environmental Science and Technology, 32 (5): 614-619.

第4章 土霉素在土壤中降解的微生态学机制

土壤中抗生素降解主要过程有氧化作用、还原作用、水解作用与链接作用等，主要受土壤温度以及自然因素如降雨、土壤湿度和土壤的性质的影响。抗生素在土壤中的降解行为在一定程度上决定其在土壤环境中生态风险，因此，有关抗生素在土壤中的降解及其影响因素逐渐成了国内外科学家研究的热点之一。但是，鲜有关于不同培养温度、水分及有机质等对抗生素在土壤中降解的影响及相关微生物分子生态学机制方面的系统研究。鉴此，本章研究了不同培养温度、水分和外源溶解性有机质对土霉素在潮土、黑土和红壤3种土壤中降解的影响，同时对其微生物分子生态学机制进行了探讨，拟为探明土霉素等四环素类抗生素在土壤中的行为提供一定的理论依据。

4.1 土壤中土霉素微生物降解

4.1.1 温度对土壤中土霉素微生物降解的影响

1. 试验设计及研究方法

供试土壤：潮土、黑土和红壤3种土壤。其中潮土和红壤分别采自中国农业科学院农业资源与农业区划研究所北京廊坊试验站和湖南祁阳红壤试验站，黑土采自中国科学院海伦农业生态试验站。3种土壤均为未受土霉素等抗生素污染的农田耕层(0~20 cm)土壤，土壤采集后，风干，过2 mm筛备用。土壤基本理化性状见表4.1。

土壤的主要理化性质均采用常规方法进行测定：pH值的测定采用电位法；有机质含量的测定采用重铬酸钾氧化外加热法，土壤粒径组成采用比重计法，阳离子交换量(CEC)采用乙酸铵交换法。

表 4.1 供试土壤基本理化性质

土壤类型	OM(%)	pH	CEC(cmol/kg)	土壤粒径组成(mm)		
				2~0.02	0.02~0.002	<0.002
潮土	0.55	7.89	6.10	60.18	21.09	18.70
红壤	2.00	5.02	13.30	31.20	42.3	23.9
黑土	2.41	4.91	30.67	29.64	36.05	24.74

土壤中土霉素含量的检测方法：安捷伦 1100 型高效液相色谱仪；Speedisk Column H$_2$O-Philic DVB 萃取小柱：3 mL，100 mg 填料；色谱柱：Aglient ZORBAX SB-C$_{18}$(3.5 μm，4.6 mm×150 mm)；采用 Na$_2$EDTA-McIlvaine 作为提取液，在 2.0000 g(精确到 0.0001 g)土壤中加入提取液 15 mL，超声提取 3 次，每次加入提取液 5 mL，超声时间为 8 min，提取液采用 DVB 固相萃取小柱纯化、无水甲醇洗脱和氮气流浓缩。待测液中的土霉素采用 HPLC 进行测定，测定条件为：流动相为乙腈，0.01 mol/L 磷酸二氢钠(pH 为 2.5，体积比为 10：90)，柱温为 25℃，流速为 1.2 mL/min，检测波长 350 nm。

不同土壤中土霉素标准曲线的配制：精密称取土霉素标准品 0.0960 g(精确到 0.0001 g)于 100 mL 容量瓶中，加入少量 1 mol/L 盐酸溶解，然后用超纯水定容至 100 mL，制成 960 mg/L 标准品储备液，4℃保存备用。采用梯度稀释法，将土霉素标准品储备液准确配制成浓度分别为 0.4 mg/L、4.0 mg/L、10.0 mg/L、20.0 mg/L、40.0 mg/L、80.0 mg/L、160.0 mg/L、320.0 mg/L、480.0 mg/L、640.0 mg/L 和 800.0 mg/L 的土霉素标准工作液，准确吸取上述标准工作液各 0.5 mL，加入 2.0000 g(精确到 0.0001 g)风干的空白供试土壤中，使土壤中土霉素含量分别为 0 mg/kg、0.1 mg/kg、1.0 mg/kg、5.0 mg/kg、10.0 mg/kg、20.0 mg/kg、40.0 mg/kg、80.0 mg/kg、120.0 mg/kg、160.0 mg/kg、200.0 mg/kg 和 240.0 mg/kg，每个浓度重复 6 次，充分混匀，按土壤中土霉素含量的检测方法进行试验。考虑到计算的准确性，分别在 0～40.0 mg/kg 和 40.0～240.0 mg/kg 确定两条标准曲线。

将获得的数据用一级动力学方程 $C=C_0e^{-Kt}$ 进行拟合，式中，C 为时间 t(d)时残留的土霉素浓度(mg/kg)，C_0 为起始土霉素浓度(mg/kg)，K 为降解速率常数(d^{-1})，t 为时间(d)。根据公式 $t_{1/2}=0.693/K$ 计算土霉素的半衰期，$t_{1/2}$ 为半衰期(d)。

所得数据采用 Microsoft Excel 2003 软件处理，方差分析采用 SPSS 16.0 软件处理，采用 Origin 8.0 软件作图。

2. 不同温度下土壤中土霉素微生物降解特征

不同温度对土霉素在土壤中的降解状况有显著影响。当潮土中土霉素的初始浓度为 200 mg/kg 时[图 4.1(a)]，0～10 天土霉素在不同温度的培养下降解速率快慢的顺序为 15℃＞5℃＞25℃。在 10～35 天，土霉素在温度为 25℃培养下的降解速率不断增加，超过土霉素在 5℃和 15℃培养下的降解速率。在 25℃培养下，土霉素的半衰期为 8.9 天，而在 5℃和 15℃培养下，土霉素的半衰期分别为 9.9 天和 9.3 天(表 4.2)。当潮土中土霉素的初始浓度为 20 mg/kg 时[图 4.1(b)]，在前 14 天，培养温度为 25℃的处理土霉素降解速率最快。在培养第 14 天，25℃

条件下，土霉素的残留率为 22.6%，而在 5℃和 15℃条件下，土霉素的残留率分别为 32.2%和 29.4%。在 25℃条件下，土霉素的半衰期为 7 天，而在 5℃和 15℃条件下，土霉素的半衰期分别为 8.6 天和 7.5 天（表 4.3）。

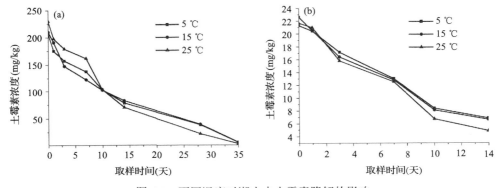

图 4.1　不同温度对潮土中土霉素降解的影响

(a)土霉素的初始浓度为 200 mg/kg；(b)土霉素的初始浓度为 20 mg/kg

土壤类型为黑土时（图 4.2），无论土霉素的初始浓度是 200 mg/kg 还是 20 mg/kg，土霉素在温度为 25℃时的降解速率最快。当黑土中土霉素的初始浓度为 200 mg/kg 时，在培养第 35 天，温度为 25℃时，土霉素的残留率为 7.5%，而在 5℃和 15℃条件下，土霉素的残留率分别为 14.7%和 16.6%。在 25℃条件下，土霉素的半衰期为 8.7 天，而在 5℃和 15℃条件下，土霉素的半衰期分别为 12.2 天和 11.9 天（表 4.2）。当黑土中土霉素的初始浓度为 20 mg/kg 时，在培养第 14 天，温度为 25℃时，土霉素的残留率为 14.9%，而在 5℃和 15℃条件下，土霉素的残留率分别为 32%和 28%。在 25℃培养下，土霉素的半衰期为 5.9 天，而在 5℃和 15℃培养下，土霉素的半衰期分别为 9 天和 7.6 天（表 4.3）。

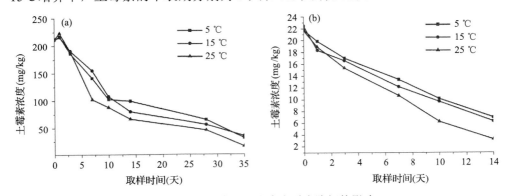

图 4.2　不同温度对黑土中土霉素降解的影响

(a)土霉素的初始浓度为 200 mg/kg；(b)土霉素的初始浓度为 20 mg/kg

土壤类型为红壤(图 4.3),当红壤中土霉素的初始浓度为 200 mg/kg 时[图 4.3(a)],土霉素在温度为 25℃培养下的降解速率最快。在培养第 42 天,25℃培养下,土霉素已经检测不出来了,而在 5℃和 15℃培养下,土霉素的残留率分别为 1.15%和 0.16%。在 25℃培养下,土霉素的半衰期为 10.2 天,而在 5℃和 15℃培养下,土霉素的半衰期分别为 13.8 天和 14.2 天(表 4.2)。当红壤中土霉素的初始浓度为 20 mg/kg 时[图 4.3(b)],在 0～3 天,土霉素在不同温度的培养下降解速率快慢的顺序为 15℃>5℃>25℃。在 3～14 天,土霉素在温度为 25℃培养下的降解速率不断增加,超过土霉素在 5℃和 15℃培养下的降解速率。在培养第 14 天,25℃培养下,土霉素的残留率为 30.3%,而在 5℃和 15℃培养下,土霉素的残留率分别为 44.3%和 43.6%。在 25℃培养下,土霉素的半衰期为 9.5 天,而在 5℃和 15℃培养下,土霉素的半衰期分别为 13 天和 12.8 天(表 4.3)。

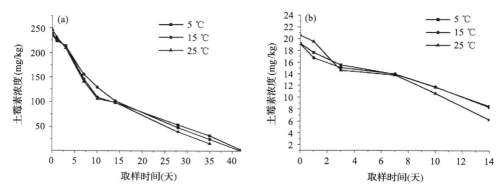

图 4.3　不同温度对红壤中土霉素降解的影响

(a)土霉素的初始浓度为 200 mg/kg;(b)土霉素的初始浓度为 20 mg/kg

表 4.2　土霉素在不同温度下的降解参数和降解半衰期(200 mg/kg)

土壤类型	温度(℃)	降解动力学方程	降解常数 $K(\mathrm{d}^{-1})$	相关系数(R)	半衰期 $t_{1/2}$(天)
潮土	5	$C=206.568e^{-0.0703t}$	0.0703	0.9724	9.9
	15	$C=210.1203e^{-0.0747t}$	0.0747	0.9704	9.3
	25	$C=229.9501e^{-0.0781t}$	0.0781	0.9699	8.9
黑土	5	$C=211.6819e^{-0.0570t}$	0.0568	0.9555	12.2
	15	$C=211.0921e^{-0.0585t}$	0.0585	0.9542	11.9
	25	$C=212.1927e^{-0.0799t}$	0.0799	0.9432	8.7
红壤	5	$C=234.9579e^{-0.0642t}$	0.0642	0.9745	13.8
	15	$C=237.7642e^{-0.0619t}$	0.0619	0.9859	14.2
	25	$C=247.2233e^{-0.0750t}$	0.0750	0.9801	10.2

表 4.3　土霉素在不同温度下的降解参数和降解半衰期(20 mg/kg)

土壤类型	温度(℃)	降解动力学方程	降解常数 K(d^{-1})	相关系数(R)	半衰期 $t_{1/2}$(天)
潮土	5	$C=21.30452e^{-0.08043t}$	0.08043	0.97791	8.6
	15	$C=22.62395e^{-0.09225t}$	0.09225	0.98159	7.5
	25	$C=21.68642e^{-0.09926t}$	0.09926	0.96985	7.0
黑土	5	$C=21.79481e^{-0.07696t}$	0.07696	0.99220	9.0
	15	$C=22.49485e^{-0.09077t}$	0.09077	0.94424	7.6
	25	$C=21.67639e^{-0.11816t}$	0.11816	0.98431	5.9
红壤	5	$C=19.15333e^{-0.0533t}$	0.05330	0.96103	13.0
	15	$C=19.08152e^{-0.05403t}$	0.05403	0.88947	12.8
	25	$C=20.56476e^{-0.07327t}$	0.07327	0.92103	9.5

综上所述，随时间的推移，在不同温度培养下，不同初始浓度的土霉素溶液在三种土壤中的含量均不断减少，说明土霉素在土壤中发生了降解。在培养温度为25℃时，土霉素在三种土壤中的降解速率都是最快的，说明该温度可以促进土霉素在土壤中的降解，这可能是该培养条件下土壤微生物活性较高的缘故。并且土霉素在三种土壤中的降解均符合一级动力学方程，其相关系数较高。

3. 土霉素初始浓度对不同温度下土霉素降解的影响

从表 4.2 和表 4.3 可以得出：①当潮土中土霉素的初始浓度为 200 mg/kg 时，在 5℃、15℃和 25℃培养条件下半衰期分别为 9.9 天、9.3 天和 8.9 天；当潮土中土霉素的初始浓度为 20 mg/kg 时，在 5℃、15℃和 25℃培养条件下半衰期分别为 8.6 天、7.5 天和 7 天。②当黑土中土霉素的初始浓度为 200 mg/kg 时，在 5℃、15℃和 25℃培养下半衰期分别为 12.2 天、11.9 天和 8.7 天；当黑土中土霉素的初始浓度为 20 mg/kg 时，在 5℃、15℃和 25℃培养下半衰期分别为 9.0 天、7.6 天和 5.9 天。③当红壤中土霉素的初始浓度为 200 mg/kg 时，在 5℃、15℃和 25℃培养下半衰期分别为 13.8 天、14.2 天和 10.2 天；当红壤中土霉素的初始浓度为 20 mg/kg 时，在 5℃、15℃和 25℃培养下半衰期分别为 13.0 天、12.8 天和 9.5 天。

从以上数据可以得出，不同初始浓度的土霉素溶液在三种土壤中的降解趋势均是土霉素的初始浓度越低降解越快，半衰期越短，这表明土壤中土霉素降解微生物对土霉素的浓度是较为敏感的，这与金彩霞等(2009)关于不同初始浓度磺胺间甲氧嘧啶钠在土壤中降解速率随土壤中药物起始浓度增加而降低的研究结论是相一致的。这可能与一定范围内土霉素与微生物之间的相互作用有关。由于土霉素是一种广谱抗菌药物，对微生物有一定的抑制作用，在一定量的土壤中其微生物数量是基本恒定的，而土霉素浓度低时，微生物比较活跃，土霉素就会被快速降解；而同样数量的微生物随土霉素浓度的增加，微生物对土霉素的降解会被削弱。

当土壤中土霉素的初始浓度为 200 mg/kg 时，在不同温度培养条件下，土霉素在潮土中的降解速率最快，其次是黑土中，在红壤中的降解速率最慢。当土壤中土霉素的初始浓度为 20 mg/kg 时，在不同温度培养下，土霉素在不同类型的土壤中降解速率和土壤中土霉素初始浓度为 200 mg/kg 时的规律相一致。从以上数据可以看出，土霉素在不同类型土壤中的降解是有差异的，这可能与土壤本身的理化性质有关。土壤中土壤黏粒、有机质含量越高，土霉素的降解速率快。这可能是由于土壤中有机质含量高，土壤中微生物含量多并且活跃，而土壤黏粒含量高，致使黏粒土壤颗粒上吸附着较多的土壤有机质，从而加强了土霉素在土壤中降解能力。这与张慧敏等(2008)研究泰乐菌素和土霉素在黏土和砂土中土霉素降解情况所得的结论相一致。

4.1.2　水分对土壤中土霉素微生物降解的影响

土霉素在环境中的降解途径主要有光解、水解、氧解和微生物降解，依据环境条件的不同，抗生素会发生一种或多种降解反应。一般来讲，抗生素降解后，其药效会逐渐降低，但有些抗生素的代谢物比抗生素母体的毒性更高，且可能在环境中转化形成抗生素母体。抗生素在环境中的降解与其化学特性(如水溶性、pH、挥发性和吸附性)、环境条件(如温度、水分、pH 等)和使用剂量有关。Jacobsen 和 Berglind(1998)调查鱼塘底泥中土霉素的持久性，对 4 个样点在用药后不同时段内取底泥分析其土霉素残留量，发现其浓度在0.1～14.9 mg/kg 干物质之间变化，用药后 12 周内仍然产生抗菌效果；在缺氧的底泥中，土霉素持留性相对较强。Hally 等(1989)不少学者的研究表明，伊维菌素见光易分解，而且在土壤中降解较快，夏天伊维菌素在土壤中的降解半衰期为 7～14 天，而在冬天则长达 9～217 天。鉴于此，研究了土壤水分对土壤中不同初始浓度土霉素的影响，以期为探明土霉素在土壤中的降解规律提供依据。

不同水分含量对土霉素在土壤中的降解影响有显著影响。由图 4.4 可知，当潮土中土霉素的初始浓度为 200 mg/kg 时[图 4.4(a)]，在 0～7 天，在不同水分培养条件下，土霉素降解速率快慢顺序为：土壤含水量为 20%＞土壤含水量为 100%＞土壤含水量为 40%。在 7～35 天，土霉素在土壤含水量为 100%的培养条件下降解的速率加快，超过了土霉素在土壤含水量为 40%和 20%的培养条件下的降解速率，但是土霉素在 7～35 天的降解速率较在 0～7 天期间缓慢，这可能是由于在培养早期，土霉素对土壤中微生物活性产生了刺激作用，从而加快了土壤中土霉素降解速率。土壤含水量为 100%培养条件下，土霉素的半衰期为 10.6 天，土壤含水量为 40%和 20%的培养条件下，土霉素的半衰期分别为 15.2 天和

13.9 天（表 4.4）。当潮土中土霉素的初始浓度为 20 mg/kg 时［图 4.4(b)］，土霉素在不同水分条件培养的 0～14 天里，在土壤含水量为 100% 的培养条件下，土霉素的降解速率最快。如在培养第 14 天，土壤含水量为 100% 的培养条件下，土霉素的残留率为 22%，而在土壤含水量为 40% 和 20% 培养条件下，土霉素的残留率分别为 26.9% 和 26.3%。土壤含水量为 100% 培养下，土壤中土霉素的半衰期为 6.1 天，而土壤含水量为 40% 和 20% 的培养下，土壤中土霉素的半衰期均为 7.8 天（表 4.5）。

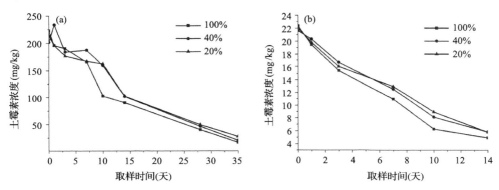

图 4.4　不同水分含量对潮土中土霉素降解的影响
(a)土霉素的初始浓度为 200 mg/kg；　(b)土霉素的初始浓度为 20 mg/kg

　　由图 4.5 可知，当黑土中土霉素的初始浓度为 200 mg/kg 时［图 4.5(a)］，土霉素在不同水分条件下培养的 0～35 天里，土霉素在土壤含水量为 100% 的培养下的降解速率最快。如在培养的第 35 天，土壤含水量为 100% 的培养条件下，土霉素的残留率为 6.2%，而土壤含水量为 40% 和 20% 培养条件下，土壤中土霉素的残留率分别为 7.9% 和 10.4%。土壤含水量为 100% 培养条件下，土霉素的半衰期为 8.2 天，而土壤含水量为 40% 和 20% 的培养条件下，土霉素的半衰期分别为 10.8 和 10.6 天（表 4.4）；当黑土中土霉素的初始浓度为 20 mg/kg 时［图 4.5(b)］，在 0～3 天，在不同水分的培养条件下，土霉素降解速率快慢的顺序为：土壤含水量为 40%＞土壤含水量为 20%＞土壤含水量为 100%。在培养的第 3～14 天，在土壤含水量为 100% 的培养条件下，土霉素降解的速率加快，明显快于土霉素在土壤含水量为 40% 和 20% 培养条件下的降解速率。在培养的第 14 天，土壤含水量为 100% 的培养条件下，土霉素的残留率为 25.5%，而在土壤含水量为 40% 和 20% 培养条件下，土壤中土霉素的残留率分别为 40.9% 和 41.2%。土壤含水量为 100% 培养条件下，土霉素的半衰期为 8 天，而在土壤含水量为 40% 和 20% 的培养条件下，土霉素的半衰期分别为 9.5 天和 9.8 天（表 4.5）。

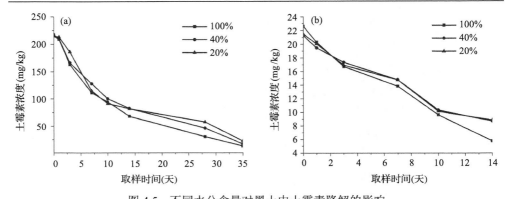

图 4.5　不同水分含量对黑土中土霉素降解的影响
(a)土霉素的初始浓度为 200 mg/kg；(b)土霉素的初始浓度为 20 mg/kg

　　由图 4.6 可知，当红壤中土霉素的初始浓度为 200 mg/kg 时[图 4.6(a)]，在培养的 0～3 天，土霉素在不同水分的培养条件下降解速率快慢的顺序为：土壤含水量为 20%＞土壤含水量为 40%＞土壤含水量为 100%。在培养的 3～14 天，在不同水分的培养条件下，土霉素的降解速率快慢的顺序为：土壤含水量为 40%＞土壤含水量为 100%＞土壤含水量为 20%。在培养的第 14～42 天，土霉素在土壤含水量为 100%的培养下降解的速率加快，明显快于土霉素在土壤含水量为 40%和 20%的培养条件下的降解速率。在培养的第 42 天，土壤含水量为 100%的培养下，土霉素已经检测不到，而在土壤含水量为 40%和 20%培养条件下，土霉素的残留率分别为 0.86%和 0.04%。土壤含水量为 100%培养条件下，土霉素的半衰期为 10.6 天，而在土壤含水量为 40%和 20%的培养条件下，土霉素的半衰期分别为 11.2 和 11.6 天(见表 4.4)。当红壤中土霉素的初始浓度为 20 mg/kg 时[图 4.6(b)]，在培养的 0～3 天，土霉素在不同水分的培养下降解速率快慢的顺序为：土壤含水量为 40%＞土壤含水量为 100%＞土壤含水量为 20%。在培养的第 3～14 天，土霉素在

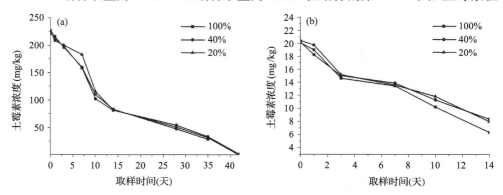

图 4.6　不同水分含量对红壤中土霉素降解的影响
(a)土霉素的初始浓度为 200 mg/kg；(b)土霉素的初始浓度为 20 mg/kg

表 4.4　土霉素 (200 mg/kg) 在不同水分含量作用下的降解参数和降解半衰期

土壤类型	水分(%)	降解动力学方程	降解常数 $K(\mathrm{d}^{-1})$	相关系数(R)	半衰期 $t_{1/2}$(天)
潮土	100	$C=222.6423\mathrm{e}^{-0.0656t}$	0.0656	0.9641	10.6
	40	$C=201.7108\mathrm{e}^{-0.0456t}$	0.0456	0.8872	15.2
	20	$C=213.4867\mathrm{e}^{-0.0498t}$	0.0498	0.9409	13.9
黑土	100	$C=215.3541\mathrm{e}^{-0.0848t}$	0.0848	0.9845	8.2
	40	$C=217.6952\mathrm{e}^{-0.0728t}$	0.0728	0.9788	10.8
	20	$C=215.0816\mathrm{e}^{-0.0708t}$	0.0708	0.9545	10.6
红壤	100	$C=226.7854\mathrm{e}^{-0.0653t}$	0.0653	0.9703	10.6
	40	$C=222.3607\mathrm{e}^{-0.0630t}$	0.0630	0.9686	11.2
	20	$C=225.7383\mathrm{e}^{-0.0599t}$	0.0599	0.9558	11.6

土壤含水量为 100%的培养下降解的速率加快，明显快于在土壤含水量为 40%和20%的培养下的降解速率。在培养的第 14 天，土壤含水量为 100%的培养条件下，土霉素的残留率为 31.3%，而在土壤含水量为 40%和 20%培养条件下，土霉素的残留率分别为 41.1%和 38.8%。土壤含水量为 100%培养条件下，土霉素的半衰期为 9.5 天，而在土壤含水量为 40%和 20%的培养条件下，土霉素的半衰期均为 11天(表 4.5)。

表 4.5　土霉素 (20 mg/kg) 在不同水分含量作用下的降解参数和降解半衰期

土壤类型	水分(%)	降解动力学方程	降解常数 $K(\mathrm{d}^{-1})$	相关系数(R)	半衰期 $t_{1/2}$(天)
潮土	100	$C=22.36648\mathrm{e}^{-0.1143t}$	0.1143	0.9854	6.1
	40	$C=21.61833\mathrm{e}^{-0.0891t}$	0.0891	0.9866	7.8
	20	$C=22.0151\mathrm{e}^{-0.0892t}$	0.0892	0.9812	7.8
黑土	100	$C=22.64112\mathrm{e}^{-0.0867t}$	0.0867	0.9707	8.0
	40	$C=21.27239\mathrm{e}^{-0.0641t}$	0.0641	0.9698	9.5
	20	$C=21.49877\mathrm{e}^{-0.0657t}$	0.0657	0.9654	9.8
红壤	100	$C=20.14109\mathrm{e}^{-0.0730t}$	0.0730	0.9392	9.5
	40	$C=20.24003\mathrm{e}^{-0.0621t}$	0.0621	0.9206	11.0
	20	$C=20.48577\mathrm{e}^{-0.0630t}$	0.0630	0.9364	11.0

从以上结果可以看出，随时间的推移，不同水分条件下，不同初始浓度的土霉素在三种土壤中的残留量均不断减少。且土霉素在三种土壤中的降解均符合一级动力学方程，其相关系数较高。在土壤含水量为 100%的培养条件下，土霉素在三种土壤中的降解速率均最快，说明土壤含水量可以显著影响土壤中土霉素的降解速率，含水量越高，其降解速率越快，反之则降解速率越慢。有研究认为，这可能是土壤中水分增加，导致了土壤微生物活性的增加。也有研究认为，土壤水分的增加可能提高了土壤水相中土霉素的浓度和活度，促进了土霉素的降解。

4.1.3 外源溶解性有机质对土壤中土霉素微生物降解的影响

溶解性有机质(dissolved organic matter,DOM)又称水溶性有机质,它是能溶解于水的有机化合物的统称,是有机物质,特别是有机肥料所含有机质中最为活跃的部分。从一定意义上说,水溶性有机质是有机质物料用水浸提后,能通过0.45 μm 滤膜,具有不同结构及分子量的有机物(如低分子量的游离氨基酸、碳水化合物、有机酸及大分子量的酶、氨基糖、多酚和腐殖质等)的连续体或混合体。溶解性有机质不仅是矿物风化、成土过程以及微生物生长代谢、土壤有机质分解和转化等过程的重要影响因素,同时还是影响土壤中 C、N、S 和 P 等营养元素转化及其生物有效性以及污染物(重金属、多环芳烃、农药、抗生素等)的迁移转化和降解的重要因素。已有研究结果表明,土壤中 DOM 的来源主要有 4 种,即腐殖化的有机质、植物凋落物、根系分泌物和微生物生物量,本研究以有机肥、腐殖酸以及根系分泌物(L-苹果酸和柠檬酸)作为外源溶解性有机质,研究其不同的加入量对土霉素在潮土、黑土、红壤三种不同土壤中(灭菌和非灭菌条件)降解的影响,从而揭示土霉素在有机肥、腐殖酸、L-苹果酸、柠檬酸这 4 种外源溶解性有机质作用下的降解规律,为预防和治理土霉素对环境的污染提供理论依据。

1. 试验设计及方法

1)腐殖酸以及有机肥中可溶性有机质的提取制备方法

分别称取一定量的商品有机肥、腐殖酸若干份,按水固比 5∶1 混合,在水平振荡机上以 200 r/min 的速度振荡 12 h,在高速离心机上以 12500 r/min 的速度低温(4℃)离心 30 min,上清液立即用 0.45 μm 无菌微孔滤膜过滤,滤液于 4℃低温保存,备用(不超过 1 周)。

2)不同浓度外源溶解性有机物对土壤中土霉素降解的影响

在 50 mL 棕色玻璃离心管中加入 2.0000 g 土壤,加入 2000 mg/L 的土霉素溶液 0.2 mL,配制成土霉素含量为 200 mg/kg 的试验用土,再向这些土中加入 0.3 mL 一定浓度的腐殖酸、有机肥、L-苹果酸和柠檬酸水溶性有机质提取溶液,使土壤中外源溶解性有机碳的浓度分别为 400 mg/kg、800 mg/kg 和 1600 mg/kg,每个处理重复 4 次。此时土壤的含水量调节为土壤最大持水量的 40%,置于 25℃生化培养箱中培养,培养期间,为了保持土壤湿度不变,通过称重差减法,每周用去离子水补充水分并通气一次。分别于培养的第 0、1、3、7、10、14、28、35 和 42天取样,采用高效液相色谱测定土霉素残留量。

3)土壤灭菌方法

装有不同土壤的带有棉花塞子的棕色离心管用三层牛皮纸把管口包紧,放在高压灭菌锅(120℃±1℃)中灭菌 25 min，冷却取出后，在超净工作台中根据试验设计，向离心管中分别加入已灭菌的土霉素溶液以及不同浓度的溶解性有机质。

4)数据处理

获得的数据用一级动力学方程 $C=C_0e^{-Kt}$ 进行拟合，式中 C 为时间 t(d)时土霉素残留浓度(mg/kg)，C_0 为起始土霉素浓度(mg/kg)，K 为降解速率常数(d^{-1})，t 为时间(d)。根据公式 $t_{1/2}=0.693/K$ 计算土霉素的半衰期，$t_{1/2}$ 为半衰期(d)。

所得数据采用 Microsoft Excel 2003 软件处理，方差分析采用 SPSS 16.0 软件处理，采用 Origin 8.0 软件制图。

2. 外源溶解性有机质对土壤中土霉素微生物降解影响的特征及规律

1)有机肥源溶解性有机质对土壤中土霉素降解的影响

由图 4.7 可知，在灭菌处理下[图 4.7(a)和表 4.6]，添加浓度为 800 mg/kg 时，土霉素在潮土中的降解速率最快，降解半衰期为 4.6 天；添加浓度为 1600 mg/kg 次之，降解半衰期为 5.6 天；添加浓度为 400 mg/kg 最慢，降解半衰期为 6.9 天。在非灭菌处理下[图 4.7(b)和表 4.6]，土霉素在潮土中的降解速率顺序为添加浓度为 1600 mg/kg＞添加浓度为 800 mg/kg＞添加浓度为 400 mg/kg，且降解半衰期分别为 2.1 天、3.2 天和 2.8 天。

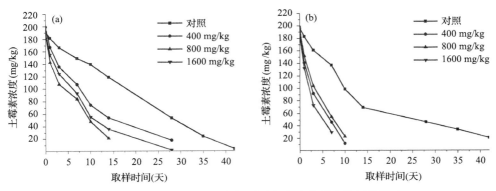

图 4.7　有机肥源溶解性有机质对潮土中土霉素降解的影响
(a)灭菌；(b)非灭菌

由图 4.8 可知，在灭菌处理下[图 4.8(a)和表 4.6]，添加浓度为 800 mg/kg 时，土霉素在黑土中的降解速率最快，添加浓度为 1600 mg/kg 时，土霉素的降解速率次之，添加浓度为 400 mg/kg 时，土霉素的降解速率最慢。在培养的第 35 天，添加浓度为 800 mg/kg 时，已经检测不到土霉素的含量；而添加浓度为 1600 mg/kg

和 400 mg/kg 时的残留率分别为 5.6%和 8.9%。添加浓度为 800 mg/kg 时，降解半衰期为 5.8 天，添加浓度为 400 mg/kg 和 1600 mg/kg 时，降解半衰期分别为 9.6 天和 10 天。在非灭菌处理下［图 4.8(b) 和表 4.6］，土霉素在黑土中的降解速率的顺序为添加浓度为 800 mg/kg＞添加浓度为 400 mg/kg＞添加浓度为 1600 mg/kg。且降解半衰期分别为 2.5 天、3.5 天和 3.8 天。

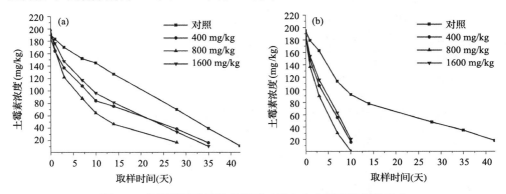

图 4.8　有机肥源溶解性有机质对黑土中土霉素降解的影响
(a)灭菌；(b)非灭菌

　　由图 4.9 可知，在灭菌处理下［图 4.9(a) 和表 4.6］，添加浓度为 1600 mg/kg 的土霉素降解速率最快，降解半衰期为 7.2 天；添加浓度为 400 mg/kg 的降解速率次之，降解半衰期为 10.6 天；添加浓度为 800 mg/kg 的降解速率最慢，降解半衰期为 12.6 天。在非灭菌处理下［图 4.9(b) 和表 4.6］，土霉素在红壤中降解速率的顺序为添加浓度 1600 mg/kg＞添加浓度 800 mg/kg＞添加浓度 400 mg/kg，降解半衰期分别为 2.4 天、3.4 天和 4.2 天。

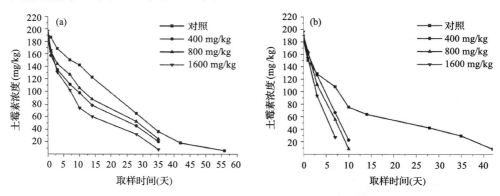

图 4.9　有机肥源溶解性有机质对红壤中土霉素降解的影响
(a)灭菌；(b)非灭菌

表 4.6　有机肥源溶解性有机质对土壤中土霉素在降解参数和降解半衰期的影响

土壤类型	处理方式	外源有机质浓度	降解动力学方程	降解常数 $K(\mathrm{d}^{-1})$	相关系数(R)	半衰期 $t_{1/2}$（天）
潮土	灭菌	对照	$C=191.3697\mathrm{e}^{-0.0466t}$	0.0466	0.9511	14.9
		400	$C=199.5139\mathrm{e}^{-0.0998t}$	0.0998	0.9713	6.9
		800	$C=188.4488\mathrm{e}^{-0.1496t}$	0.1496	0.9145	4.6
		1600	$C=191.2183\mathrm{e}^{-0.1233t}$	0.1233	0.9695	5.6
	非灭菌	对照	$C=197.846\mathrm{e}^{-0.0617t}$	0.0617	0.9785	11.2
		400	$C=189.9052\mathrm{e}^{-0.2513t}$	0.2513	0.9435	2.8
		800	$C=197.6797\mathrm{e}^{-0.2177t}$	0.2177	0.9626	3.2
		1600	$C=184.9587\mathrm{e}^{-0.3229t}$	0.3229	0.9184	2.1
黑土	灭菌	对照	$C=190.7608\mathrm{e}^{-0.0402t}$	0.0402	0.9509	17.2
		400	$C=184.7954\mathrm{e}^{-0.0724t}$	0.0724	0.9718	9.6
		800	$C=198.1741\mathrm{e}^{-0.1197t}$	0.1197	0.9511	5.8
		1600	$C=191.0104\mathrm{e}^{-0.0695t}$	0.0695	0.9805	10.0
	非灭菌	对照	$C=194.7497\mathrm{e}^{-0.0640t}$	0.0640	0.9693	10.8
		400	$C=180.7885\mathrm{e}^{-0.1982t}$	0.1982	0.9646	3.5
		800	$C=186.4811\mathrm{e}^{-0.2780t}$	0.2780	0.9617	2.5
		1600	$C=189.9073\mathrm{e}^{-0.1848t}$	0.1848	0.9705	3.8
红壤	灭菌	对照	$C=192.8204\mathrm{e}^{-0.0410t}$	0.0410	0.9737	16.9
		400	$C=183.516\mathrm{e}^{-0.0657t}$	0.0657	0.9514	10.6
		800	$C=181.6202\mathrm{e}^{-0.0551t}$	0.0551	0.9667	12.6
		1600	$C=196.989\mathrm{e}^{-0.0958t}$	0.0958	0.9485	7.2
	非灭菌	对照	$C=183.6587\mathrm{e}^{-0.0729t}$	0.0729	0.9083	9.5
		400	$C=185.2888\mathrm{e}^{-0.1655t}$	0.1655	0.9565	4.2
		800	$C=191.281\mathrm{e}^{-0.2063t}$	0.2063	0.9473	3.4
		1600	$C=196.076\mathrm{e}^{-0.2864t}$	0.2864	0.9366	2.4

　　从以上分析可以看出，灭菌与非灭菌处理相比较，非灭菌处理土壤中土霉素降解的速率快于灭菌处理。说明微生物对土霉素在土壤中的降解有较大的影响。无论是灭菌还是非灭菌处理，在不同土壤中添加不同浓度的有机肥源溶解性有机质与不添加的对照相比较，添加有机肥源溶解性有机质处理，土壤中土霉素的降解速度明显高于对照，这可能是添加的溶解性有机质能够在一定程度上改善土壤的物理、化学和生物学特性，从而加快了土霉素在土壤中的降解速率。添加高浓度的有机肥源溶解性有机质较低浓度的有机肥源溶解性有机质更有利于土壤中土霉素的降解。土霉素在三种土壤中的降解均符合一级动力学方程，其相关系数较高。

2) 腐殖酸源溶解性有机质对土壤中土霉素降解的影响

由图 4.10 可知，在灭菌处理下［图 4.10(a)和表 4.7］，在培养的第 0~10 天，添加浓度为 400 mg/kg 处理土壤中土霉素降解速率＞添加浓度为 800 mg/kg 处理土壤中土霉素的降解速率。在培养的第 10~28 天，添加浓度为 800 mg/kg 处理土壤中土霉素的降解速率＞添加浓度为 400 mg/kg 处理土壤中土霉素的降解速率，但在整个培养过程中添加浓度为 1600 mg/kg 处理土壤中土霉素的降解速率最快。处理 400 mg/kg、800 mg/kg 和 1600 mg/kg 土壤中土霉素的半衰期分别为 7.3 天、7.0 天和 5.9 天。在非灭菌处理下［图 4.10(b)和表 4.7］，土霉素在潮土中降解速率大小顺序为添加浓度为 1600 mg/kg 处理＞添加浓度为 800 mg/kg 处理＞添加浓度为 400 mg/kg 处理，其半衰期分别为 2.0 天、3.2 天和 4.2 天。

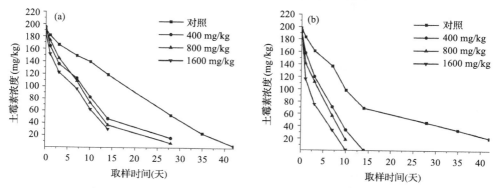

图 4.10 腐殖酸源溶解性有机质对潮土中土霉素降解的影响
(a)灭菌；(b)非灭菌

由图 4.11 可知，在灭菌处理下［图 4.11(a)和表 4.7］，在培养的第 0~7 天，添加浓度为 400 mg/kg 处理土壤中土霉素的降解速率＞添加浓度为 1600 mg/kg 处理土壤中的土霉素降解速率。在培养的第 7~35 天，添加浓度为 1600 mg/kg 处理土壤中的降解速率＞添加浓度为 400 mg/kg 处理土壤中土霉素的降解速率，但在整个培养过程中，添加浓度为 800 mg/kg 处理土壤中土霉素的降解速率最快。处理 400 mg/kg、800 mg/kg 和 1600 mg/kg 土壤中土霉素半衰期分别为 8.2 天、5.1 天和 6.9 天。在非灭菌处理下［图 4.11(b)和表 4.7］，添加浓度为 800 mg/kg 处理土壤中土霉素的降解速率最快，半衰期为 2.6 天；添加浓度为 1600 mg/kg 处理土壤中土霉素的降解速率次之，半衰期为 3.7 天；添加浓度为 400 mg/kg 处理土壤中土霉素的降解速率最慢，半衰期为 3.7 天。

由图 4.12 可知，在灭菌处理下［图 4.12(a)和表 4.7］，在培养的第 0~7 天，添加浓度为 400 mg/kg 处理土壤中土霉素的降解速率＞添加浓度为 800 mg/kg 处理土壤中土霉素的降解速率。在培养的第 7~28 天，添加浓度为 800 mg/kg 处理

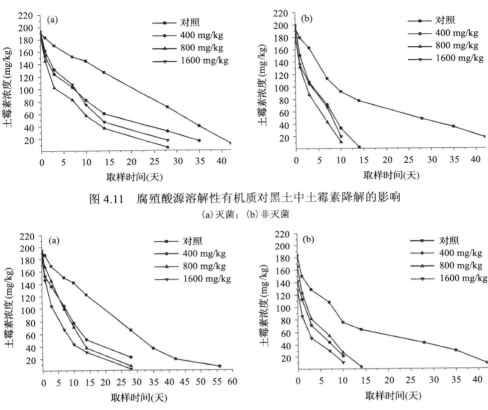

图 4.11 腐殖酸源溶解性有机质对黑土中土霉素降解的影响

(a) 灭菌；(b) 非灭菌

图 4.12 腐殖酸源溶解性有机质对红壤中土霉素降解的影响

(a) 灭菌；(b) 非灭菌

土壤中土霉素的降解速率＞添加浓度为 400 mg/kg 处理土壤中土霉素的降解速率。在整个培养过程中，添加浓度为 1600 mg/kg 处理土壤中土霉素的降解速率最快。处理 400 mg/kg、800 mg/kg 和 1600 mg/kg 土壤中土霉素半衰期分别为 7.6 天、6.4 天和 4.6 天。在非灭菌处理下 [图 4.12(b) 和表 4.7]，土霉素在红壤中降解速率的大小顺序为：添加浓度为 1600 mg/kg 处理＞添加浓度为 400 mg/kg 处理＞添加浓度为 800 mg/kg，其半衰期分别为 2.4 天、3.4 天和 3.4 天。

表 4.7 腐殖酸源溶解性有机质对土壤中土霉素降解参数和半衰期

土壤类型	处理方式	外源物质浓度	降解动力学方程	降解常数 $K(\mathrm{d}^{-1})$	相关系数(R)	半衰期 $t_{1/2}$(天)
潮土	灭菌	对照	$C=191.3697\mathrm{e}^{-0.0466t}$	0.0466	0.9511	14.9
		400	$C=194.7605\mathrm{e}^{-0.095t}$	0.0951	0.9591	7.3
		800	$C=191.1546\mathrm{e}^{-0.0990t}$	0.0990	0.9812	7.0
		1600	$C=184.9266\mathrm{e}^{-0.1182t}$	0.1182	0.9440	5.9

土壤类型	处理方式	外源物质浓度	降解动力学方程	降解常数 $K(\mathrm{d}^{-1})$	相关系数 (R)	半衰期 $t_{1/2}$(天)
潮土	非灭菌	对照	$C=197.846\mathrm{e}^{-0.0617t}$	0.0617	0.9786	11.2
		400	$C=190.6405\mathrm{e}^{-0.1658t}$	0.1658	0.9712	4.2
		800	$C=196.0374\mathrm{e}^{-0.2145t}$	0.2145	0.9385	3.2
		1600	$C=192.5994\mathrm{e}^{-0.3497t}$	0.3497	0.8718	2.0
黑土	灭菌	对照	$C=190.7608\mathrm{e}^{-0.0402t}$	0.0402	0.9509	17.2
		400	$C=184.5247\mathrm{e}^{-0.0842t}$	0.0842	0.9479	8.2
		800	$C=186.7905\mathrm{e}^{-0.1347t}$	0.1347	0.9110	5.1
		1600	$C=193.4314\mathrm{e}^{-0.1008t}$	0.1008	0.9566	6.9
	非灭菌	对照	$C=194.7497\mathrm{e}^{-0.0640t}$	0.0640	0.9693	10.8
		400	$C=199.0717\mathrm{e}^{-0.1858t}$	0.1858	0.9494	3.7
		800	$C=184.5046\mathrm{e}^{-0.2626t}$	0.2626	0.9251	2.6
		1600	$C=179.1779\mathrm{e}^{-0.1895t}$	0.1895	0.9238	3.7
红壤	灭菌	对照	$C=192.8204\mathrm{e}^{-0.0410t}$	0.0410	0.9737	16.9
		400	$C=186.9461\mathrm{e}^{-0.0917t}$	0.0917	0.9723	7.6
		800	$C=195.3654\mathrm{e}^{-0.1076t}$	0.1076	0.9779	6.4
		1600	$C=184.7998\mathrm{e}^{-0.1561t}$	0.1561	0.9469	4.4
	非灭菌	对照	$C=183.6587\mathrm{e}^{-0.0729t}$	0.0729	0.9083	9.5
		400	$C=142.3438\mathrm{e}^{-0.2046t}$	0.2046	0.9675	3.4
		800	$C=166.5434\mathrm{e}^{-0.2026t}$	0.2026	0.9435	3.4
		1600	$C=127.2914\mathrm{e}^{-0.2891t}$	0.2891	0.9117	2.4

　　从以上分析可以看出，土霉素在非灭菌土壤中的降解速率明显快于灭菌土壤，这可能是灭菌后土壤中缺少微生物，从而导致土霉素降解作用弱的缘故。无论是灭菌还是非灭菌处理，添加任何浓度的腐殖酸源溶解性有机质均能够在一定程度上促进土壤中土霉素的降解，这可能是因为腐殖酸源溶解性有机质是一种更接近于土壤天然有机质成分，较其他源溶解性有机质更能够改善土壤的团粒结构，进而使土壤表面积增大，吸附水量增大，微生物活性增强，从而促进了土霉素降解。土霉素在三种土壤中的降解均能够用一级动力学方程来拟合，相关系数较高。

　　3) L-苹果酸源溶解性有机质对土壤中土霉素降解的影响

　　L-苹果酸是小麦受抗生素胁迫后产生的主要根分泌物之一，是低分子量有机酸。其对土壤中土霉素降解的影响结果如下。由图 4.13 见，在灭菌处理下 [图 4.13 (a) 和表 4.8]，在培养的第 0～28 天，添加浓度为 800 mg/kg 处理土壤中土霉素的降解速率＞添加浓度为 1600 mg/kg 处理土壤中土霉素的降解速率。在培养的第 28～35

天,添加浓度为 1600 mg/kg 处理土壤中土霉素的降解速率＞添加浓度为 800 mg/kg 处理土壤中土霉素的降解速率,但在整个培养过程中,添加浓度为 400 mg/kg 处理土壤中土霉素的降解速率最快。添加浓度 400 mg/kg、800 mg/kg 和 1600 mg/kg 处理土壤中土霉素的半衰期分别为 12 天、13 天和 13.7 天。在非灭菌处理下 [图 4.13(b)和表 4.8],在整个试验过程中,添加浓度为 1600 mg/kg 处理土壤中土霉素的降解速率先降低后升高,明显快于添加浓度分别为 400 mg/kg 和 800 mg/kg 处理的降解速率。培养的第 10 天,在添加浓度 1600 mg/kg 处理土壤中土壤中土霉素未检出,而添加浓度分别为 400 mg/kg 和 800 mg/kg 的处理土壤中土霉素残留率分别为 4.1% 和 10.2%。土霉素在土壤中潮土中的降解,可以用一级动力学方程 $C = C_0 e^{-Kt}$ 进行拟合,相关系数 r 值分别为 0.7357、0.3689 和 0.4683,相关系数相对较低,因此用该方程不能很好地拟合在非灭菌处理下 L-苹果酸源溶解性有机质对潮土中土霉素的降解,但用该方程能很好地拟合灭菌处理下 L-苹果酸源溶解性有机质对潮土中土霉素降解的影响。

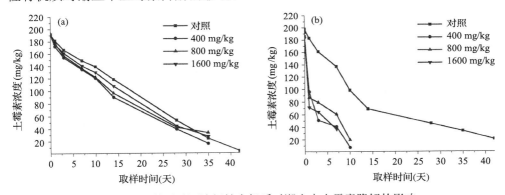

图 4.13　L-苹果酸源溶解性有机质对潮土中土霉素降解的影响
(a)灭菌；(b)非灭菌

由图 4.14 可见,在灭菌处理下[图 4.14(a)和表 4.8],土霉素在黑土中降解速率的大小顺序为处理 800 mg/kg＞400mg/kg＞1600 mg/kg,相应处理土壤中土霉素降解半衰期分别为 11.7 天、12.8 天和 14.5 天。在非灭菌处理下[图 4.14(b)和表 4.8],培养第 7 天,虽然在 400 mg/kg 和 800 mg/kg 处理中,土壤中均检测不到土霉素的含量,但是从整个培养过程中来看,添加浓度为 800 mg/kg 的处理土壤中土霉素的降解速率最快。但是在这两种浓度的处理下,用一级动力学方程 $C = C_0 e^{-Kt}$ 进行拟合所得的相关系数都不高,分别为 0.6039 和 0.5428。但用一级动力学方程 $C = C_0 e^{-Kt}$ 能很好地拟合在灭菌处理下 L-苹果酸源溶解性有机质对黑土中土霉素降解的影响。

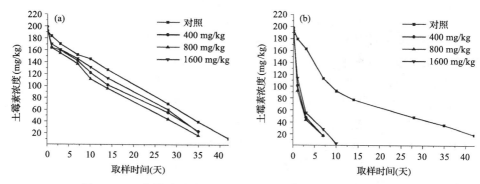

图 4.14　L-苹果酸源溶解性有机质对黑土中土霉素降解的影响
(a)灭菌；(b)非灭菌

由图 4.15 可知，在灭菌处理下[图 4.15(a)和表 4.8]，土霉素在红壤中降解速率大小顺序为处理 800 mg/kg＞1600 mg/kg＞400 mg/kg，相应处理土壤中土霉素的降解半衰期分别为 12.5 天、13.0 天和 15.5 天。在非灭菌处理下[图 4.15(b)和表 4.8]，添加浓度为 1600 mg/kg 处理土壤中土霉素降解速率最快，半衰期为 1.3 天；添加浓度为 400 mg/kg 处理土壤中土霉素的降解速率次之，半衰期为 4.5 天；添加浓度为 800 mg/kg 处理土壤中土霉素的降解速率最慢，半衰期为 3.7 天。无论是灭菌处理还是非灭菌处理，土霉素在三种土壤中的降解曲线均能够用一级动力学方程来拟合，相关系数较高。

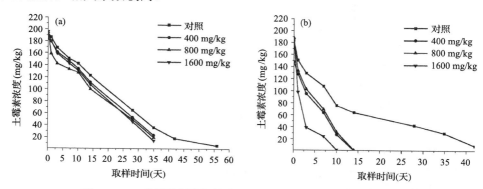

图 4.15　L-苹果酸源溶解性有机质对红壤中土霉素降解的影响
(a)灭菌；(b)非灭菌

表 4.8　L-苹果酸源溶解性有机质对土壤中土霉素降解参数和降解半衰期的影响

土壤类型	处理方式	外源物质浓度	降解动力学方程	降解常数 $K(\mathrm{d}^{-1})$	相关系数(R)	半衰期 $t_{1/2}$(天)
潮土	灭菌	对照	$C=191.3697\mathrm{e}^{-0.0466t}$	0.0466	0.9511	14.9
		400	$C=190.3391\mathrm{e}^{-0.0578t}$	0.0578	0.9659	12.0
		800	$C=192.6949\mathrm{e}^{-0.0533t}$	0.0533	0.9771	13.0
		1600	$C=192.1293\mathrm{e}^{-0.0505t}$	0.0505	0.9598	13.7

土壤类型	处理方式	外源物质浓度	降解动力学方程	降解常数 $K(\mathrm{d}^{-1})$	相关系数 (R)	半衰期 $t_{1/2}$(天)
潮土	非灭菌	对照	$C=197.846\mathrm{e}^{-0.0617t}$	0.0617	0.9785	11.2
		400	$C=186.173\mathrm{e}^{-0.4655t}$	0.4655	0.7357	1.5
		800	$C=192.2322\mathrm{e}^{-0.3212t}$	0.3212	0.3689	2.2
		1600	$C=182.7551\mathrm{e}^{-0.5265t}$	0.5265	0.4684	1.3
黑土	灭菌	对照	$C=190.7608\mathrm{e}^{-0.0402t}$	0.0402	0.9509	17.2
		400	$C=198.7089\mathrm{e}^{-0.0541t}$	0.0541	0.9420	12.8
		800	$C=193.6177\mathrm{e}^{-0.0592t}$	0.0592	0.9496	11.7
		1600	$C=191.4972\mathrm{e}^{-0.0479t}$	0.0479	0.9326	14.5
	非灭菌	对照	$C=194.7497\mathrm{e}^{-0.0640t}$	0.0640	0.9693	10.8
		400	$C=197.9027\mathrm{e}^{-0.5664t}$	0.5664	0.6039	1.2
		800	$C=194.631\mathrm{e}^{-0.6205t}$	0.6205	0.5428	1.1
		1600	$C=185.7322\mathrm{e}^{-0.4081t}$	0.4081	0.8677	1.7
红壤	灭菌	对照	$C=192.8204\mathrm{e}^{-0.0410t}$	0.0410	0.9737	16.9
		400	$C=183.3817\mathrm{e}^{-0.0448t}$	0.0448	0.9476	15.5
		800	$C=194.8398\mathrm{e}^{-0.0556t}$	0.0556	0.9154	12.5
		1600	$C=195.5159\mathrm{e}^{-0.0532t}$	0.0532	0.9504	13
	非灭菌	对照	$C=183.6587\mathrm{e}^{-0.0729t}$	0.0729	0.9083	9.5
		400	$C=147.6195\mathrm{e}^{-0.1533t}$	0.1533	0.9534	4.5
		800	$C=188.3468\mathrm{e}^{-0.1866t}$	0.1866	0.9063	3.7
		1600	$C=185.6007\mathrm{e}^{-0.552t}$	0.5519	0.8633	1.3

　　从以上分析可以看出，非灭菌处理与灭菌处理相比较，非灭菌处理土霉素在土壤中降解的速率较快，表明微生物在土霉素降解过程中起着很重要的作用。无论是灭菌处理还是非灭菌处理，加入 L-苹果酸源溶解性有机质的土壤中土霉素降解的速率明显快于未加入苹果酸源溶解性有机质的处理，这可能是 L-苹果酸源溶解性有机质对土壤理化性质如团聚体大小和分布、酸碱度、阳离子交换量和吸附性能等均有不用程度的影响，从而改善了土壤环境，更有利于微生物的生长，增强了土壤微生物活性，加快了土霉素在土壤中的降解和吸附作用。在非灭菌处理下，土霉素在潮土和黑土中，在不同浓度的 L-苹果酸源溶解性有机质处理条件下，用一级动力学方程 $C=C_0\mathrm{e}^{-Kt}$ 进行拟合时所得的相关系数为 0.3689～0.6039，相关度不高，不能很好地解释土霉素在这两种土壤中的降解情况，其原因还有待进一步研究。

　　4) 柠檬酸源溶解性有机质对土壤中土霉素降解的影响

　　柠檬酸是一种由 C、H、O 元素组成具有羧基和羟基官能团的低分子量有机化合物。柠檬酸也是小麦受抗生素胁迫后产生的主要的根系分泌物之一。柠檬酸源溶解性有机质对土壤中土霉素降解有明显的影响。在灭菌处理下[图4.16(a)和表4.9]，在整个培养过程中，添加浓度为 1600 mg/kg 的处理土壤中土霉素降解速率＞添加浓度为 400 mg/kg 的处理土壤中土霉素的降解速率＞添加浓度为 800 mg/kg 处理土壤中土霉素的降解速率，其半衰期分别为 10.0 天、14.9 天和 15.5 天。在非灭菌处理下[图 4.16(b)和表 4.9]，培养第 10 天，虽然在添加浓度为 1600 mg/kg 和添加浓度为 400 mg/kg 处理条件下，土壤中均检测不到土霉素，但是从整个培养期来看，处理 1600 mg/kg 的土壤中土霉素降解速率最快。处理 400 mg/kg、800 mg/kg 和 1600 mg/kg 土壤中土霉素的半衰期分别为 5.2 天、5.5 天和 1.3 天。

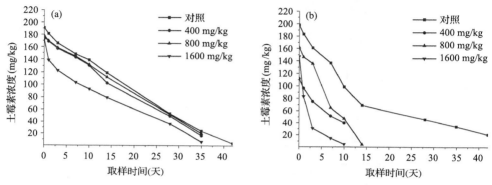

图 4.16　柠檬酸源溶解性有机质对潮土中土霉素降解的影响
(a)灭菌；(b)非灭菌

　　由图 4.17 可见，在灭菌处理下[图 4.17(a)和表 4.9]，处理 1600 mg/kg 土壤中土霉素的降解速率最快，半衰期为 9.8 天；处理 800 mg/kg 土壤中土霉素降解速率次之，半衰期为 13 天；处理 400 mg/kg 土壤中土霉素降解速率最慢，半衰期为 13.9 天。

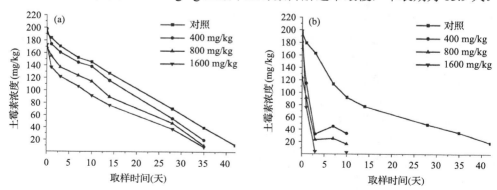

图 4.17　柠檬酸源溶解性有机质对黑土中土霉素降解的影响
(a)灭菌；(b)非灭菌

在非灭菌处理下[图 4.17(b)和表 4.9]，处理 1600 mg/kg 土壤中土霉素降解速率最快，培养的第 7 天，土壤中土霉素含量低于检测限。培养的第 14 天，处理 400 mg/kg、800 mg/kg 和 1600 mg/kg 土壤中土霉素均低于检测限，相应处理土壤中土霉素的半衰期分别为 1.6 天、1.8 天和 0.7 天。

　　由图 4.18 可见，在灭菌处理下[图 4.18(a)和表 4.9]，在培养第 0～7 天，不同处理土壤中土霉素的降解速率大小顺序为处理 800 mg/kg＞处理 400 mg/kg＞处理 1600 mg/kg。在培养第 7～35 天，不同处理土壤中土霉素降解速率快慢顺序为处理 1600 mg/kg＞处理 800 mg/kg＞处理 400 mg/kg。处理 400 mg/kg、800 mg/kg 和 1600 mg/kg 土壤中土霉素的半衰期分别为 16.3 天、15.1 天和 12.9 天。在非灭菌条件下[图 4.18(b)和表 4.9]，在整个培养过程中，处理 1600 mg/kg 土壤中土霉素降解速率最快，半衰期为 3.4 天，培养第 14 天，土壤中土霉素含量低于检测限。处理 400 mg/kg 土壤中土霉素降解速率次之，半衰期为 6.1 天，培养第 14 天，土壤中土霉素残留率为 2.3%。处理 800 mg/kg 土壤中土霉素降解速率最慢，半衰期为 10.7 天，培养第 14 天，土霉素残留率为 17%。

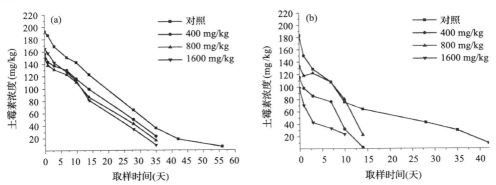

图 4.18　柠檬酸源溶解性有机质对红壤中土霉素降解的影响

(a)灭菌；(b)非灭菌

　　从以上分析可以看出，土霉素在非灭菌处理土壤中的降解速率显著快于灭菌处理，表明微生物是影响土壤中土霉素降解的主要因素。无论是灭菌还是非灭菌处理，土霉素在添加柠檬酸源溶解性有机质的土壤中降解比不添加柠檬酸源溶解性有机质的土壤中的更快，说明柠檬酸源溶解性有机质对土霉素在土壤中的降解有明显促进作用。柠檬酸源溶解性有机质添加浓度对其促进土霉素降解的效果在不同土壤中是不同的，与土壤类型有关。土霉素在三种土壤中的降解均可被一级动力学方程拟合，相关系数较高。

表 4.9　柠檬酸源溶解性有机质对土壤中土霉素降解参数和降解半衰期的影响

土壤类型	处理方式	外源物质浓度	降解动力学方程	降解常数 $K(\mathrm{d}^{-1})$	相关系数(R)	半衰期 $t_{1/2}$(天)
潮土	灭菌	CK	$C=191.3697\mathrm{e}^{-0.0466t}$	0.0466	0.9511	14.9
		400	$C=177.2375\mathrm{e}^{-0.047t}$	0.0465	0.9399	14.9
		800	$C=178.3503\mathrm{e}^{-0.0448t}$	0.0448	0.9306	15.5
		1600	$C=172.7372\mathrm{e}^{-0.0693t}$	0.0693	0.9185	10.0
	非灭菌	CK	$C=197.846\mathrm{e}^{-0.0617t}$	0.0617	0.9785	11.2
		400	$C=111.661\mathrm{e}^{-0.1333t}$	0.1333	0.8871	5.2
		800	$C=161.853\mathrm{e}^{-0.1263t}$	0.1263	0.9194	5.5
		1600	$C=147.3646\mathrm{e}^{-0.5256t}$	0.5256	0.9409	1.3
黑土	灭菌	CK	$C=190.7608\mathrm{e}^{-0.0402t}$	0.0402	0.9509	17.2
		400	$C=197.661\mathrm{e}^{-0.0498t}$	0.0498	0.9344	13.9
		800	$C=168.7699\mathrm{e}^{-0.0534t}$	0.0534	0.9362	13.0
		1600	$C=172.7983\mathrm{e}^{-0.0706t}$	0.0706	0.9036	9.8
	非灭菌	CK	$C=194.7497\mathrm{e}^{-0.0640t}$	0.0640	0.9693	10.8
		400	$C=180.7811\mathrm{e}^{-0.4322t}$	0.4322	0.6720	1.6
		800	$C=124.1257\mathrm{e}^{-0.3926t}$	0.3926	0.7213	1.8
		1600	$C=198.2097\mathrm{e}^{-0.9899t}$	0.9899	0.7005	0.7
红壤	灭菌	CK	$C=192.8204\mathrm{e}^{-0.0410t}$	0.0410	0.9737	16.9
		400	$C=156.2078\mathrm{e}^{-0.0425t}$	0.0425	0.9327	16.3
		800	$C=148.8526\mathrm{e}^{-0.0458t}$	0.0458	0.9337	15.1
		1600	$C=164.7426\mathrm{e}^{-0.0538t}$	0.0538	0.9527	12.9
	非灭菌	CK	$C=183.6587\mathrm{e}^{-0.0729t}$	0.0729	0.9083	9.5
		400	$C=115.4657\mathrm{e}^{-0.1128t}$	0.1128	0.8338	6.1
		800	$C=134.212\mathrm{e}^{-0.0648t}$	0.0648	0.7340	10.7
		1600	$C=98.57034\mathrm{e}^{-0.2057t}$	0.2057	0.8248	3.4

5)小结

(1)灭菌处理与非灭菌处理相比较,非灭菌处理土霉素在土壤中降解速率比灭菌处理快,表明微生物对于土壤中土霉素的降解有明显的促进作用。

(2)加入有机肥、腐殖酸、L-苹果酸和柠檬酸源溶解性有机质,无论是灭菌土壤还是非灭菌土壤,土霉素在土壤中的降解速率都有了显著地提高,土壤中土霉素半衰期在一定程度上明显缩短。

4.2　土壤中土霉素降解的微生态学机制

4.2.1　试验设计及研究方法

1. 温度对土霉素污染土壤微生物生物量及呼吸作用的影响

在 250 mL 的三角瓶中加入 200 g 过 1 mm 孔径筛子的自然风干土壤,向土壤中分别加入浓度为 800 mg/L 和 80 mg/L 的土霉素溶液 50 mL,配制成土霉素含量为 200 mg/kg 和 20 mg/kg 的试验用土,用去离子水将土壤含水量调节为土壤最大持水量的 40%,分别置于 5℃、15℃和 25℃生化培养箱中培养,每个温度处理重复 4 次。培养期间,为了保持土壤湿度不变,采用称重差减法,每周用去离子水补充水分并通气一次。分别于培养的第 0、1、3、7、14 和 28 天取样,对土壤样品进行土壤微生物碳、氮以及呼吸作用的测定。

2. 水分对含有土霉素污染土壤的微生物生物量及呼吸作用的影响

(1)在 250 mL 的三角瓶中加入 200 g 过 1 mm 孔径筛子的自然风干土壤,向土壤中加入浓度分别为 286 mg/L 和 28.6 mg/L 的土霉素溶液 140 mL,配制成土霉素含量为 200 mg/kg 和 20 mg/kg 的试验用土,将土壤的含水量调节为最大持水量的 100%。

(2)在 250 mL 的三角瓶中加入 200 g 过 1 mm 孔径筛子的自然风干土壤,向土壤中加入浓度为 800 mg/L 和 80 mg/L 的土霉素溶液 50 mL,配制成土霉素含量为 200 mg/kg 和 20 mg/kg 的试验用土,将土壤的含水量调节为最大持水量的 40%。

(3)在 250 mL 的三角瓶中加入 200 g 过 1 mm 孔径筛子的自然风干土壤,向土壤中加入浓度为 2000 mg/L 和 200 mg/L 的土霉素溶液 20 mL,配制成土霉素含量为 200 mg/kg 和 20 mg/kg 的试验用土,将土壤的含水量调节为最大持水量的 20%。每个水分处理设置 4 次重复。然后,将上述不同含水量和不同土霉素浓度的土壤置于 25℃生化培养箱中培养。

培养期间,为了保持土壤湿度不变,用称重差减法,每周用去离子水补充水分并通气一次。分别于培养的第 0、1、3、7、14 和 28 天取样,并按照常规方法进行土壤微生物碳、氮以及基质诱导呼吸量(SIR)的测定。

4.2.2　土壤中土霉素降解微生态特征及机制

1. 土霉素存在下水分对潮土微生物生物量碳、氮以及 SIR 的影响

当潮土中土霉素的初始浓度为 200 mg/kg 时:①由图 4.19(a)所示,不同水分

含量在不同培养时间对潮土微生物生物量碳的影响差异较大，第0、1天，不同水分含量对潮土微生物生物量碳的影响表现为含水量为 100%＞含水量为 40%＞含水量为 20%，第 3 天，含水量为 20%和 40%的潮土微生物生物量碳显著增加，第7、14天，含水量为 40%的潮土微生物生物量碳的含量较高，第 28 天，不同水分含量对潮土中微生物生物量碳的影响情况和第 0、1 天的一致。在整个试验期间，含水量为 20%和 40%处理的潮土中微生物生物量碳大致表现为先增加后减少，但

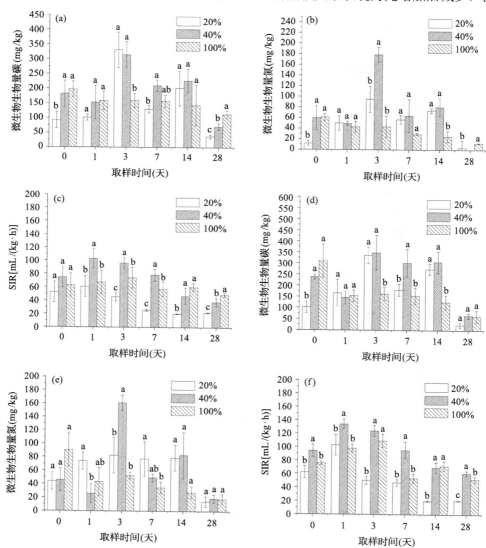

图 4.19　水分对土霉素存在下潮土中微生物生物量碳、氮以及 SIR 的影响

（a）～（c）潮土中土霉素的初始浓度为 200 mg/kg；（d）～（f）潮土中土霉素的初始浓度为 20 mg/kg

含水量为 100%的潮土中微生物生物量碳却表现为持续减少，这可能是潮土中含水量为 100%时，土壤氧气缺乏处于厌氧状态，随着培养时间的推移，土壤中好氧微生物一直处于被抑制的状态，厌氧微生物数量也未有明显增加，从而导致了微生物生物量碳含量的持续降低。②如图 4.19(b)所示，培养第 0 天，含水量为 40%和 100%处理的潮土中微生物生物量氮的含量较高，培养第 1 天，在三种水分处理下，潮土中微生物生物量氮的含量相差不明显，培养第 3、7、14 天，不同水分含量处理对潮土中微生物生物量氮的影响均表现为含水量为 40%＞含水量为 20%＞含水量为 100%，第 28 天潮土中微生物生物量氮的含量开始减少。在整个培养期间，含水量为 20%和 40%的处理，潮土中微生物生物量氮均大致表现为先增加后减少，但含水量为 100%处理的潮土中微生物生物量氮却表现为持续减少，这和不同水分含量处理对潮土中微生物生物量碳的影响相一致。③如图 4.19(c)所示，培养第 0、1、3、7 天，不同水分含量处理对潮土中 SIR 的影响均表现为含水量为 40%＞含水量为 100%＞含水量为 20%，培养第 14 和 28 天，水分含量为 100%处理的潮土中 SIR 量较高。在整个试验过程中，不同水分含量处理的潮土中 SIR 量均表现为先增加后减少，这可能是随着时间的推移，潮土中微生物含量减少，微生物的呼吸作用减弱，从而减少了 SIR 的含量。

当潮土中土霉素的初始浓度为 20 mg/kg 时，如图 4.19(d)～(f)所示，潮土中微生物生物量碳、氮以及 SIR 在不同水分处理下的变化趋势与潮土中土霉素初始浓度为 200 mg/kg 的变化趋势相一致，只是微生物生物量碳、氮以及 SIR 的含量增加，这可能是高浓度的土霉素对潮土微生物产生的毒性效应，使得土壤微生物活性降低，微生物群落结构遭到了破坏，使得土壤中微生物生物量碳、氮以及 SIR 减少。

2. 水分对土霉素存在下黑土中微生物生物量碳、氮以及 SIR 的影响

当黑土中土霉素的初始浓度为 200 mg/kg 时：①如图 4.20(a)所示，培养第 0、1 天，不同含水量处理对黑土中微生物生物量碳的影响表现为含水量 20%＞含水量为 40%＞含水量为 100%；第 3 天，含水量为 100%处理的黑土中微生物生物量碳的含量显著增加；第 7 天，不同含水量处理对黑土中微生物生物量碳的影响和第 0、1 天的影响相一致；第 14 天，含水量为 40%处理的黑土中微生物生物量碳的含量较高；第 28 天，不同水分处理对黑土中微生物生物量碳的影响差异不大。在整个试验培养期间，三种水分处理对黑土中微生物生物量碳的影响大致表现为先减少再增加再减少的趋势。②如图 4.20(b)所示，培养第 0 天，含水量为 40%处理的黑土中微生物生物量氮的含量较多；培养第 1 天，含水量为 20%处理的黑土中微生物生物量氮的含量显著增加，含水量为 40%和 100%处理的黑土中微生

物生物量氮的含量均减少；培养第 3 天，含水量为 100%处理的黑土中微生物生物量氮的含量显著增加；培养第 7、14 天，均是含水量为 40%处理的黑土中微生物生物量氮的含量较高；培养第 28 天，含水量为 100%处理的黑土中微生物生物量氮的含量较高。③如图 4.20（c）所示，培养第 0 天，含水量为 40%处理的黑土中 SIR 最高，培养第 1、3、7 天，含水量为 40%和 100%处理的黑土中 SIR 相差不明显，但均较含水量为 20%处理的黑土中 SIR 的含量高，培养第 14、28 天，

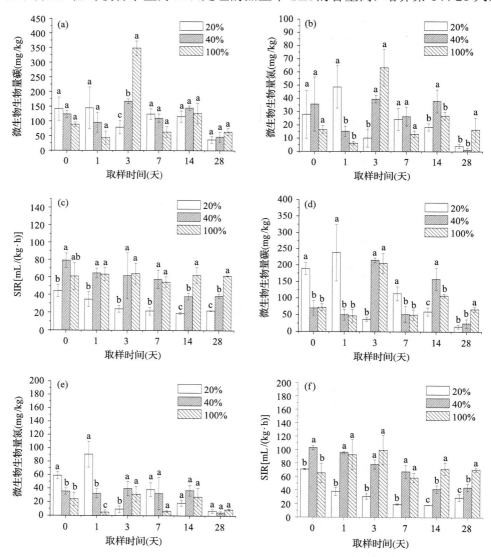

图 4.20　水分对含有土霉素的黑土中微生物生物量碳、氮以及 SIR 的影响

（a）～（c）黑土中土霉素的初始浓度为 200 mg/kg；（d）～（f）黑土中土霉素的初始浓度为 20 mg/kg

含水量为 100%处理的黑土中 SIR 较高。在整个试验培养期间，含水量为 20%和 40%处理的黑土中 SIR 均呈减少的趋势，而含水量为 100%处理的黑土中 SIR 变化不明显。

当黑土中土霉素的初始浓度为 20 mg/kg 时，如图 4.20(d)～(f)所示，黑土中微生物生物量碳、氮以及 SIR 在不同水分处理下的变化趋势与黑土中土霉素初始浓度为 200 mg/kg 的变化趋势大致相似，只是在某一天取样时，不同水分处理之间会有些差异，但黑土中微生物生物量碳、氮以及 SIR 均有所增加，只是增加的幅度不一致，这可能是黑土中有机质含量较高，土壤较肥沃，低浓度的土霉素促进了黑土中微生物的活性，加快了黑土中微生物的活动，从而增加了土壤中微生物生物量碳、氮以及 SIR。

3. 水分对土霉素存在下红壤中微生物生物量碳、氮以及 SIR 的影响

当红壤中土霉素的初始浓度为 200 mg/kg 时：①如图 4.21(a)所示，培养第 0 天，含水量为 20%处理的红壤中微生物生物量碳的含量较高，培养第 1 天，不同水分处理下，微生物生物量碳的含量相差不明显，培养第 3 天，含水量为 20%处理的红壤中微生物生物量碳的含量最高，培养第 7 和 14 天，含水量为 100%处理的红壤中微生物生物量碳的含量显著增加，微生物的生长加速，微生物的活性增加，加速了土霉素在红壤中的降解速率。培养第 28 天，含水量为 40%处理的红壤中微生物生物量碳的含量最高。在整个试验期间，含水量为 20%处理和含水量为 40%处理的红壤微生物生物量碳的含量呈现先降低后升高再降低的趋势，含水量为 100%处理的红壤中微生物生物量碳的含量呈现先升高后降低的趋势。②如图 4.21(b)所示，培养第 0 天，含水量为 20%处理的红壤中微生物生物量氮的含量最高，培养第 1 天，不同水分处理下微生物生物量氮的含量相差不大，培养第 3 天，含水量为 20%和 100%处理的红壤中微生物生物量氮的含量差异不明显，但均较含水量为 40%处理的红壤中微生物生物量氮的含量高，培养第 7、14、28 天，含水量为 40%处理的红壤中微生物生物量氮的含量最高。在整个试验期间，含水量为 20%和 40%处理的红壤中微生物生物量碳的含量呈现先降低后升高再降低的趋势，含水量为 100%处理的红壤中微生物生物量碳的含量呈现先升高后降低的趋势。③如图 4.21(c)所示，在整个试验期间均表现为含水量为 100%处理的红壤中 SIR 的含量最高，含水量为 20%和 40%处理的红壤中 SIR 呈现下降的趋势，含水量为 100%处理的红壤中 SIR 呈现先降低后升高的趋势。

当红壤中土霉素的初始浓度为 20 mg/kg 时，如图 4.22(d)～(f)所示，不同水分处理对红壤中微生物生物量碳、氮以及 SIR 含量的影响与不同含水分处理对潮土和黑土中微生物生物量碳、氮以及 SIR 的影响情况相一致，均是低浓度的土霉

素促进了土壤的微生物活性，增加了红壤中微生物生物量碳、氮以及 SIR。

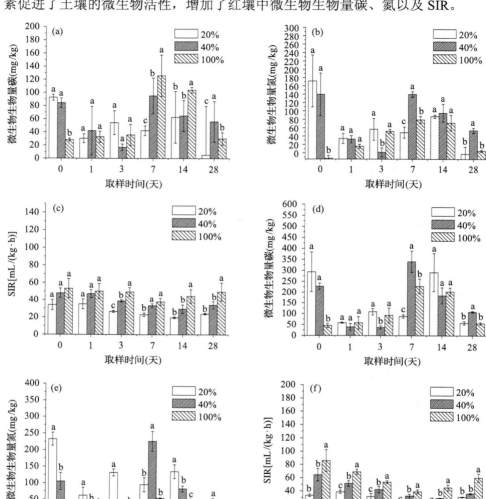

图4.21 水分对含有土霉素的红壤中微生物生物量碳、氮以及 SIR 的影响

（a）～（c）红壤中土霉素的初始浓度为 200 mg/kg；（d）～（f）红壤中土霉素的初始浓度为 20 mg/kg

4. 温度对土霉素存在下潮土中微生物生物量碳、氮以及 SIR 的影响

当潮土中土霉素的初始浓度为 200 mg/kg 时：①如图 4.22（a）所示，培养第 0 天，温度为 25℃ 处理的潮土中微生物生物量碳的含量较高，培养第 1 天，温度为 5℃ 和 25℃ 处理的潮土中微生物生物量碳的含量相差不明显，但均较温度为 15℃

处理的潮土中微生物生物量碳的含量高，培养第 3 天，温度为 25℃ 处理的潮土中微生物生物量碳的含量最高，培养第 7、14、28 天，三种温度处理下，潮土中微生物生物量碳的含量相差不明显。在整个试验培养期间，温度为 5℃ 处理的潮土中微生物生物量碳的含量没有明显的趋势，而温度为 15℃ 和 25℃ 处理的潮土中微生物生物量碳的含量均表现为先降低后升高再降低的趋势。②如图 4.22(b) 所示，培养第 0、1 天，温度为 25℃ 处理的潮土中微生物生物量氮的含量最高，培养第 3、7、14、28 天，不同温度处理下，潮土中微生物生物量氮的含量相差不明显。在整个试验期间，温度为 5℃ 处理的潮土中微生物生物量氮的含量没有明显的趋势，而温度为 15℃ 和 25℃ 处理的潮土中微生物生物量氮的含量均表现为先降低后升高再降低的趋势。③如图 4.22(c) 所示，培养第 0、1、3、7 天，不同温度处理下，潮土中 SIR 相差不明显，培养第 14 天，温度为 5℃ 的潮土中 SIR 最高，培养第 28 天，温度为 15℃ 和 25℃ 的潮土中 SIR 的含量相差不大，但较温度为 5℃ 处理的潮土中 SIR 的含量高。在整个试验期间，温度为 5℃ 处理的潮土中 SIR 的含量逐渐降低，而温度为 15℃ 和 25℃ 处理的潮土中 SIR 的表现为先升高后降低的趋势。

　　当潮土中土霉素的初始浓度为 20 mg/kg 时：如图 6.4(d)～(f) 所示，不同温度处理对潮土中微生物生物量碳、氮以及 SIR 的影响与土霉素的初始浓度为 200 mg/kg 时的影响大致相同，并且无论是高浓度还是低浓度土霉素溶液存在下，潮土中微生物生物量碳、氮以及 SIR 相差不大，这表明微生物对两种浓度的土霉素在潮土中的降解能力相差不大。

5. 温度对土霉素存在下黑土中微生物生物量碳、氮以及 SIR 的影响

　　当黑土中土霉素的初始浓度为 200 mg/kg 时：①如图 4.23(a) 所示，培养第 0 天，温度为 5℃ 处理的黑土中微生物生物量碳的含量最高，培养第 1 天，三种温度处理下，黑土中微生物生物量碳的含量相差不明显，培养第 3 天，温度为 5℃ 和 15℃ 处理的黑土中微生物生物量碳的含量大致相同，但较温度为 25℃ 处理的黑土中微生物生物量碳的含量高，培养第 7、14、28 天，三种温度处理下，黑土中微生物生物量碳的含量相差不明显。在整个试验期间，温度为 5℃、15℃ 处理和 25℃ 的黑土中微生物生物量碳的含量呈现先降低后升高再降低的趋势。②如图 4.23(b) 所示，培养第 0 天，温度为 5℃ 处理的黑土中微生物生物量氮的含量最高，培养第 1 天，三种温度处理下，黑土中微生物生物量氮的含量相差不明显；培养第 3 天，温度为 15℃ 处理的黑土中微生物生物量氮的含量显著增加；培养第 7 天，三种温度处理下，黑土中微生物生物量氮的含量相差不明显；培养

第 14 天，温度为 25℃ 处理的黑土中微生物生物量氮的含量显著增加；培养第 28 天，三种温度处理下，黑土中微生物生物量氮的含量相差不明显。在整个试验期间，三种温度处理下，黑土中微生物生物量氮的含量均表现为先降低再升高再降低的趋势。③如图 4.23(c) 所示，除了在培养第 28 天，温度为 15℃ 处理的黑土中 SIR 较高外，其他培养时间，三种温度处理下，黑土中 SIR 都相差不明显。

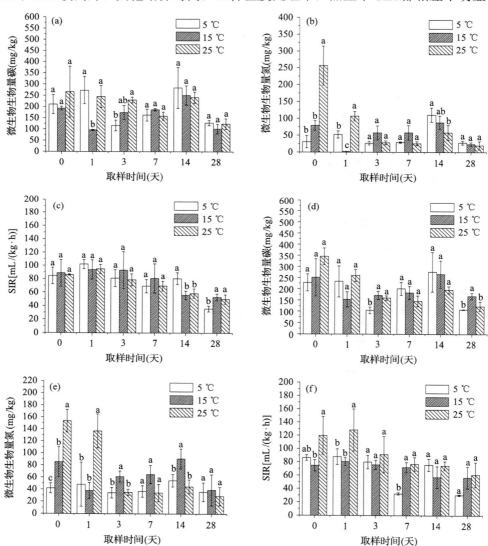

图 4.22　温度对含有土霉素的潮土中微生物生物量碳、氮以及 SIR 的影响

(a)～(c)潮土中土霉素的初始浓度为 200 mg/kg；(d)～(f)潮土中土霉素的初始浓度为 20 mg/kg

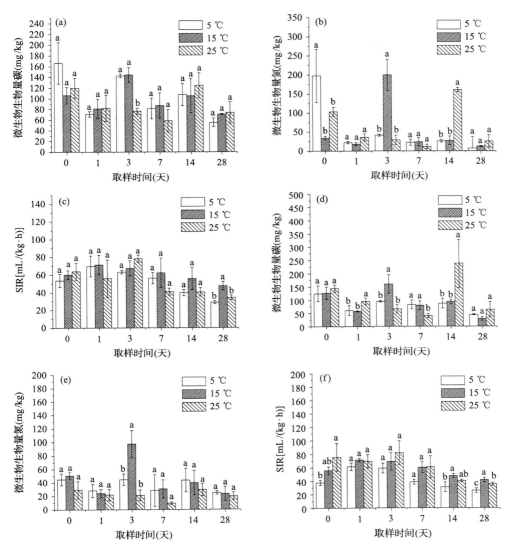

图 4.23　温度对含有土霉素的黑土中微生物生物量碳、氮以及 SIR 的影响

(a)～(c)黑土中土霉素的初始浓度为 200 mg/kg；(d)～(f)黑土中土霉素的初始浓度为 20 mg/kg

在整个试验培养期间，温度为 5℃和 15℃的黑土中 SIR 均表现为先升高再降低的趋势，而温度为 25℃处理的黑土中 SIR 的含量均表现为先降低再升高再降低的趋势。当黑土中土霉素的初始浓度为 20 mg/kg 时：如图 4.23（d）～（f）所示，不同温度对黑土中微生物生物量碳、氮以及 SIR 的影响与不同温度对潮土中微生物生物量碳、氮以及 SIR 的影响一致，这表明温度对潮土和黑土中微生物的影响较为相似。

6. 温度对土霉素存在下红壤中微生物生物量碳、氮以及 SIR 的影响

当红壤中土霉素的初始浓度为 200 mg/kg 时：①如图 4.24(a)所示，培养第 0、1、3、7 天，在三种温度处理下，红壤中微生物生物量碳的含量相差不明显，培养第 14 天，温度为 5℃处理的红壤中微生物生物量碳的含量显著增加，培养第 28

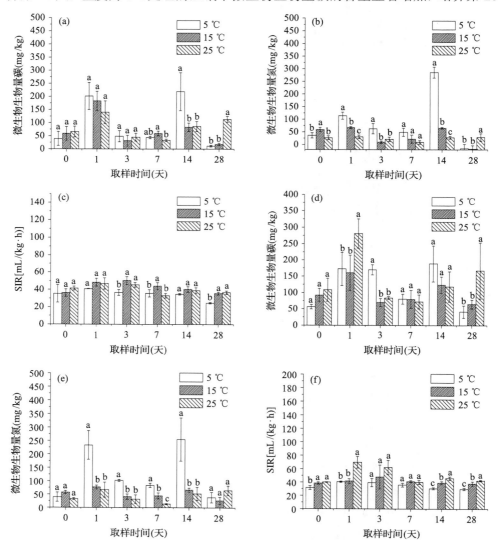

图 4.24　温度对土霉素存在下红壤中微生物生物量碳、氮以及 SIR 的影响

(a)~(c)红壤中土霉素的初始浓度为 200 mg/kg；(d)~(f)红壤中土霉素的初始浓度为 20 mg/kg

天，温度为 25℃处理的红壤中微生物生物量碳的含量最高。在整个试验期间，温度为 5℃和 15℃的红壤中微生物生物量碳变化规律不明显，温度为 25℃处理的红壤中微生物生物量碳的含量表现出先升高再降低再升高的趋势。②如图 4.24(b)所示，培养第 0 天，温度为 15℃处理的红壤中微生物生物量氮的含量最高，培养第 1、3、7 天，温度为 5℃处理的红壤中微生物生物量氮的含量最高，培养第 14天，温度为 5℃处理的红壤中微生物生物量氮的含量显著增加，培养第 28 天，温度为 25℃处理的红壤中微生物生物量氮的含量最高。在整个试验期间，温度为 5℃的红壤中微生物生物量氮变化规律不明显，温度为 15℃处理的红壤中微生物生物量氮的含量表现出先降低再升高再降低的趋势，温度为 25℃处理的红壤中微生物生物量氮的含量表现出先降低再升高的趋势。③如图 4.24(c)所示，培养第 0、1天，在不同温度处理下，红壤中 SIR 相差不明显，培养第 3、7 天，温度为 15℃处理的红壤中 SIR 最高，培养的第 14 天，在不同温度处理下，红壤中 SIR 的含量相差不明显，培养第 28 天，温度为 15℃和 25℃的红壤中 SIR 相差不明显，但均较温度为 5℃的红壤中 SIR 高。在整个试验培养期间，三种温度处理下，红壤中 SIR 呈现先升高再降低的趋势。

当红壤中土霉素的初始浓度为 20 mg/kg 时：如图 4.25(d)～(f)所示，红壤中微生物生物量碳、氮以及 SIR 在不同温度处理下的变化趋势与红壤中土霉素初始浓度为 200 mg/kg 的变化趋势大致相似，只是微生物生物量碳、氮以及 SIR 增加，这表明低浓度的土霉素溶液增加了红壤中微生物的种类和含量，这与低浓度的土霉素作用下，潮土和黑土中微生物生物量碳、氮以及 SIR 的变化不同，这可能与土壤的结构类型、物理以及化学性质有关，其具有机理还有待进一步研究。

4.3　小结及展望

(1)不同温度作用下，三种土壤中土霉素的含量均不断减少，但在温度为 25℃作用下，土霉素降解的速率最快，半衰期最短；同时土霉素的初始浓度越低降解速率越快，半衰期越短。并且不同温度和土霉素不同初始浓度作用下降解曲线均符合一级动力学方程，其相关系数在 0.88947～0.9922 之间。

(2)不同水分作用下，三种土壤中土霉素的含量均不断减少，但是在土壤含水量为 100%作用下，降解的速率最快，半衰期最短。同时土霉素的初始浓度越低降解越快，半衰期越短。不同水分和土霉素不同初始浓度作用下降解曲线均符合一级动力学方程，其相关系数在 0.88721～0.98655 之间。

(3)相同条件下，非灭菌处理土霉素在土壤中降解速率快于灭菌处理。

(4)外源溶解性有机物质作用下，无论是灭菌处理还是非灭菌处理，土霉素在土壤中的降解速率均显著提高，土壤中土霉素半衰期在一定程度上明显缩短。

（5）不同水分处理对土霉素存在下土壤中微生物生物量碳、氮以及 SIR 的影响与土壤类型有关，同一类型土壤中不同水分对土壤中微生物生物量碳、氮以及 SIR 的影响与培养时间有关。并且不同水分处理下，初始浓度低的土霉素能够促进土壤中微生物生物量碳、氮以及 SIR 的增加。

（6）不同温度对土霉素存在下土壤中微生物生物量碳、氮以及 SIR 的影响与土壤类型有关。在不同温度的影响下，不同土壤中微生物生物量碳、氮以及 SIR 差异很大，同一土壤，温度不同，培养时间不同，土壤中微生物生物量碳、氮以及 SIR 也不相同。不同温度的处理下，在潮土和黑土中，无论是初始浓度高还是初始浓度低的土霉素对土壤中微生物生物量碳、氮以及 SIR 的影响大致相同；但在红壤中，初始浓度低的土霉素对土壤中微生物生物量碳、氮以及 SIR 的增加有促进作用。

参 考 文 献

金彩霞，陈秋颖，吴春艳，等. 2009. 环境条件对土壤中磺胺间甲氧嘧啶降解的影响. 环境污染与防治，31(9)：23-27.

齐瑞环，李兆君，龙健，等. 2011. 土壤粉碎粒径对土霉素在土壤中吸附的影响. 环境科学，(2)：589-595.

解晓瑜，张永清，李兆君，等. 2009. 兽用土霉素对小麦毒理效应的基因型差异研究. 生态毒理学报，4(4)：577-583.

姚建华，牛德奎，李兆君，等. 2010. 抗生素土霉素对小麦根际土壤酶活性和微生物生物量的影响. 中国农业科学，43(4)：721-728.

姚志鹏，李兆君，梁永超，等. 2009. 土壤酶活性对土壤中土霉素的动态响应. 植物营养与肥料学报，15(3)：696-700.

张慧敏，章明奎，顾国平. 2008. 浙北地区畜禽粪便和农田土壤中四环素类抗生素残留. 生态与农村环境学报，24(3)：69-73.

Blackwell P A, Kay P, Ashauer R, et al. 2009. Effects of agricultural conditions on the leaching behaviour of veterinary antibiotics in soils. Chemosphere, 75(1)：13-19.

Hally B A, Jacob T A, Lu A Y. 1989. The environmental impact of the use of ivermectine, environmental effects and fate. Chemosphere, 18: 1543-1563.

Jacobsen P, Berglind L. 1988. Persistence of oxytetracycline in sediments from fish farms. Aquaculture, 70 (4)：365-370.

第5章 典型兽用抗生素的土壤微生态效应

土壤酶学指标、土壤微生物生物量指标等是指示有机污染物在土壤中的微生态效应的主要指标，本章主要介绍了典型兽用抗生素对土壤及小麦根土界面上述相关指标的影响及机理，以期为抗生素土壤微生态风险的评价提供依据。

5.1 土霉素对土壤酶活性的影响

5.1.1 试验设计及研究方法

本研究试验用潮土和黑土分别采自中国农业科学院昌平褐潮土生态环境试验站和中国科学院海伦农业生态实验站 0～20 cm 的耕层土壤。土壤取回风干后分为两部分，其中一部分过 2 mm 孔径筛子供室内培养试验用，另一部分过 1 mm 孔径筛子供土壤基本理化性质分析用。土壤基本理化性质见表 5.1。

表 5.1　供试土壤理化性质

土壤类型	有机质(g/kg)	全磷(g/kg)	全钾(g/kg)	pH(H₂O)	阳离子交量(cmol/kg)
潮土	29.80	3.07	15.12	7.28	29.78
黑土	37.83	3.89	18.27	6.58	32.92

在试验之前，将土壤含水量调节为最大持水量的 40%，置于 25℃生化培养箱中活化培养 1 周。将土霉素溶液与一定量的供试新鲜土壤，配制成土壤中土霉素含量分别为 0、10 mg/kg、17.8 mg/kg、32.6 mg/kg、56.2 mg/kg、100 mg/kg 的试验用土。于 500 mL 的烧杯中加入相当于 250 g 烘干土重的试验用土，并用去离子水调节土壤含水量为土壤最大持水量的 50%。然后，于 25℃恒温培养箱中进行暗培养。培养期间，为了保持土壤湿度不变，用称重差减法，每周用去离子水补充水分并通气一次。分别于培养的第 1、7、14、21、28、56 和 112 天取样，按照常规方法进行土壤酶活性的测定。

5.1.2 土霉素对土壤脲酶活性的影响

1. 潮土

从图 5.1 可以看出，在培养的第 1 天，脲酶活性受到抑制，其抑制程度随着土霉素浓度的增加而升高，抑制率分别为 3.57%、5.17%、7.83%、7.70%和 9.00%。

培养第 7 天抑制程度最高，分别达到 4.24%、10.03%、26.54%、23.66%和 23.42%，除土霉素浓度为 10 mg/kg 处理以外，所有土霉素处理抑制作用均达到显著水平（$P<0.05$）。培养第 14 天脲酶活性受抑制的情况较第 7 天有所减缓，其抑制率分别为 8.50%、10.10%、0.64%、3.47%和 4.31%，其中土霉素浓度为 10 mg/kg 和 17.8 mg/kg 处理对尿酶活性抑制作用达到显著水平（$P<0.05$），其余不显著。第 21 天脲酶活性表现仍然为受抑制，其被抑制率分别为：3.74%、2.65%、9.91%、1.85%和 1.64%。从图 5.1 可以看出，培养第 28 天以后土霉素对脲酶活性表现为刺激作用，第 28 天的抑制率分别为：−3.04%、0.13%、−0.44%、−4.95%和−4.88%，但均没有达到显著水平（$P<0.05$）。培养第 56 天的抑制率分别为：−0.557%、−4.93%、−6.52%、−3.98%和−2.94%，其中 17.8 mg/kg 和 31.6 mg/kg 处理与对照相比达到显著水平（$P<0.05$）。培养第 112 天的抑制率分别为：−1.43%、−3.46%、−7.14%、−6.62%和−1.50%，其中 31.6 mg/kg 和 56.2 mg/kg 处理与对照相比达到显著水平（$P<0.05$）。土霉素对潮土脲酶活性的影响总体表现为第 28 天以前，主要是以抑制作用为主，第 28 天以后主要以刺激作用为主，一直到培养结束，这种刺激作用仍然存在。

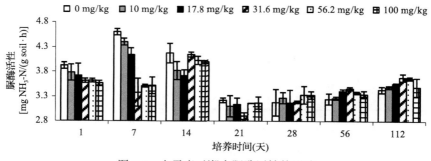

图 5.1　土霉素对潮土脲酶活性的影响

整体来说，潮土脲酶活性受土霉素影响表现为前期受到抑制，后期则受到刺激，这可能是因为土霉素的加入在前期抑制了部分微生物的生长，而到后期优势微生物得以生长，同时土霉素可能为部分微生物提供了营养物质导致后期的脲酶活性得以恢复和激活。

2. 黑土

图 5.2 为土霉素对黑土脲酶活性的影响。在培养的第 1 天，高浓度的土霉素（100 mg/kg）处理下，土壤脲酶活性受到较强的刺激作用，高达 38.41%，其他几个处理与对照相比刺激作用不明显。培养第 7 天，除 17.8 mg/kg 处理，土壤脲酶活性受到刺激（9.28%）外，其他处理表现为轻微的抑制作用。培养第 14 天与第 28 天结果相似，土霉素对黑土脲酶活性影响在此期间表现不明显。第 56 天，土霉素

对土壤脲酶活性具有刺激作用，低浓度（10 mg/kg）和高浓度（100 mg/kg）处理的刺激作用小于中间（17.8 mg/kg、31.6 mg/kg、56.2 mg/kg）几个浓度的土霉素处理。培养第 112 天，除 100 mg/kg 处理外，其余土霉素处理下，土壤脲酶活性均受到刺激作用，其刺激率分别为 5.45%、14.59%、12.38%和 17.16%。

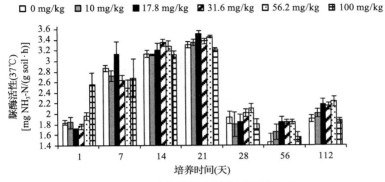

图 5.2　土霉素对黑土脲酶活性的影响

　　整体来说，黑土脲酶活性在 56 天以前表现不明显（除第 1 天 100 mg/kg 以外），后期表现为整体的激活作用，这和潮土脲酶活性的表现有所不同，可能是由于黑土本身有机质含量比较高，微生物活性高于潮土，对土霉素的加入具有较强的缓冲能力。

5.1.3　土霉素对土壤磷酸酶活性的影响

　　1. 潮土

　　土霉素对潮土磷酸酶活性的影响见图 5.3。由图 5.3 可知，培养第 1 天，土壤磷酸酶活性受到土霉素的刺激，尤其是土霉素浓度为 50 mg/kg、100 mg/kg 的处理，土霉素对磷酸酶活性的刺激作用最强，与对照相比分别增加 35.15%和 40.87%，均达到显著水平（$P < 0.05$）。培养的第 7 天，10 mg/kg 和 17.8 mg/kg 处理土壤磷酸酶活性受到抑制外，高浓度土霉素处理土壤磷酸酶活性受到刺激作用，随着土霉素浓度的升高，刺激作用逐渐增强，且与对照相比差异显著（$P < 0.05$）。培养第 14 天，10 mg/kg、17.8 mg/kg 和 31.6 mg/kg 处理的土壤磷酸酶活性受到抑制，而 56.2 mg/kg 和 100 mg/kg 处理的土壤磷酸酶活性受到刺激作用。到第 21 天所有土霉素处理下的土壤磷酸酶活性均高于对照，17.8 mg/kg、56.2 mg/kg 和 100 mg/kg 处理下，土壤磷酸酶活性与对照相比差异显著（$P < 0.05$）。培养第 28 天土壤磷酸酶活性变化情况与培养第 14 天相似。培养第 56 天，所有土霉素处理的土壤磷酸酶活性均低于对照，但均未达到显著水平。培养第 112 天，各个土霉素处理土壤磷酸酶活性均低于对照水平，其抑制率分别为 7.40%、9.57%、11.97%、11.72%

和 17.30%，均达到显著水平。土霉素对潮土磷酸酶活性的影响比较复杂。在培养28 天以前，总体表现为刺激作用，而 28 天以后，总体表现为抑制作用。

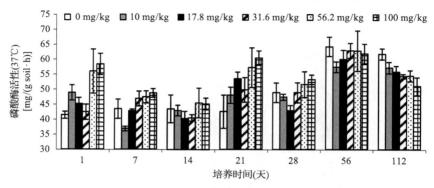

图 5.3　土霉素对黑土磷酸酶活性的影响

2. 黑土

土霉素对黑土磷酸酶活性的影响见图 5.4。由图 5.4 可知，在培养第 1 天，100 mg/kg 处理土壤磷酸酶活性受到明显的抑制，其抑制率达到 19.92%，其他几个处理表现不明显。在培养的第 7 天，所有土霉素处理土壤磷酸酶活性整体表现为受到抑制，且抑制作用与浓度呈正相关关系，其抑制率分别为 7.74%、5.22%、15.58%、19.67%和 24.78%，除 17.8 mg/kg 处理外，各处理土壤磷酸酶活性与对照相比差异均达到显著水平（$P < 0.05$）。培养第 14 天结果与第 7 天相似，整体表现为抑制作用，但只有 100 mg/kg 处理土壤磷酸酶活性与对照相比达到显著差异（$P < 0.05$），其余处理与对照相比差异不显著。培养第 21 天，除 100 mg/kg 处理与对照相比，达到显著差异外，其他几个处理对黑土磷酸酶活性的影响基本消失。培养第 28 天和第 56 天的结果与第 21 天的结果相似，培养第 112 天，低浓度土霉素处理对黑土磷酸酶活性具有轻微的刺激作用，不过 100 mg/kg 处理对磷酸酶活性的抑制作用一直存在。

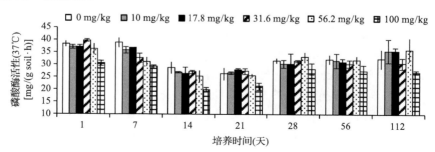

图 5.4　土霉素对黑土磷酸酶活性的影响

5.1.4　土霉素对土壤过氧化氢酶活性的影响

1. 潮土

从图 5.5 可知，土霉素对潮土过氧化氢酶活性的影响整体表现为抑制作用，培养第 1 天和第 7 天，土霉素对过氧化氢酶活性抑制作用最强烈。整个培养过程中，土壤过氧化氢酶活性随土霉素浓度的增加而降低。第 1 天的抑制率为 3.96%、5.25%、5.40%、6.47% 和 8.63%，与对照相比，各处理均达到了显著水平。第 7 天的抑制率分别为 2.59%、4.44%、5.93%、5.93% 和 7.04%。培养第 14 天，土壤过氧化氢酶活性恢复到了对照的水平。从培养第 21 天至培养结束，土壤过氧化氢酶活性与对照相比均在一定程度上有所降低，但受抑制水平不高，其抑制率最高为 3.33%。总体上来看，土霉素对过氧化氢酶的抑制作用在前期比较明显，到后期虽然也受到一定的抑制，但后期随着培养的进行，土霉素逐渐地降解，过氧化氢酶逐渐得以恢复。

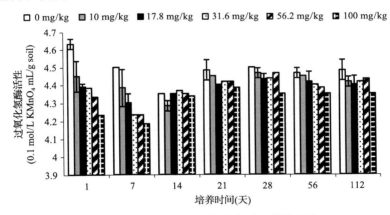

图 5.5　土霉素对潮土过氧化氢酶活性的影响

2. 黑土

土霉素对黑土过氧化氢酶活性的影响见图 5.6。从整体上看土霉素对过氧化氢酶活性具有抑制作用。在培养的第 1 天，各土霉素处理下土壤过氧化氢酶活性均表现为抑制作用，50 mg/kg 和 100 mg/kg 处理，土霉素对土壤过氧化氢酶活性的抑制率分别为：9.16% 和 23.66%，与对照相比差异显著（$P<0.05$）。其他培养阶段的结果与第 1 天的培养结果相似。低浓度（10 mg/kg、17.8 mg/kg、31.6 mg/kg、56.2 mg/kg）的土霉素处理对过氧化氢酶活性的抑制作用较小，高浓度（100 mg/kg）的土霉素处理对过氧化氢酶活性的抑制作用较强，其抑制率在培养第 7、14、21、28、56 和 112 天的结果分别为 10.29%、19.35%、16.10%、14.78%、24.51% 和 31.49%，与对照相

比差异显著($P<0.05$)。可见高浓度的土霉素对黑土过氧化氢酶活性具有抑制作用。

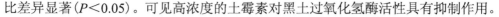
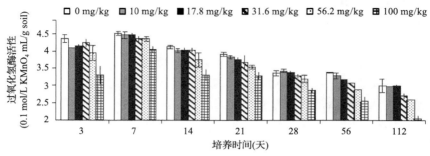

图 5.6　土霉素对黑土过氧化氢酶活性的影响

5.1.5　土霉素对土壤蔗糖酶活性的影响

1. 潮土

土霉素对潮土蔗糖酶活性的影响见图 5.7。由图 5.7 可知，在培养的第 1 天，土壤蔗糖酶活性受土霉素影响不大。第 7 天，蔗糖酶活性受到了明显的抑制，其抑制率在 32.80%～37.32%之间，各处理与对照相比均达到了差异显著水平（$P<0.05$）。培养第 14 天，抑制作用稍微有些缓解，但高浓度的土霉素处理仍然对蔗糖酶活性有明显的抑制作用，56.2 mg/kg 和 100 mg/kg 处理下土壤蔗糖酶活性的抑制率分别达 20.43%和 20.23%。第 21 天蔗糖酶活性仍然受到明显的抑制，这种情况一直延续到培养第 56 天，期间各处理与对照相比均达到了显著水平（$P<0.05$）。在培养的第 112 天，蔗糖酶活性基本恢复到了对照的水平，低浓度的土霉素处理，土壤蔗糖酶活性甚至受到了一定程度的激活，但高浓度土霉素处理对土壤蔗糖酶仍然还有一定的抑制作用，不过抑制作用较弱。总体上来看，从培养的第 7 天开始，潮土蔗糖酶活性受到了明显的抑制，直到培养结束第 112 天土壤蔗糖酶活性才基本恢复到了对照的水平。

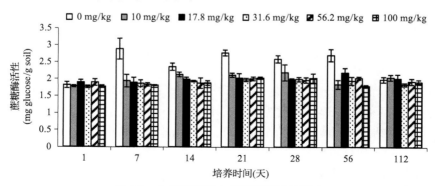

图 5.7　土霉素对潮土蔗糖酶活性的影响

2. 黑土

土霉素对黑土蔗糖酶活性的影响见图 5.8。由图 5.8 可知，在培养的第 1 天，低浓度的土霉素处理对土壤蔗糖酶活性具有刺激作用，高浓度的土霉素处理对土壤蔗糖酶活性具有抑制作用。培养第 7 天的结果与第 1 天相似。培养第 14 天，各个浓度的土霉素处理对土壤蔗糖酶活性具有轻微的激活作用。培养第 21 天，各个浓度的土霉素处理对土壤蔗糖酶活性具有抑制作用。从培养的第 28 天起直到培养结束，土霉素对黑土蔗糖酶活性均表现为抑制作用，且培养第 112 天的抑制作用最为强烈，其抑制率分别为 13.06%、17.79%、17.38%、13.52% 和 22.86%，与对照相比差异显著（$P<0.05$）。可见土霉素对黑土蔗糖酶活性的影响比较复杂，甚至到培养的第 112 天仍然表现为强烈的抑制作用。

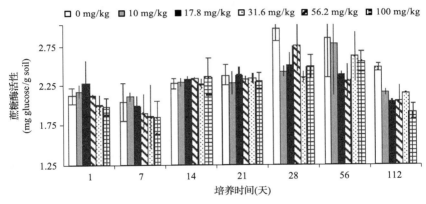

图 5.8　土霉素对黑土蔗糖酶活性的影响

5.1.6　土霉素对土壤脱氢酶活性的影响

1. 潮土

土霉素对潮土脱氢酶活性的影响见图 5.9。由图 5.9 可知，在培养的第 1 天，土霉素对土壤脱氢酶有较强的抑制作用，抑制率最高的处理是 17.8 mg/kg，其抑制率为 33.49%。在培养的第 7 天较低浓度土霉素处理对脱氢酶活性有轻微的刺激作用，而高浓度处理（100 mg/kg）对土壤脱氢酶活性具有抑制作用，其抑制率为 11.32%。培养第 14 天，17.8 mg/kg、31.6 mg/kg 和 56.2 mg/kg 处理对土壤脱氢酶具有明显的激活作用，其激活率分别为 60.95%、33.32% 和 45.51%，与对照相比均达到了差异显著的水平，而低浓度和高浓度土霉素处理则表现不明显。培养第21 天，土霉素浓度和脱氢酶活性之间表现出很好的相关性，随着土霉素浓度的增加，潮土脱氢酶活性受到的激活作用逐渐增强；100 mg/kg 处理对土壤脱氢酶刺激作用最强，激活率为 48.91%，与对照相比，差异显著($P<0.05$)。培养第 28 天，土霉素对潮土脱氢酶仍然具有激活作用，10 mg/kg 和 56.2 mg/kg 处理的刺激作用明显强于其他处理。培养第 56 天土霉素对潮土脱氢酶的作用与第 28 天相似，培养第 112 天的作用情况与第 21 天相似。

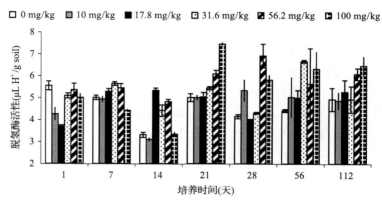

图 5.9　土霉素对潮土脱氢酶活性的影响

2. 黑土

土霉素对黑土脱氢酶活性的影响见图 5.10。由图 5.10 可知，在培养的前期即培养第 21 天以前，土霉素对黑土脱氢酶活性影响不大。培养第 28 天，土霉素对黑土脱氢酶具有较强刺激作用，17.8 mg/kg 处理黑土脱氢酶活性比对照增加了 46.24%。培养第 56 天，黑土脱氢酶活性受到一定程度的抑制，其抑制率分别为 6.42%、32.92%、37.01%、6.28%和 9.28%。培养第 112 的结果与第 56 天相似，其抑制率分别为 28.79%、15.70%、30.10%、23.55%和 40.57%。从整体上看，培养前期土霉素对黑土脱氢酶活性的影响作用不明显，后期以抑制作用为主。

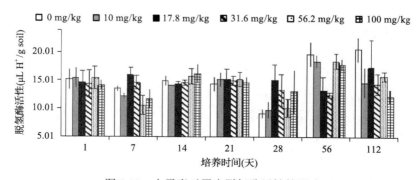

图 5.10　土霉素对黑土脱氢酶活性的影响

5.1.7 小结

土霉素对不同土壤的脲酶、磷酸酶、过氧化氢酶、蔗糖酶和脱氢酶活性均有影响。潮土脲酶活性受土霉素影响表现为前期受到抑制后期则受到刺激,而黑土脲酶活性在培养第 56 天以前表现不明显(除第 1 天 100 mg/kg 以外),后期表现为整体的激活作用,和潮土脲酶活性的表现有一定的差异。潮土磷酸酶受土霉素影响表现为前期受到激活作用而后期则表现为抑制作用,黑土磷酸酶活性整体表现为前期以抑制作用为主,培养第 112 天表现为低浓度的激活和高浓度抑制作用。土霉素对潮土过氧化氢酶活性整体表现为,整个培养时期内均受到抑制作用,且前期的抑制作用强于后期,后期随着培养时间的进行,土霉素逐渐地降解,过氧化氢酶逐渐得以恢复,这和土霉素对黑土过氧化氢酶活性的影响是比较相似的。潮土蔗糖酶的影响则表现为,在培养的 7、14、21、28、56 天里,所有的土霉素处理下潮土蔗糖酶活性值均低于对照,直到第 112 天蔗糖酶活性才恢复到正常水平。土霉素对黑土蔗糖酶活性的影响则表现为前期影响不明显,后期表现为强烈的抑制作用,且抑制时间比较长,直到培养结束这种抑制作用仍然存在。潮土脱氢酶对土霉素的响应比较复杂,但总体表现为刺激作用;黑土脱氢酶在前期表现出没有明显地受到土霉素的影响,28 天测定显示为刺激作用,56 天后测定显示以抑制作用为主。土霉素对土壤酶活性的影响有的是直接的,有的是间接的,或者是土霉素在土壤降解过程中产生的次级产物引起的,土霉素对土壤中酶活性的作用机理较为复杂,不过土壤脱氢酶等酶活性作为指标来表征土壤受土霉素等四环素类抗生素的污染程度是有一定的应用前景的。

5.2 土霉素对土壤微生物生物量(C、N)的影响

5.2.1 试验设计及研究方法

试验设计同 5.1.1.1。微生物生物量碳和微生物生物量氮采用常规方法测定。

5.2.2 土霉素对微生物生物量碳的影响

1. 潮土

由图 5.11 可知,在培养的第 1 天,土霉素浓度 17.8 mg/kg 的处理中潮土微生物生物量碳受到一定的刺激,增加了 12.31%。土霉素浓度为 10 mg/kg、56.2 mg/kg 和 100 mg/kg 处理中潮土微生物生物量碳受到一定的抑制,被抑制率分别为 19.83%、23.40% 和 28.27%,与对照相比,差异均达显著水平($P<0.05$)。培养第 7 天,土壤微生物生物量碳有一定恢复,只有 100 mg/kg 处理下土壤微生物生物量

碳受到抑制，其被抑制率为 6.18%。培养第 14 天，低浓度的土霉素处理对微生物生物量碳影响不大，而 100 mg/kg 处理对微生物生物量碳具有激活作用，提高了12.76%。培养第 21 天土霉素处理对土壤微生物生物量碳的影响与培养第 14 天相似。培养第 28 天，高浓度土霉素处理对生物量碳具有激活作用，培养第 56 天和第 112 天，土霉素处理对土壤微生物生物量碳的影响与培养第 28 天的相似，整体表现出激活的作用。可能是由于土霉素的加入虽然会抑制部分微生物的生长，同时又作为碳源等激活了部分微生物的增长，从而表现出了整体的微生物量碳的增加。

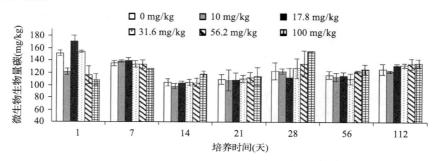

图 5.11　土霉素浓度对潮土微生物生物量碳的影响

2. 黑土

由图 5.12 可知，培养前期（第 21 天前）土霉素处理对黑土微生物生物量碳的影响以抑制作用为主，培养后期（第 28 天后）以激活作用为主。在培养第 1 天，各个土霉素处理下微生物生物量碳均受到抑制，抑制率分别为 24.82%、18.44%、27.14%、5.56% 和 12.99%。培养第 7 天，所有土霉素处理仍然对微生物生物量碳产生抑制作用，其抑制率分别为 14.63%、15.43%、18.71% 和 19.95%。培养第 14 天，土霉素处理对微生物生物量碳的抑制作用增强，抑制率分别为 3.19%、25.66%、21.11%、42.05% 和 60.78%。培养第 21 天，土霉素处理对黑土微生物生物量碳的抑制作用减弱，微生物生物量碳开始有所恢复，抑制率分别为 6.75%、2.87%、−1.77%、3.75% 和 11.72%。培养第 28 天，除 100 mg/kg 土霉素处理对微生物生物量碳具有抑制作用外，其余土霉素处理对微生物生物量碳的影响均表现为激活作用。可能是由于低浓度的土霉素处理下的微生物生物量碳由于部分抗性微生物的增加，而导致微生物生物量碳的大幅增加，但高浓度的土霉素（100 mg/kg）仍然对微生物生物量碳产生较强的抑制作用，抑制率为 38.34%（$P<0.05$）。培养第 56 天，只有低浓度（10 mg/kg）的土霉素处理微生物生物量碳低于对照。培养第 112 天，高浓度（31.6 mg/kg、56.2 mg/kg 和 100 mg/kg）的土霉素处理对黑土微生物生物量碳仍然有较强的激活作用。其激活率分别为 39.18%、51.86% 和 44.27%。

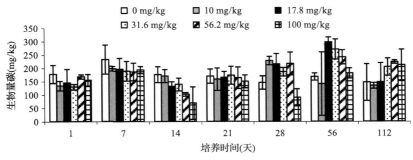

图 5.12　土霉素浓度对黑土生物量碳的影响

5.2.3　土霉素对微生物生物量氮的影响

1. 潮土

由图 5.13 可知，在培养第 21 天以前，土霉素处理对潮土中微生物生物量氮具有抑制作用，培养第 21 天以后，部分土霉素处理对潮土微生物生物量氮具有激活作用。培养第 1 天，所有处理微生物生物量氮均受到抑制。培养第 7 天结果与第 1 天相似，但与对照相比，差异均不显著。培养第 14 天，对土壤微生物生物量氮抑制增强，抑制率范围为 5.09%～25.63%，这与在潮土中得到的研究结果相似。培养第 21 天，低浓度土霉素处理对潮土微生物生物量氮影响不明显，但 100 mg/kg 的土霉素处理对潮土微生物生物量氮仍有较强的抑制作用，其抑制率为 33.92%，与对照相比差异显著($P<0.05$)。培养第 28 天，低浓度(17.8 mg/kg 和 31.6 mg/kg)的土霉素处理对微生物生物量氮具有促进作用，将其增加 30.50%和 8.05%；高浓度的土霉素处理对土壤微生物生物量氮的抑制作用仍然存在。培养第 56 天，除 10 mg/kg 处理低于对照外，其他处理下土壤微生物生物量氮均高于对照，31.6 mg/kg 的土霉素处理，潮土微生物生物量氮最高，其激活率达到 60.34%。培养第 112 天，土霉素处理对微生物生物量氮的影响趋于减缓，低浓度的土霉素处理微生物生物量氮低于对照，100 mg/kg 处理的微生物生物量氮略高于对照。

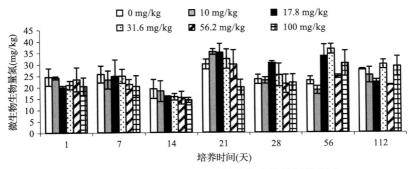

图 5.13　土霉素浓度对潮土微生物生物量氮的影响

2. 黑土

由图 5.14 可知，土霉素处理下黑土微生物生物量氮的影响与微生物生物量碳相似，前期土霉素对微生物生物量氮具有抑制作用，到后期这种抑制作用逐渐消失。培养第 1 天，所有土霉素处理微生物生物量氮均低于对照，抑制率分别为：10.18%、17.4%、7.4%、16.3%和17.6%，除 31.6 mg/kg 处理以外，其他几个土霉素处理与对照相比，差异均达显著水平（$P < 0.05$）。培养第 7 天至第 28 天，土霉素对黑土微生物生物量氮的影响仍然表现为抑制作用，抑制作用作最强出现在培养的第 21 天，抑制率分别为：8.53%、23.69%、20.47%、27.63%和14.39%，各处理与对照相比差异均达显著水平（$P < 0.05$）。培养第 28 天，黑土微生物生物量氮基本得以恢复，培养第 56 天，所有土霉素处理下黑土微生物生物量氮均高于对照。培养第 112 天，除 100 mg/kg 外，其他处理均高于对照。

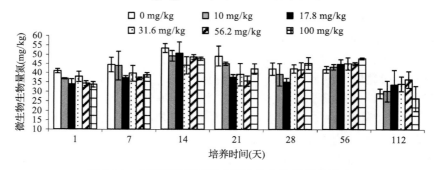

图 5.14　土霉素浓度对黑土微生物生物量氮的影响

5.2.4　土霉素对微生物生物量碳/氮的影响

1. 潮土

从图 5.15 可知，土霉素处理在一定程度上导致了潮土微生物碳氮比的升高，培养第 1 天，17.8 mg/kg 和 31.6 mg/kg 处理，潮土微生物碳氮比升高。培养第 7 天，所有土霉素处理下潮土微生物碳氮比均高于对照处理，培养第 14 天结果与第 7 天相似，仍然表现为土霉素处理下潮土微生物碳氮比升高。培养第 21 天，潮土微生物碳氮比有所回落，而高浓度（100 mg/kg）土霉素处理下，潮土微生物碳氮比仍然高于对照。培养第 28 天至第 56 天，低浓度土霉素处理潮土微生物碳氮比低于对照，高浓度土霉素处理潮土微生物碳氮比仍然高于对照。培养第 112 天，除 31.6 mg/kg 和 100 mg/kg 土霉素处理潮土微生物碳氮比与对照无明显差异外，其余土霉素处理潮土微生物碳氮比均高于对照。

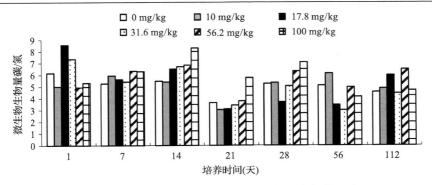

图 5.15　土霉素浓度对潮土微生物生物量碳/氮的影响

2. 黑土

由图 5.16 可以看出，土霉素处理对黑土微生物生物量碳/氮的影响与潮土不同，土霉素处理对黑土微生物生物量碳氮比的影响在培养前期与对照相比，差异不明显。在培养第 14 天，表现为所有土霉素处理下土黑土微生物生物量碳/氮均低于对照。培养第 21 天，土霉素处理黑土微生物生物量碳氮比得以恢复到对照水平。培养第 28 天，除 100 mg/kg 土霉素处理外，其他土霉素处理微生物生物量碳氮比均高于对照。培养第 56 天与培养第 28 天结果相似，培养第 112 天，低浓度的土霉素处理微生物生物量碳/氮低于对照，高浓度的土霉素处理黑土微生物生物量碳/氮高于对照。

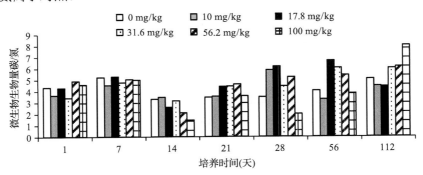

图 5.16　土霉素浓度对黑土生物量碳/氮的影响

5.2.5　小结

(1)土霉素在环境中存在一定的生态风险。在长达 112 天的培养期间，土壤中土霉素对微生物生物量的影响较为复杂，但仍有一定的规律性。培养期间，土霉素处理微生物生物量较对照有所降低，表明土霉素对土壤微生物的生长具有抑制作用，这可能会影响到土壤中物质转化以及养分转化。土霉素处理能够增加土壤微生物生物量碳氮比，说明土霉素能够影响土壤微生物区系组成，在一定程度上改变了土壤微生物种群的结构。

(2) 土霉素处理对微生物生物量的影响随时间的推移而发生变化。本研究的结果表明，土霉素处理能够使潮土微生物生物量氮，黑土微生物生物量碳、氮显著降低，这种影响在第 7 天至第 21 天表现最为明显。在整个培养过程中，土霉素存在下黑土微生物量生物量碳、氮均随时间表现为先降低后升高的趋势，在培养的第 7～21 天下降到最低值。土霉素处理潮土微生物量碳氮比先升高后降低，在前期 14 天升到最高点，后期逐渐回落，与对照趋于一致。

5.3　土霉素在小麦根土界面的微生态效应

5.3.1　土霉素对小麦根际土壤酶活性的影响

1. 试验设计与研究方法

(1) 供试小麦品种：分别为核优 1 号(土霉素敏感品种)和烟农 21(土霉素不敏感品种)。

(2) 供试土壤：分别为黑土(Soil B)、潮土(Soil F)和红壤(Soil R)。黑土采自海伦农田生态系统野外国家研究站试验基地无土霉素污染的 0～20 cm 的耕层土壤，潮土和红壤分别采自中国农业科学研究院昌平褐潮土生态环境试验站和湖南红壤试验站无土霉素污染的 0～20 cm 的耕层土壤。土壤取回风干后过 1 mm 筛，其中一部分供根箱栽培试验用，另一部分供土壤基本理化性质分析用。土壤基本理化性质见表 5.2。

表 5.2　土壤基本理化性质

	土壤分类	有机质含量	pH	阳离子交换量	主要黏粒矿物
黑土	Aquic Haploborolls	3.28	6.46	29.78	Illite, Vermiculite
潮土	Typic Endoaquepts	1.73	7.69	24.29	Illite
红壤	Typic Hapludults	1.91	4.15	14.57	Kaolinite, Ferric oxide

试验设两个处理，分别为：①CK(不添加土霉素)，②OTC(土壤中添加土霉素，黑土浓度为 100 mg/kg，红壤和潮土浓度为 200 mg/kg)，每个处理重复 8 次。将土霉素水溶液与一定量的土壤充分混匀，配制成土霉素含量分别为 0、100 mg/kg(黑土)、200 mg/kg(红壤和潮土)的试验处理土壤。试验在根箱中进行，根箱用 300 目尼龙网分成 3 个区，分别为小麦根区(种植小麦区，距离小麦根表的距离为 0 毫米，$d=0$ mm)、小麦近根区(距离小麦根表的距离为 1～4 mm，1 mm$<d$$<4$ mm，并用尼龙网分隔成 4 个 1 mm 间隔微区)和小麦远根区(距离小麦根表的

距离 $d>4$ mm)。每个根箱装相当于 5.0 kg 风干土重的试验处理土壤,同时在每个根箱中加入尿素 0.53 g、磷酸二氢钙 1.0 g 和硫酸钾 0.57 g 作为基肥。每个根箱播种经常规催芽露白的小麦种子 30 粒。出苗后,每个根箱留苗 20 株。试验期间,所有农艺管理措施都按小麦常规盆栽试验进行。于小麦苗期(出苗后 40 天),分别对小麦根区、近根区和远根区土壤进行取样,并按常规方法进行土壤酶活性的测定。

2. 土霉素对黑土小麦根际土壤酶活性的影响

1) 脲酶

土霉素对小麦根际土壤脲酶活性的影响见图 5.17。由图 5.17 可知,不管是否添加土霉素,土壤脲酶活性均随着距离根表距离的增加而降低,小麦烟农 21 根区($d=0$ mm)、近根区($1<d<4$ mm)和远根区($d>4$ mm)土壤脲酶活性均显著高于小麦核优 1 号相应区域土壤脲酶活性。土霉素处理显著降低了小麦核优 1 号根区、近根区和远根区土壤脲酶活性。土霉素对烟农 21 根际土壤脲酶活性的影响与核优 1 号是不同的。土霉素处理仅显著了降低核优 1 号根区和远根区土壤脲酶活性,对近根区土壤脲酶活性没有显著影响。

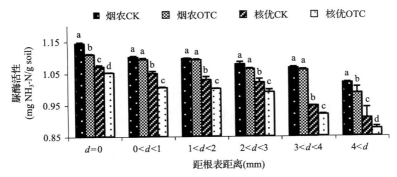

图 5.17　土霉素对黑土中小麦根际土壤脲酶活性的影响
CK 表示对照

2) 蔗糖酶

土霉素对小麦根际土壤蔗糖酶活性的影响见图 5.18。由图 5.18 可知,未添加土霉素的对照处理,小麦烟农 21 根际土壤蔗糖酶活性均显著高于核优 1 号。不管是否添加土霉素,小麦根际土壤蔗糖酶活性均随着距根表距离的增加而降低。与相应的对照相比,土霉素处理显著降低了 2 个小麦距根表不同距离土壤蔗糖酶的活性,其中核优 1 号根区($d=0$ mm)除外。土霉素对近根区土壤蔗糖酶活性的影响大于根区和远根区。

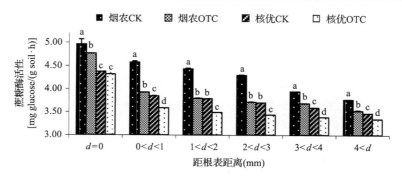

图 5.18　土霉素对黑土中小麦根际土壤蔗糖酶活性的影响

3) 磷酸酶

土霉素对小麦根际土壤磷酸酶活性的影响见图 5.19。由图 5.19 可知，未添加土霉素的对照处理，在根区、部分近根区（如 $0<d<1$ mm）和远根区，小麦核优 1 号土壤磷酸酶活性显著高于烟农 21，而在其余区域二者差异不显著。土霉素处理，2 个小麦根际土壤磷酸酶活性的变化是不同的。对于小麦烟农 21 来讲，土霉素处理显著降低了根区、部分近根区（如 2 mm$<d<$4 mm）和远根区土壤磷酸酶活性，而对其余区域土壤磷酸酶活性无显著影响。对小麦核优 1 号而言，土霉素处理显著降低了根际土壤磷酸酶活性，距根表距离为 1 mm$<d<$2 mm 的近根区部分除外。

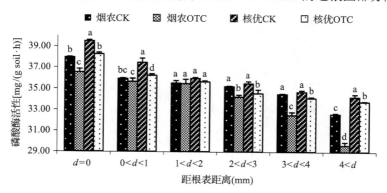

图 5.19　土霉素对黑土中小麦根际土壤磷酸酶活性的影响

4) 过氧化氢酶

土霉素对小麦根际土壤过氧化氢酶活性的影响见图 5.20。由图 5.20 可知，未添加土霉素的对照处理，小麦核优 1 号根际土壤过氧化氢酶活性显著低于烟农 21。土霉素处理，2 个小麦根际土壤磷酸酶活性的变化是不同的。对于小麦烟农 21 来讲，土霉素处理显著降低了根区、部分近根区（如 0$<d<$1 mm 和 2 mm$<d<$4 mm）和远根区土壤过氧化氢酶活性。对小麦核优 1 号而言，土霉素处理显著降低了根际土壤过氧化氢酶的活性。

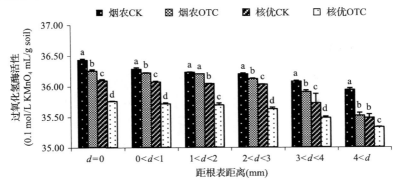

图 5.20　土霉素对小麦根际土壤过氧化氢酶活性的影响

综上可知：①黑土中无论是否添加土霉素，随着距离根表距离的增加，2 个小麦品种根际土壤脲酶、蔗糖酶、磷酸酶和过氧化氢酶活性逐渐降低。②黑土中土霉素对小麦根际土壤酶活性的影响存在品种差异。土霉素处理能够显著降低小麦核优 1 号根区、近根区和远根区土壤脲酶、蔗糖酶（根区除外）、磷酸酶和过氧化氢酶活性，但是只显著降低了小麦烟农 21 根区、部分近根区和远根区相应的土壤酶活性。

3. 土霉素对红壤小麦根际土壤酶活性的影响

1）脲酶

土霉素对红壤小麦根际土壤脲酶活性的影响见图 5.21。由图 5.21 可知，无论是否添加土霉素，土壤脲酶活性均随着距根表距离的增加而降低，小麦烟农 21 根区、近根区和远根区土壤脲酶活性均显著低于小麦核优 1 号相应区域土壤脲酶活性。土霉素处理显著降低了小麦核优 1 号根区、近根区和远根区土壤脲酶活性。土霉素对烟农 21 根际土壤脲酶活性的影响与核优 1 号是不同的。土霉素显著降低了烟农 21 号的根区和远根区土壤脲酶活性，而对近根区没有显著影响。

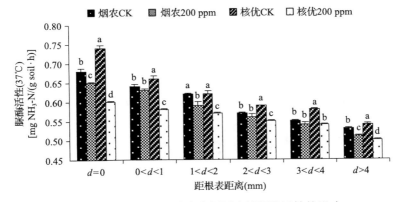

图 5.21　土霉素对红壤小麦根际土壤脲酶活性的影响

2) 蔗糖酶

土霉素对红壤小麦根际土壤蔗糖酶活性的影响见图 5.22。由图 5.22 可知，未添加土霉素的对照处理，小麦烟农 21 根际土壤蔗糖酶活性均显著低于核优 1 号。无论是否添加土霉素，小麦根际土壤蔗糖酶活性均随着距根表距离的增加而降低。与相应的对照土壤比，土霉素处理显著降低了敏感品种核优 1 号距根表不同距离土壤蔗糖酶的活性。而土霉素处理对不敏感品种烟农 21 号距根表不同距离土壤蔗糖酶的活性影响不显著。

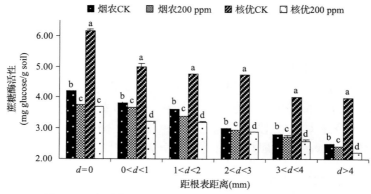

图 5.22　土霉素对红壤小麦根际土壤蔗糖酶活性的影响

3) 磷酸酶

土霉素对红壤小麦根际土壤磷酸酶活性的影响见图 5.23。由图 5.23 可知，未添加土霉素的对照处理，在根区、部分近根区（如 0 mm＜d＜3 mm）和远根区，小麦核优 1 号土壤磷酸酶活性显著高于烟农 21。土霉素处理，2 个小麦根际土壤磷酸酶活性的变化是不同的。对于小麦烟农 21 来讲，土霉素处理显著降低了根区、近根区土壤磷酸酶活性，而对远根区土壤磷酸酶活性无显著影响。对小麦核优 1 号而言，土霉素处理显著降低了根际土壤磷酸酶活性。

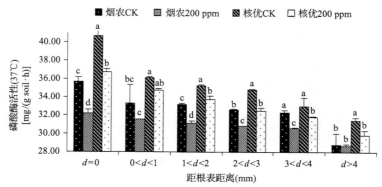

图 5.23　土霉素对红壤小麦根际土壤磷酸酶活性的影响

4) 过氧化氢酶

土霉素对红壤小麦根际土壤过氧化氢酶活性的影响见图 5.24。由图 5.24 可知，未添加土霉素的对照处理，小麦核优 1 号根际土壤过氧化氢酶活性显著低于烟农 21。土霉素处理，2 个小麦根际土壤磷酸酶活性的变化是相同的。土霉素显著降低了两个小麦近根区土壤磷酸酶活性，而对根区和远根区土壤磷酸酶影响不显著。

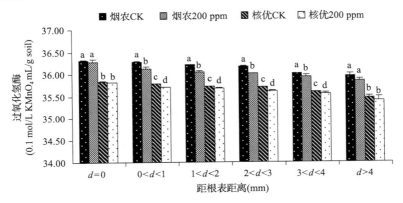

图 5.24　土霉素对红壤小麦根际土壤过氧化氢酶活性的影响

综上可知：①无论潮土中是否添加土霉素，随着距离根表距离的增加，2 个小麦品种根际土壤脲酶、蔗糖酶、磷酸酶和过氧化氢酶活性均逐渐降低。②土霉素对小麦根际土壤酶活性的影响存在基因型差异。土霉素处理能够显著降低小麦核优 1 号根区、近根区和远根区土壤脲酶、蔗糖酶、磷酸酶(部分近根区)活性，而只显著降低了小麦烟农 21 根区、近根区和远根区的酸性磷酸酶活性。土霉素处理对小麦品种烟农 21 和核优 1 号的过氧化氢酶的影响都不显著。

4. 土霉素对潮土小麦根际土壤酶活性的影响

1) 脲酶

土霉素对潮土小麦根际土壤脲酶活性的影响见图 5.25。由图 5.25 可知，无论是否添加土霉素，潮土小麦根际脲酶活性均随着距离根表距离的增加而降低，小麦烟农 21 根区(d=0 mm)、近根区(1 mm<d<4 mm)和远根区(d>4 mm)土壤脲酶活性均高于小麦核优 1 号相应区域土壤脲酶活性，说明烟农 21 较核优 1 号更能耐受土霉素的胁迫。土霉素处理降低了小麦两个品种根区、近根区和远根区土壤脲酶活性，说明土霉素会影响潮土小麦根际脲酶活性。土霉素对烟农 21 根际土壤脲酶活性的影响与核优 1 号的趋势是一致的。

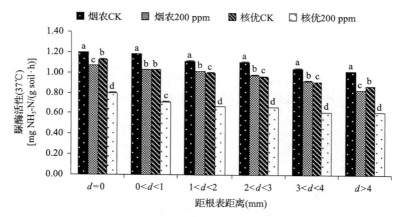

图 5.25　土霉素对潮土中小麦根际土壤脲酶活性的影响

2) 蔗糖酶

土霉素对潮土小麦根际土壤蔗糖酶活性的影响见图 5.26。由图 5.26 可知，未添加土霉素的对照处理，小麦烟农 21 根际土壤蔗糖酶活性均高于核优 1 号。无论是否添加土霉素，小麦根际土壤蔗糖酶活性均随着距根表距离的增加而降低。与相应的对照土壤相比，土霉素处理显著降低了 2 个小麦品种距根表不同距离土壤蔗糖酶的活性。

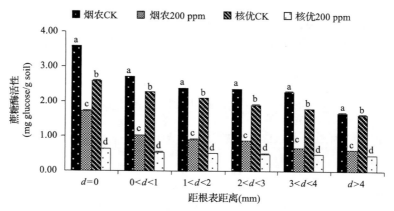

图 5.26　土霉素对潮土中小麦根际土壤蔗糖酶活性的影响

3) 磷酸酶

土霉素对潮土小麦根际土壤磷酸酶活性的影响见图 5.27。由图 5.27 可知，未添加土霉素的对照处理，小麦烟农 21 根际土壤磷酸酶活性比核优 1 号对应区域高（根区除外）。添加土霉素的处理中，2 个小麦根际土壤磷酸酶活性的变化趋势相同，均会受到土霉素的抑制，且小麦根际土壤磷酸酶活性随着距根表距离的增加而降低。土霉素显著降低潮土中两个小麦品种根际土壤磷酸酶活性，且无论是添加或者不添加土霉素，烟农 21 均比核优 1 根际土壤磷酸酶活性高。

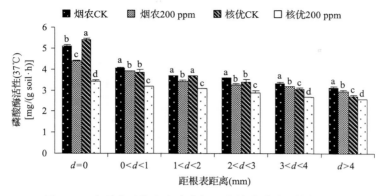

图 5.27　土霉素对潮土中小麦根际土壤磷酸酶活性的影响

4）过氧化氢酶

土霉素对潮土小麦根际土壤过氧化氢酶活性的影响见图 5.28。由图 5.28 可知，未添加土霉素的对照处理，小麦核优 1 号根际土壤过氧化氢酶活性显著低于烟农 21。土霉素处理，2 个小麦根际土壤磷酸酶活性的变化趋势是不同的。就小麦烟农 21 而言，土霉素处理显著降低了根区和远根区土壤过氧化氢酶活性。就小麦核优 1 号而言，土霉素处理显著降低了根际土壤过氧化氢酶的活性，且随着距根表距离的增加影响趋势增加。

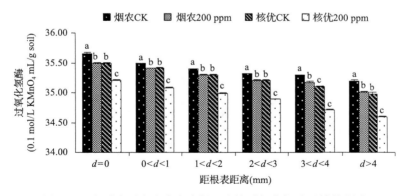

图 5.28　土霉素对潮土中小麦根际土壤过氧化氢酶活性的影响

综上可知：①无论潮土中是否添加土霉素，随着距离根表距离的增加 2 个小麦根际土壤脲酶、蔗糖酶、磷酸酶和过氧化氢酶活性均逐渐降低。②土霉素对小麦根际土壤酶活性的影响存在小麦品种间差异。土霉素处理能够显著降低小麦核优 1 号根区、近根区和远根区土壤脲酶、蔗糖酶、磷酸酶(根区和部分近根区)活性，而只显著降低了小麦烟农 21 根区、近根区和远根区的蔗糖酶活性及酸性磷酸酶(根区)的活性。土霉素处理对小麦品种烟农 21 和核优 1 号的过氧化氢酶的影响都不显著。

5.3.2　土霉素对小麦根际微生物生物量的影响

1. 试验设计与研究方法

试验设计同 5.3.1.1，微生物生物量碳、氮按常规方法测定。

2. 土霉素对黑土小麦根际微生物生物量的影响

1) 微生物生物量碳

土霉素对黑土小麦根际土壤微生物生物量碳的影响见图 5.29。由图 5.29 可知，未添加土霉素的对照处理，黑土中小麦核优 1 号根际土壤微生物生物量碳含量显著低于烟农 21。土霉素处理后，2 个小麦品种根际土壤微生物生物量碳的变化趋势一致。与对照相比，土霉素处理显著降低了 2 个小麦品种根区和近根区土壤微生物生物量碳的含量，且随着距根表距离的增加，土霉素对 2 个小麦根际土壤微生物生物量碳的影响逐渐减弱。就小麦品种而言，黑土中烟农 21 根际土壤微生物生物量碳显著高于核优 1 号，且土霉素处理对烟农 21 根际土壤微生物生物量碳的影响小于核优 1 号。如土霉素处理分别可使烟农 21 和核优 1 号根区土壤微生物生物量碳含量降低 13.21%和 21.37%，而在远根区则分别相应降低 3.90%和 9.00%。但是，土霉素处理对 2 个小麦品种远根区($d>4$ mm)土壤微生物生物量碳的含量的影响是不显著的。

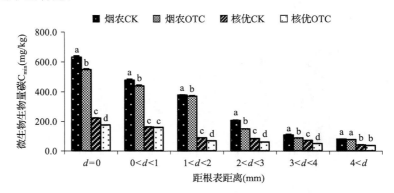

图 5.29　土霉素对黑土小麦根际微生物生物量碳的影响

2) 微生物生物量氮

土霉素对黑土小麦根际土壤微生物生物量氮的影响见图 5.30。由图 5.30 可知，未添加土霉素的对照处理，小麦核优 1 号根际土壤微生物生物量氮含量显著低于烟农 21。土霉素处理后，2 个小麦品种根际土壤微生物量氮含量的变化趋势一致。

与对照相比，土霉素处理后，黑土中 2 个小麦品种根区、近根区和远根区土壤微生物生物量氮的含量分别显著高于对照的相应区域土壤微生物生物量氮的含量。土霉素对黑土中 2 个小麦根际土壤微生物生物量氮含量的影响随着距根表距离的增加呈逐渐增加的趋势，就小麦品种而言，土霉素对烟农 21 的影响大于核优 1 号。例如土霉素处理分别能够使烟农 21 和核优 1 号根区土壤微生物生物量氮的含量增加 32.07%和 28.79%，而在远根区则相应增加 94.46%和 59.04%。

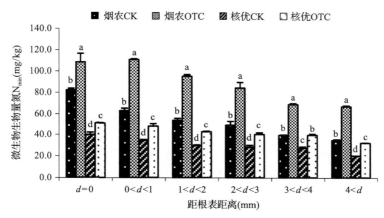

图 5.30　土霉素对黑土小麦根际微生物生物量氮的影响

3) 微生物生物量碳/氮

土霉素对黑土小麦根际土壤微生物生物量碳/氮的影响见图 5.31。由图 5.31 可知，未添加土霉素的对照处理，小麦核优 1 号根区、部分近根区 (0 mm < d < 3 mm) 和远根区土壤微生物生物量碳/氮显著低于烟农 21。土霉素处理后，2 个小麦品种根际土壤微生物量碳/氮变化趋势一致。与对照相比，土霉素处理中，2 个小麦品种根区、近根区和远根区土壤微生物生物量碳/氮分别显著低于对照的相应区域。土霉素处理对黑土 2 个小麦根际土壤微生物量碳/氮的影响随着距根表距离的增加呈逐渐增加的趋势。就小麦品种而言，在根区土霉素对烟农 21 的影响小于核

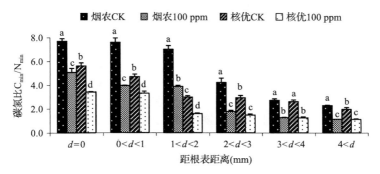

图 5.31　土霉素对黑土小麦根际微生物生物量碳/氮的影响

优 1 号，在近根区和远根区土霉素对烟农 21 的影响大于核优 1 号。例如土霉素处理分别能够使烟农 21 和核优 1 号根区土壤微生物生物量碳/氮降低 34.08%和 39.06%，而在远根区则相应降低 50.61%和 42.81%。

由以上研究结果可知，黑土中添加土霉素后，土霉素处理显著降低了黑土小麦根际的微生物生物量碳的含量以及微生物生物量碳氮比，且随着距根表距离的增加，其影响作用逐渐减弱；土霉素能够显著增加黑土小麦根际土壤微生物生物量氮的含量，且其影响作用随着距根表距离的增加呈逐渐增加的趋势。土霉素对黑土小麦根际土壤微生物生物量的影响存在小麦品种间差异，对烟农 21 的影响大于核优 1 号。

3. 土霉素对红壤小麦根际微生物生物量的影响

1）微生物生物量碳

土霉素对红壤小麦根际土壤微生物生物量碳的影响见图 5.32。由图 5.32 可知，未添加土霉素的对照处理，小麦核优 1 号根际土壤微生物生物量碳含量显著高于烟农 21。土霉素处理后，2 个小麦品种根际土壤微生物量碳的变化趋势一致。与对照相比，红壤中土霉素处理显著降低了 2 个小麦品种根际土壤微生物生物量碳的含量，且随着距根表距离的增加，土霉素对 2 个小麦根际土壤微生物生物量碳的影响逐渐减弱。就小麦品种而言，土霉素对烟农 21 根际土壤微生物生物量碳的影响小于核优 1 号。如土霉素处理分别可使烟农 21 和核优 1 号根区土壤微生物生物量碳含量降低 31%和 47%，而在远根区分别相应降低 23%和 64%。

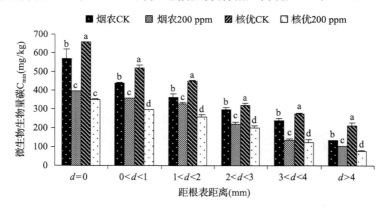

图 5.32　土霉素对红壤小麦根际土壤微生物生物量碳的影响

2）微生物生物量氮

土霉素对红壤小麦根际微生物生物量氮的影响见图 5.33。由图 5.33 可知，未添加土霉素的对照处理，小麦核优 1 号根际土壤微生物生物量氮含量高于烟农 21。土霉素处理后，2 个小麦品种根际土壤微生物量氮含量的变化趋势一致。与对照相比，红壤土霉素处理，2 个小麦品种根区、近根区和远根区土壤微生物生物量

氮的含量分别显著低于对照的相应区域土壤微生物生物量氮的含量。土霉素处理
对 2 个小麦根际土壤微生物生物量氮含量的影响随着距根表距离的增加呈逐渐降
低的趋势,就小麦品种而言,土霉素对烟农 21 的影响小于核优 1 号。如土霉素处
理分别能够使烟农 21 和核优 1 号小麦根区土壤微生物生物量氮的含量降低 22%
和 28%,而在远根区则相应降低 21%和 49%。

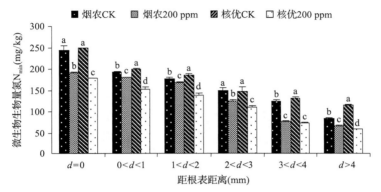

图 5.33　土霉素对红壤小麦根际土壤微生物生物量氮的影响

3) 微生物生物量碳/氮

　　土霉素对红壤小麦根际土壤微生物生物量碳/氮的影响见图 5.34。由图 5.34
可知,未添加土霉素的对照处理,小麦核优 1 号根际土壤微生物生物量碳/氮显著
高于烟农 21。土霉素处理后,2 个小麦品种根际土壤微生物量碳/氮变化趋势不同。
与对照相比,红壤土霉素处理后,核优 1 号根际土壤微生物量碳/氮分别显著
低于对照的相应区域。而土霉素对烟农 21 的根区和部分近根区土壤微生物量碳/
氮影响显著,部分近根区(1 mm<d<2 mm)和远根区土壤微生物生物量碳/氮影响
不显著。土霉素处理分别能够使烟农 21 和核优 1 号根区土壤微生物生物量碳/氮
降低 11%和 26%,而在远根区则相应降低 2%和 29%。

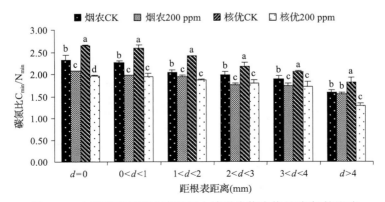

图 5.34　土霉素对红壤小麦根际土壤微生物生物量碳/氮的影响

综上可知，土霉素显著降低了红壤中小麦根际的微生物生物量的含量以及微生物生物量碳氮比，且随着距根表距离的增加，其影响作用逐渐减弱。土霉素对小麦根际土壤微生物生物量的影响存在小麦品种间的差异，土霉素对烟农 21 根际土壤微生物生物量碳的影响小于敏感品种核优 1 号。

4. 土霉素对潮土小麦根际微生物生物量的影响

1）微生物生物量碳

土霉素对潮土小麦根际土壤微生物生物量碳的影响见图 5.35。由图 5.35 可知，未添加土霉素的对照处理，小麦核优 1 号根际土壤微生物生物量碳含量显著高于烟农 21（近根区 0 mm<d<1 mm 区域除外）。土霉素处理后，2 个小麦根际土壤微生物量碳显著降低。土霉素对 2 个小麦根际土壤微生物生物量碳的影响存在基因型差异，就小麦品种而言，潮土中土霉素对烟农 21 根际土壤微生物生物量碳的影响是随距根表距离的增加呈下降趋势。如土霉素处理可使烟农 21 根区和远根区土壤微生物生物量碳含量降低 48%和 15%。而土霉素对核优 1 影响则是随距根表距离的增加而增加。如土霉素处理可使核优 1 号根区和远根区土壤微生物生物量碳含量分别降低 48%和 70%。

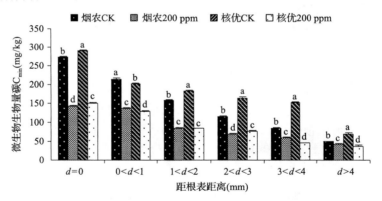

图 5.35　土霉素对潮土小麦根际土壤微生物生物量碳的影响

2）微生物生物量氮

土霉素对潮土小麦根际土壤微生物生物量氮的影响见图 5.36。由图 5.36 可知，未添加土霉素的对照处理，小麦核优 1 号根区、部分近根区土壤微生物生物量氮含量高于烟农 21。土霉素处理后，2 个小麦品种根际土壤微生物生物量氮含量的变化趋势不一致。与对照相比，潮土经土霉素处理后，核优 1 号根际土壤微生物生物量氮的含量显著高于对照的相应区域土壤微生物生物量氮的含量。而小麦烟农 21 根区和近根区（0 mm<d<1 mm）土壤微生物生物量氮的含量高于对照的相

应区域土壤微生物生物量氮的含量，近根区（1 mm＜d＜4 mm）和远根区则小于对照的相应区域土壤微生物生物量氮的含量。土霉素对 2 个小麦根际土壤微生物生物量氮含量的影响随着距根表距离的增加呈逐渐降低的趋势。

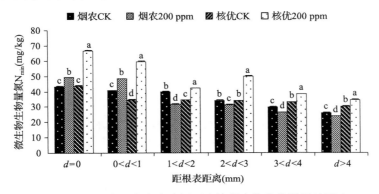

图 5.36　土霉素对潮土小麦根际土壤微生物生物量氮的影响

3）微生物生物量碳/氮

土霉素对小麦根际土壤微生物生物量碳/氮的影响见图 5.37。由图 5.37 可知，未添加土霉素的对照处理，小麦核优 1 号根际土壤微生物生物量碳/氮显著高于烟农 21。土霉素处理后，2 个小麦品种根际土壤微生物生物量碳/氮变化趋势不同。与对照相比，土霉素处理后，核优 1 号根际土壤微生物生物量碳/氮显著低于对照的相应区域。而烟农 21 的根区和近根区土壤微生物量碳/氮显著低于对照的相应区域，远根区影响不显著。

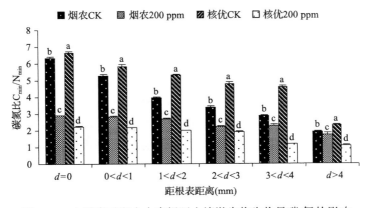

图 5.37　土霉素对潮土小麦根际土壤微生物生物量碳/氮的影响

综上可知，土霉素能够显著增加潮土中小麦根际土壤微生物生物量氮的含量，且其影响作用随着距根表距离的增加呈逐渐增加的趋势；土霉素显著降低了小麦根际的微生物生物量碳的含量以及微生物生物量碳氮比，且随着距根表距离的增加，其影响作用逐渐减弱。土霉素对潮土中小麦根际土壤微生物生物量的影响同样存在小麦品种间差异，土霉素对烟农 21 的影响小于核优 1 号。

5.3.3 土霉素对小麦根土界面微生物功能多样性的影响

1. 试验设计及研究方法

试验设计同 5.3.1.1，壤微生物群落功能多样性应用 Biolog 分析仪测定。具体方法参照 Schutter 等（2001）的方法。称取相当于 10.0 g 烘干土的鲜土置于装有 5 g 小玻璃珠的三角瓶中，加入 90 mL 0.85% 的灭菌生理盐水，于 25℃、300 r/min 摇动均匀；静置 10 min 后，取 10 mL 上述土壤提取液加入 90 mL 0.85% 的灭菌生理盐水中，重复该步骤，将土壤样品稀释至 10^{-3}。取最终稀释液作为测试液加入到 BIOLOG 微平板中，每孔 150 μL。将 Biolog 微平板于 25℃ 下暗培养。采用 Biolog Microplate^{TM} Reader（Biolog，Hayward，CA，USA）在 590 nm 下读取 Biolog 微平板每孔光密度值，数据采集软件为 Microlog 4.01 software（Biolog，Hayward，CA，USA），每 24 小时读取一次数据，共采集 10 次数据（240 小时）。

2. 土霉素对不同土壤小麦根际微生物利用全部碳源动力学特征的影响

1）黑土

土霉素胁迫下，黑土小麦根际微生物利用碳源的动力学特征如图 5.38 所示。由图 5.38 可知，土霉素处理后降低了两个小麦的 AWCD 值，土霉素对两种小麦的影响存在品种间差异。在 $d=0$（根区），土霉素处理后，核优 1 号和对照土壤相应培养时间的 AWCD 值存在显著差异，土霉素对烟农 21 根际 AWCD 值影响不显著。培养 48 h 时，核优 1 号的 AWCD 值与对照相比下降为 89%，随着培养时间的增加，下降幅度越来越小，第 144 h 时与对照相比，AWCD 值下降 59%。第 48 h 时，烟农 21 号 AWCD 值下降了 8.9%，随着培养时间增加，下降幅度越来越小，第 144 h 时，下降 5.9%。在 $0\ \text{mm}<d<1\ \text{mm}$（距根区 1 mm），土霉素处理后，小麦核优 1 号 AWCD 值显著高于对照土壤相应培养时间的 AWCD 值，土霉素处理对烟农 21 影响不显著。在 $1\ \text{mm}<d<2\ \text{mm}$（距根区 2 mm）和 $2\ \text{mm}<d<3\ \text{mm}$（距根区 3 mm），两个小麦根际的 AWCD 值都显著低于根区相应培养时间的 AWCD 值。在 $d>4\ \text{mm}$（远根区），土霉素处理后小麦核优 1 号 AWCD 值显著低于对照。培养第 48 h 时，与对照相比 AWCD 值下降 86%，随着培养时间的增加，它们之间的差异减小，但是变化趋势缓慢，培养第 168 h 时，与对照相比，AWCD 值下降到 85.9%。

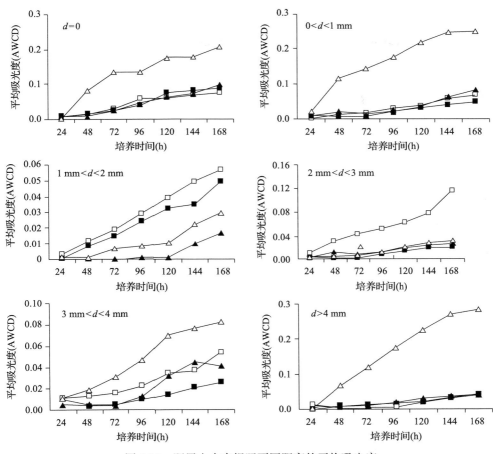

图 5.38　距黑土小麦根际不同距离的平均吸光度

□烟农 21，CK；■烟农 21，100 ppm；△核优 1 号，CK；▲核优 1 号，100 ppm

2) 红壤

从图 5.39 可以看出，土霉素处理降低了两个小麦品种根际 AWCD 值，土霉素对两种小麦的影响存在品种间差异。在根区（d=0 mm），土霉素处理后，烟农 21 根际 AWCD 值显著低于对照土壤相应培养时间的 AWCD 值。培养 48 h 时，烟农 21 根际 AWCD 值与对照相比下降 88%，随着培养时间的延长，处理与对照的差异值越来越小，培养 168 h 时与对照相比降低到了 26%。而核优 1 号添加土霉素处理后的 AWCD 值与对照土壤差异不显著。培养 48 h 后，核优 1 号根际 AWCD 值与对照相比下降了 70%，随着培养时间的增加，下降值越来越小，168 h 时与对照相比下降到 9%。在近根区和远根区，土霉素处理后，两个小麦根际 AWCD 值与对照土壤相应培养时间的 AWCD 值相比差异不显著。

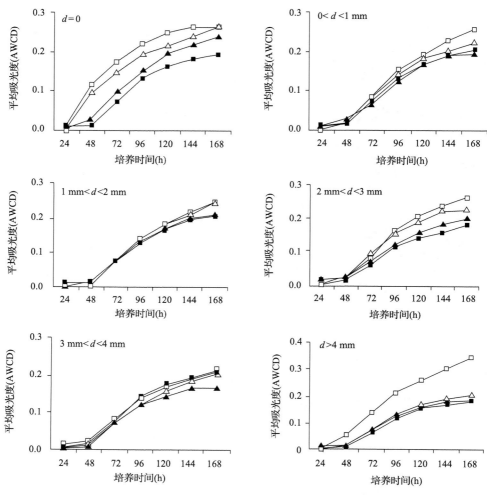

图 5.39　距红壤小麦根际不同距离的平均吸光度
□烟农 21，CK；■烟农 21，100 ppm；△核优 1 号，CK；▲核优 1 号，100 ppm

3）潮土

潮土小麦根际微生物利用碳源的情况如图 5.40 所示。在 $d=0$（根区），土霉素显著降低两种小麦根际 AWCD 值。土霉素对两个小麦影响存在品种间差异。在培养 24 h 时，土霉素处理后核优 1 号 AWCD 值下降了 75%，培养 48 h 时下降了 81%，随着培养时间的延长，下降幅度逐渐变小，到培养 168 h 时，土霉素处理后 AWCD 值与对照相比下降了 31%。土霉素处理后，培养 24 h 时烟农 21 AWCD 值与对照相比下降了 61%，培养 48 h 时 AWCD 值与对照相比下降了 86%。随培养时间的增加，下降幅度减小，培养 168 h 时，烟农 21 AWCD 值与对照相比下降 44%。在

0 mm<d<1 mm（距根区 1 mm），土霉素显著降低烟农 21 根际 AWCD 值，而对核优 1 号根际 AWCD 值影响不明显。在 1 mm<d<3 mm，两个小麦在不同的培养时间，对照土壤和添加土霉素处理后土壤的 AWCD 值分别低于根区相应区域。在 d>4 mm（远根区），培养 48 h 时，土霉素处理后，核优 1 号 AWCD 值下降了 92%，培养 72 h 时 AWCD 值下降了 84%，随着培养时间的增加，AWCD 值下降的幅度变小，培养 168 h 时减小到 79%。土霉素处理后烟农 21 根际 AWCD 值同样随着培养时间的增加，下降趋势减小。72 h AWCD 值与对照相比下降了 88%，168 h 时与对照相比下降 62%。

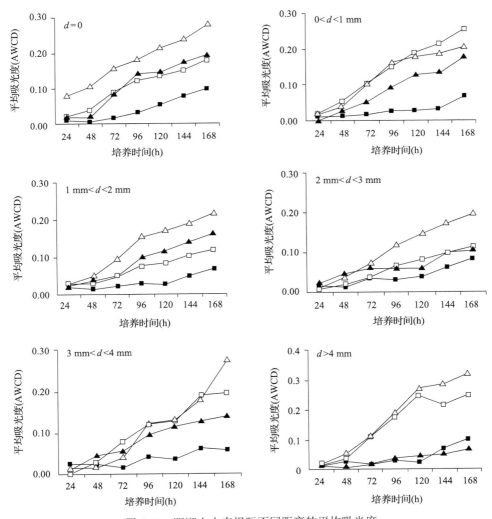

图 5.40　距潮土小麦根际不同距离的平均吸光度

□烟农 21，CK；■烟农 21，100 ppm；△核优 1 号，CK；▲核优 1 号，100 ppm

综上研究结果表明，土壤微生物 AWCD 随着培养时间的变化呈明显的"S"形曲线。无论是哪种土壤，土霉素处理显著降低了两个小麦根际土壤微生物平均吸光值，也就是土霉素处理显著降低了不同土壤中两种小麦的根际微生物活性。土霉素对不同的小麦品种在不同土壤中的影响程度不同。就红壤而言，土霉素对烟农 21 根际 AWCD 值影响显著大于核优 1 号，土霉素处理后，烟农 21 的根区和远根区在不同培养时间 AWCD 显著低于对照值，而烟农 21 近根区与核优 1 号的根区、近根区和远根区在不同培养时间上与对照值差异不显著。黑土中小麦根际土壤微生物利用碳源能力和红壤不同，在黑土中土霉素处理显著降低两个小麦根际微生物活性，而对核优 1 号的影响显著大于烟农 21。在潮土中，添加土霉素降低了两种小麦根际土壤微生物平均吸光值，且对两种小麦根区、近根区和远根区的微生物活性影响都很显著。

3. 土霉素对不同土壤小麦根际土壤微生物功能多样性的影响

1）黑土

土霉素对黑土小麦根际微生物功能多样性的影响见表 5.3。由表 5.3 可知，无论是否添加土霉素，随着距根的距离的减小，Shannon 指数、Simpon 指数和 McIntosh 指数呈上升趋势，土壤微生物功能多样性升高，表明小麦根分泌物能够促进土壤微生物的生长。在 $d > 4$ mm（远根区），土霉素处理降低了两种小麦根际 Shannon 指数和 Simpon 指数，提高了两种小麦根际 McIntosh 指数。和远根区相比，在 $d = 0$ 时，烟农 21 号对照土壤的 Shannon 指数升高了 57%，土霉素处理土壤升高了 50%；核优 1 号对照土壤的 Shannon 指数提高了 45%，土霉素处理土壤提高了 64%。烟农 21 土霉素处理土壤的 Simpon 指数提高了 28%，对照土壤提高了 41%；核优 1 号对照土壤提高了 36%，土霉素处理土壤提高了 43%。另外，比较两种小麦不同根区微生物功能多样性指数的大小，发现烟农 21 根区和远根区的微生物多样性指数较核优 1 号高，而近根区则相对较小，因此两种小麦对不同距离的根际土壤微生物功能多样性影响不同。

表 5.3　土霉素对黑土小麦根际微生物群落功能多样性变化的影响

处理	Shannon 指数	Simpon 指数	McIntosh 指数
		$d > 4$ mm	
烟农 21，CK	2.08±0.01a	22.53±0.16a	0.16±0.01b
烟农 21，100 ppm	1.55±0.01b	21.62±0.44a	0.22±0.01a
核优 1 号，CK	2.09±0.02a	21.74±1.10a	0.09±0.00c
核优 1 号，100 ppm	1.09±0.05c	17.62±1.65b	0.10±0.00c

处理	Shannon 指数	Simpon 指数	McIntosh 指数
	3 mm$<d<$4 mm		
烟农 21，CK	2.51 ± 0.00a	24.69±0.29a	0.26±0.01b
烟农 21，100 ppm	2.08 ± 0.09c	22.80±0.71b	0.29 ±0.01a
核优 1 号，CK	2.18 ± 0.02b	24.07±0.67a	0.24 ±0.02bc
核优 1 号，100 ppm	2.18 ± 0.00b	22.04±0.62b	0.28±0.02ab
	2 mm$<d<$3 mm		
烟农 21，CK	2.52±0.00a	26.67±0.13a	0.33 ±0.01c
烟农 21，100 ppm	2.33±0.04b	24.33±0.46c	0.41±0.03a
核优 1 号，CK	2.32±0.09b	25.25±0.06b	0.38 ±0.00ab
核优 1 号，100 ppm	2.44±0.06a	23.53±0.15d	0.36 ±0.00b
	1 mm$<d<$2 mm		
烟农 21，CK	2.57±0.04ab	27.11±0.13a	0.38 ±0.02c
烟农 21，100 ppm	2.46±0.02b	25.66±0.22b	0.51 ±0.01a
核优 1 号，CK	2.65±0.11a	25.90±0.61b	0.47±0.00b
核优 1 号，100 ppm	2.58±0.03a	25.73±0.23b	0.46 ±0.01b
	0$<d<$1 mm		
烟农 21，CK	2.66±0.04b	28.51±0.18a	0.50±0.02c
烟农 21，100 ppm	2.65±0.11b	27.84±0.42a	0.63±0.01b
核优 1 号，CK	2.93±0.09a	28.41±0.31a	0.62±0.01b
核优 1 号，100 ppm	2.88±0.02a	27.57±0.90a	1.31±0.10a
	$d=0$		
烟农 21，CK	4.79±0.03a	38.36±0.83a	0.53±0.02c
烟农 21，100 ppm	3.11±0.09c	30.17±0.15c	1.21±0.01b
核优 1 号，CK	3.82±0.23b	34.12±1.77b	1.35±0.11ab
核优 1 号，100 ppm	3.05±0.03c	31.26±1.01c	1.44±0.11a

注：数据为平均值±标准差(n=3)，平均值后不同的小写字母(a,b,c)表示同一根距各处理间存在显著差异($P<0.05$)

2）红壤

土霉素对红壤小麦根际土壤微生物功能多样性指数的影响见表 5.4。由表 5.4 可知，土霉素处理降低了红壤两个小麦根际 Shannon 指数。在 $d>$4 mm（远根区）时，土霉素对两个小麦根际微生物功能多样性影响不明显。无论是否添加土霉素，随着距离根表的距离变小，两个小麦的 Shannon 指数增加，这与黑土中的变化趋势类似。在 $d=0$（根区），两个小麦的处理与对照之间差异显著。土霉素对红壤小麦根际微生物 Simpon 指数的影响和 Shannon 指数一致。土霉素处理后降低了两种小麦的 Simpon 指数。在 $d=0$ 时，土霉素处理降低了两个小麦根际 McIntosh 指数。无论是否添加土霉素，随着距根表的距离减小，两个小麦的 McIntosh 指数都呈现上升的趋势，但是它们之间的差异在远根区和部分近根区不明显。在距离根区 1 mm 和根区，土霉素处理显著降低了两个小麦的 McIntosh 指数。

表 5.4　土霉素对红壤小麦根际微生物群落功能多样性变化的影响

处理	Shannon 指数	Simpon 指数	McIntosh 指数
	$d>4$ mm		
烟农 21，CK	2.68±0.01a	23.07 ±0.11a	1.16±0.00a
烟农 21，200 ppm	2.56±0.03b	21.93 ±0.08b	1.14±0.01a
核优 1 号，CK	2.68±0.01a	21.76±0.11b	1.14±0.03a
核优 1 号，200 ppm	2.55±0.03b	20.96 ±0.01c	1.05±0.01b
	3 mm$<d<4$ mm		
烟农 21，CK	2.73 ± 0.01a	23.44±0.05a	1.24 ±0.01a
烟农 21，200 ppm	2.67 ± 0.00b	22.67±0.06b	1.18±0.02b
核优 1 号，CK	2.72 ± 0.01a	22.60±0.22b	1.17 ±0.02b
核优 1 号，200 ppm	2.62 ± 0.00c	21.79±0.20c	1.13±0.01c
	2 mm$<d<3$ mm		
烟农 21，CK	2.77±0.01b	23.85±0.03a	1.26 ±0.01a
烟农 21，200 ppm	2.84±0.01a	23.14±0.04c	1.25±0.01a
核优 1 号，CK	2.74±0.01b	23.36±0.03b	1.21 ±0.00b
核优 1 号，200 ppm	2.67±0.02c	22.22±0.18d	1.17 ±0.01c
	1 mm$<d<2$ mm		
烟农 21，CK	2.81±0.01b	24.46±0.23a	1.34 ±0.04a
烟农 21，200 ppm	2.86±0.01a	24.04±0.04b	1.33 ±0.01a
核优 1 号，CK	2.79±0.00b	23.55±0.11c	1.21 ±0.01b
核优 1 号，200 ppm	2.77±0.04b	22.22±0.18d	1.20 ±0.01b
	$0<d<1$ mm		
烟农 21，CK	2.90±0.03a	24.78±0.08a	1.67±0.01a
烟农 21，200 ppm	2.87±0.00a	24.34±0.06b	1.42±0.01b
核优 1 号，CK	2.84±0.01b	24.03±0.00c	1.34±0.06c
核优 1 号，200 ppm	2.83±0.01b	23.38±0.03d	1.27±0.02d
	$d=0$		
烟农 21，CK	3.02±0.01a	24.93±0.03a	2.11±0.02a
烟农 21，200 ppm	2.97±0.01b	24.42±0.02b	1.50±0.04c
核优 1 号，CK	3.02±0.02a	24.18±0.17c	1.64±0.06b
核优 1 号，200 ppm	2.93±0.01b	23.79±0.07d	1.38±0.06d

注：数据为平均值±标准差（$n=3$），平均值后不同的小写字母（a,b,c）表示同一根距各处理间存在显著差异（$P<0.05$）

3）潮土

　　土霉素对潮土小麦根际土壤微生物功能多样性的影响见表 5.5。由表 5.5 可知，土霉素处理降低了潮土中两个小麦根际微生物群落 Shannon 指数。无论是否添加土霉素，随着距离根表的距离减小，两个小麦的 Shannon 指数呈现上升的趋势，距离根表越近土霉素处理与对照土壤的差异越显著，说明距离根表越近，微生物功能多样性越丰富，受土霉素影响越大。土霉素对潮土根际微生物 Simpon 指数的影响与 Shannon 指数一致。土霉素对潮土 McIntosh 指数的影响有所不同。土霉素处理后，烟农 21 根际 McIntosh 指数对照比添加土霉素处理低。土霉素处理后降低了核优 1 号 McIntosh 指数。

表 5.5　土霉素对潮土小麦根际微生物群落功能多样性变化的影响

处理	Shannon 指数	Simpon 指数	McIntosh 指数
$d>4$ mm			
烟农 21，CK	2.52±0.01a	24.99±0.86a	0.30±0.00c
烟农 21，200 ppm	2.21±0.01c	22.82 ±0.37b	0.55±0.00b
核优 1 号，CK	2.48±0.01b	21.72±0.58b	0.55±0.00b
核优 1 号，200 ppm	2.18±0.01d	19.00 ±0.71c	0.94±0.01a
3 mm$<d<$4 mm			
烟农 21，CK	2.57 ± 0.00a	29.55±0.33a	0.36 ±0.00d
烟农 21，200 ppm	2.37 ± 0.00b	25.09±0.86b	0.83 ±0.01c
核优 1 号，CK	2.56 ± 0.01a	23.02±0.72c	1.07 ±0.01a
核优 1 号，200 ppm	2.29 ± 0.01c	20.57±0.51d	0.88±0.01b
2 mm$<d<$3 mm			
烟农 21，CK	2.73±0.00a	29.73±0.77a	0.37 ±0.00d
烟农 21，200 ppm	2.40±0.00d	26.19±0.11b	0.85±0.00c
核优 1 号，CK	2.66±0.00b	24.02±0.83c	1.20±0.00a
核优 1 号，200 ppm	2.43±0.01c	23.25±0.14c	1.06 ±0.01b
1 mm$<d<$2 mm			
烟农 21，CK	2.79±0.01a	29.88±0.78a	0.44 ±0.01d
烟农 21，200 ppm	2.46±0.00c	26.80±0.00b	1.08 ±0.00c
核优 1 号，CK	2.78±0.01a	25.81±0.40b	1.29 ±0.00a
核优 1 号，200 ppm	2.55±0.00b	23.95±0.92c	1.23 ±0.01b
0$<d<$1 mm			
烟农 21，CK	3.03±0.00a	30.24±0.25a	0.45±0.00c
烟农 21，200 ppm	2.65±0.00c	27.88±0.65b	1.32±0.08ab
核优 1 号，CK	2.84±0.00b	27.52±0.32b	1.35±0.01a
核优 1 号，200 ppm	2.59±0.00d	25.23±0.33c	1.27±0.01b
$d=0$			
烟农 21，CK	3.08±0.00a	32.57±0.43a	1.17±0.00d
烟农 21，200 ppm	2.78±0.01c	28.46±0.43b	1.44±0.00a
核优 1 号，CK	2.93±0.01b	27.54±0.45b	1.42±0.01b
核优 1 号，200 ppm	2.72±0.00d	27.96±0.69b	1.39±0.00c

注：数据为平均值±标准差（$n=3$），平均值后不同的小写字母(a,b,c)表示同一根距各处理间存在显著差异（$P<0.05$）

通过以上研究发现，添加土霉素降低了土壤微生物功能多样性指数。不同的土壤土霉素处理后的影响趋势是不一致的，不同的小麦品种根际土壤微生物功能多样性对土霉素的添加响应也不同。就红壤来说，土霉素处理后降低了两个小麦品种根表不同距离土壤微生物的 Shannon、Simpson 和 McIntosh 指数。无论是否添加土霉素，两个小麦随着距根表距离的增加土壤的 Shannon、Simpson 和 McIntosh 指数呈下降趋势。无论是否添加土霉素，黑土两个小麦品种的 Shannon、Simpson 和 McIntosh 指数都是随着距根表距离的增加呈下降趋势。和红壤不同的是，添加土霉素显著降低了黑土两个小麦的根区、近根区和远根区的 Shannon、Simpson 指数，显著增加了两个小麦品种根区、近根区、远根区 McIntosh 指数。无论是否添加土霉素潮土两个小麦品种 Shannon、Simpson 和 McIntosh 指数都随距根表距离的增加呈下降趋势。添加土霉素的处理与红壤和黑土不同。土霉素处理显著降低了潮土小麦两个品种根区、近根区和远根区的 Shannon、Simpson 指数。对于 McIntosh 指数而言，土霉素处理显著降低了潮土核优 1 号根际 McIntosh 指数，显著增加了烟农 21 根区、近根区、远根区 McIntosh 指数。

4. 土霉素胁迫下不同土壤小麦根际微生物群落功能多样性的主成分分析

1）黑土

31 种碳源的测定结果形成了描述土壤微生物群落功能多样性的多元向量，不易直观比较，因此应用主成分分析来分析土壤微生物对 Biolog-Eco 微平板上 31 种碳源的利用情况。采用土壤微生物在 Biolog 微平板上培养至 96 h 的读数进行分析，可以部分的解释土霉素污染对土壤微生物群落功能多样性的影响。

图 5.41 描述了黑土烟农 21 根际土壤微生物利用碳源类型的主成分分析，2 个

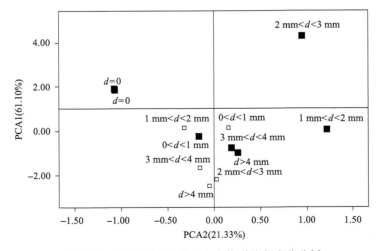

图 5.41　黑土烟农 21 样品微生物群落主成分分析

□烟农 21 号，CK；■烟农 21 号，100 ppm，$d=0$ 根区；$0<d<1$ mm，距根区 1 mm；1 mm$<d<2$ mm，距根区 2mm；2 mm$<d<3$ mm，距根区 3 mm；3 mm$<d<4$ mm，距根区 4 mm；$d>4$ mm，远根区

主成分因子的特征值之和达到总方差的 82.43%，其中主成分 1 的特征值达到总方差的 61.10%。

从表 5.6 可以看出胺类、氨基酸类、羧酸类、双亲化合物、糖类在第一主成分上有较高的载荷，说明第一主成分基本反映了五类碳源的信息。而聚合物在第二主成分上有较高的载荷，说明第二主成分基本反映了双亲化合物的信息，所以可以说两个主成分基本代表了六类碳源的几乎全部信息。

表 5.6　黑土烟农 21 两个提取主成分的贡献

类型	成分	
	1	2
胺类	0.844	−0.280
氨基酸类	0.903	−0.180
羧酸类	0.792	0.344
双亲化合物	0.914	0.110
聚合物	0.549	0.778
糖类	0.611	−0.658

从图 5.41 中可以看出根际效应和土霉素污染处理对黑土烟农 21 在两个主成分上的分离程度有很大的影响。在 $d>4$ mm（远根区），黑土烟农 21 的对照和添加土霉素处理土壤仅在主成分 1 上产生很小程度的分离。在 3 mm$<d<$4 mm（距根区 4 mm），黑土烟农 21 的对照和处理也是在主成分 1（PCA1）上产生较小程度的分离。在 2 mm$<d<$3 mm（距根区 3 mm），对照和土霉素处理土壤在两个主成分上的分离程度最大。在 1 mm$<d<$2 mm（距根区 2 mm），黑土烟农 21 的对照和处理在两个主成分上产生较大的分离。在 0 mm$<d<$1 mm（距根区 1 mm），对照和处理仅在主成分 1 产生较小的分离。而在 $d=0$（根区）的区域，黑土烟农 21 的对照 CK 和处理几乎没有产生分离。

图 5.42 黑土核优 1 号根际土壤微生物利用碳源类型的主成分分析中，两个主成分因子的特征值之和达到总方差的 96.72%，其中主成分 1 的特征值达到总方差的 82.01%。

从表 5.7 可以看出胺类、氨基酸类、羧酸类、双亲化合物、聚合物在第一主成分上有较高的载荷，说明第一主成分基本反映了五类碳源的信息。而糖类在第二主成分上有较高的载荷，说明第二主成分基本反映了双亲化合物的信息，所以可以说两个主成分基本代表了六类碳源的几乎全部信息。

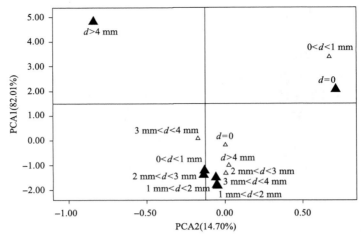

图 5.42　黑土核优 1 号样品微生物群落主成分分析

△核优 1 号，CK；▲核优 1 号，100 ppm；0<*d*<1 mm，距根区 1 mm；1 mm<*d*<2 mm，距根区 2 mm；
2 mm<*d*<3 mm，距根区 3 mm；3 mm<*d*<4 mm，距根区 4 mm；*d*>4 mm，远根区

表 5.7　黑土核优 1 号两个提取主成分的贡献

类型	成分	
	1	2
胺类	0.923	−0.364
氨基酸类	0.951	−0.140
羧酸类	0.986	0.044
双亲化合物	0.905	0.397
聚合物	0.863	−0.467
糖类	0.792	0.594

　　从图中可以看出根际效应和土霉素污染处理对黑土核优 1 号在两个主成分上的分离程度有很大的影响。在 *d*>4 mm（远根区），添加土霉素处理后使黑土核优 1 号与对照土壤在 2 个主成分上产生最大限度的分离。随着距离根表距离的减小，黑土核优 1 号对照和处理分离程度也相应减小。在 3 mm<*d*<4 mm（距根区 4 mm）和 2 mm<*d*<3 mm（距根区 3 mm）时，黑土核优 1 号的对照和处理仅在主成分 1（PCA1）上产生较小程度的分离。在 1 mm<*d*<2 mm（距根区 2 mm），黑土核优 1 号的对照和处理在两个主成分上几乎没有分离。在 0<*d*<1 mm（距根区 1 mm）的时候处理和对照在 2 个主成分上产生较大的分离。在 *d*=0（根区）黑土核优 1 号的处理和对照仅在主成分 2（PCA 2）上产生较小的分离。

　　2）红壤

　　图 5.43 描述了红壤烟农 21 根际土壤微生物利用碳源类型的主成分分析，由图 5.43 可知，两个主成分因子的特征值之和达到总方差的 87.22%，其中主成分 1

的特征值达到总方差的 60.37%。

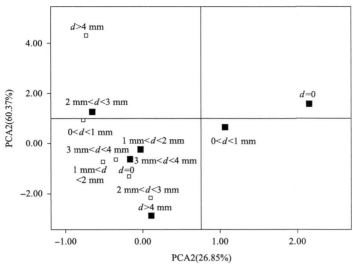

图 5.43　红壤烟农 21 样品微生物群落主成分分析

□烟农 21, CK；■烟农 21, 200 ppm; $0<d<1$ mm, 距根区 1 mm; 1 mm$<d<2$ mm, 距根区 2mm; 2 mm$<d<3$ mm, 距根区 3mm; 3 mm$<d<4$ mm, 距根区 4mm; $d>4$ mm, 远根区

　　从表 5.8 可以看出，羧酸类、氨基酸类、聚合物、双亲化合物、糖类在第一主成分上有较高的载荷，说明第一主成分基本反映了五类碳源的信息。而胺类在第二主成分上有较高的载荷，说明第二主成分基本反映了双亲化合物的信息，所以可以说两个主成分基本代表了六类碳源的几乎全部信息。

表 5.8　红壤烟农 21 两个提取主成分的贡献

类型	成分	
	1	2
胺类	0.535	0.822
氨基酸类	0.897	−0.339
羧酸类	0.768	−0.449
双亲化合物	0.887	0.103
聚合物	0.810	−0.429
糖类	0.706	0.655

　　从图 5.43 中可以看出根际效应和污染处理对红壤烟农 21 在两个主成分上的分离程度有显著的影响。在远根区，红壤烟农 21 对照 CK 和处理 200 ppm 在两个主成分上的分离程度最大。在距根区 4 mm 和距根区 2 mm 的区域，对照 CK 和处理 200 ppm 没有产生分离。在距根区 3 mm 的区域,处理和对照仅在第二主成分（PCA2）

上有较小的分离。在根区处理 200 ppm 和对照 CK 在两个主分上产生很大的分离。

图 5.44 描述了红壤核优 1 号根际土壤微生物利用碳源类型的主成分分析，两个主成分因子的特征值之和达到总方差的 85.72%，其中主成分 1 的特征值达到总方差的 68.33%。

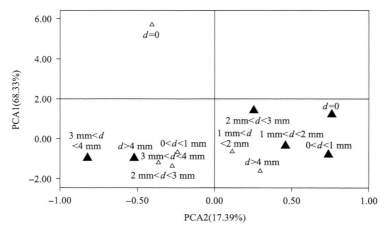

图 5.44　红壤核优 1 号样品微生物群落主成分分析

△核优 1 号，CK；▲核优 1 号，100 ppm；0<d<1 mm，距根区 1 mm；1 mm<d<2 mm，距根区 2 mm；
2 mm<d<3 mm，距根区 3 mm；3 mm<d<4 mm，距根区 4 mm；d>4 mm，远根区

从表 5.9 可以看出，胺类、氨基酸类、聚合物、双亲化合物、糖类在第一主成分上有较高的载荷，说明第一主成分基本反映了五类碳源的信息。而羧酸类在第二主成分上有较高的载荷，说明第二主成分基本反映了双亲化合物的信息，所以可以说两个主成分基本代表了六类碳源的几乎全部信息。

表 5.9　红壤核优 1 号两个提取主成分的贡献

类型	成分	
	1	2
胺类	0.908	0.309
氨基酸类	0.858	0.252
羧酸类	−0.530	0.812
双亲化合物	0.780	−0.345
聚合物	0.914	0.311
糖类	0.930	−0.091

从图 5.44 可以看出，根际效应和土霉素污染处理对红壤核优 1 号在两个主成分上的分离程度有很大的影响。在 d=0（根区）核优 1 号的对照 CK 和 200 mg/kg 土霉素处理在两个主成分的分离程度达到了最大。在 0<d<1 mm（距根区 1 mm）

和 2 mm<d<3 mm(距根区 3 mm)的区域，200 mg/kg 土霉素处理和对照 CK 在两个主成分上都产生很大程度的分离。在 1 mm<d<2 mm(距根区 2 mm)和 3 mm<d<4 mm(距根区 4 mm)核优 1 号的处理和对照没有产生分离。在 d>4 mm(远根区)，核优 1 号的处理和对照在两个主成分上产生很大的分离。

　　3)潮土

　　图 5.45 描述了潮土烟农 21 根系土壤微生物利用碳源类型的主成分分析。由图 5.45 可知，两个主成分因子的特征值之和达到总方差的 89.49%，其中主成分 1 的特征值达到总方差的 76.01%。从表 5.10 可知，胺类、氨基酸类、羧酸类、聚合物、糖类在第一主成分上有较高的载荷，说明第一主成分基本反映了五类碳源的信息。而双亲化合物在第二主成分上有较高的载荷，说明第二主成分基本反映了双亲化合物的信息，所以可以说两个主成分基本代表了六类碳源的几乎全部信息。

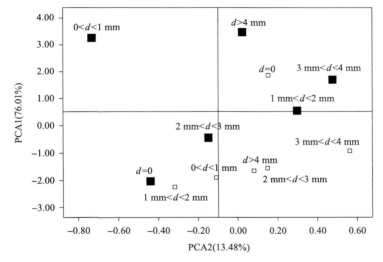

图 5.45　潮土烟农 21 样品微生物群落主成分分析

□烟农 21，CK；■烟农 21，200 ppm；0<d<1 mm，距根区 1 mm；1 mm<d<2 mm，距根区 2 mm；2 mm<d<3 mm，距根区 3 mm；3 mm<d<4 mm，距根区 4 mm；d>4 mm，远根区

表 5.10　潮土烟农 21 两个提取主成分的贡献

类型	成分	
	1	2
胺类	0.850	−0.409
氨基酸类	0.902	−0.326
羧酸类	0.930	0.195
双亲化合物	0.715	0.665
聚合物	0.903	−0.175
糖类	0.911	0.156

从图 5.45 可以看出，根际效应和污染处理对潮土烟农 21 在两个主成分上的分离程度产生很大的影响。在 $d>4$ mm（远根区），土霉素处理后使潮土烟农 21 与对照土壤在两个主成分上产生最大限度的分离。在 $0<d<4$ mm 时和根区，潮土烟农 21 的对照和处理在两个主成分上产生较大程度的分离。图 5.46 描述了潮土核优 1 号根际土壤微生物利用碳源类型的主成分分析中，两个主成分因子的特征值之和达到总方差的 85.57%，其中主成分 1 的特征值达到总方差的 64.48%，而且两个主成分基本代表了六类碳源的几乎全部信息。

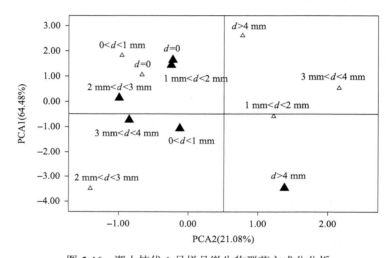

图 5.46　潮土核优 1 号样品微生物群落主成分分析

△核优 1 号，CK；▲核优 1 号，100 ppm；$0<d<1$ mm，距根区 1 mm；1 mm$<d<2$ mm，距根区 2 mm；

2 mm$<d<3$ mm，距根区 3 mm；3 mm$<d<4$ mm，距根区 4 mm；$d>4$ mm，远根区

从表 5.11 中可以看出，胺类、氨基酸类、羧酸类、双亲化合物、聚合物在第一主成分上有较高的载荷，说明第一主成分基本反映了五类碳源的信息。而糖类在第二主成分上有较高的载荷，说明第二主成分基本反映了糖类的信息。所以提取的两个主成分是可以基本反映六类碳源的信息。

表 5.11　潮土核优 1 号两个提取主成分的贡献

类型	成分	
	1	2
胺类	0.893	−0.172
氨基酸类	0.904	−0.183
羧酸类	0.892	−0.139
双亲化合物	0.735	0.584
聚合物	0.769	−0.536
糖类	0.572	0.745

从图 6.45 可以看出，根际效应和污染处理对潮土核优 1 号在两个主成分上的分离程度有很大的影响。在 $d>4$ mm（根区），土霉素处理后使潮土核优 1 号与对照土壤在两个主成分上产生最大限度分离。随着距根距离的减小，潮土核优 1 号对照和处理的分离程度越来越低，仅在主成分 1 上有较小程度的分离。在 $d=0$（根区）的时候，潮土核优 1 号对照和处理在两个主成分上几乎没有产生分离。

通过以上研究可知，黑土烟农 21 PCA1 解释了微生物群落结构变化中 61.10% 的变异，PCA2 解释了 21.33% 的变异。黑土烟农 21 未添加土霉素的对照土壤根区、近根区和远根区集中分布在 3、4 象限的坐标轴附近。添加土霉素处理后黑土烟农 21 的根区、近根区、远根区分散分布在 1、2、3、4 象限里。黑土核优 1 号 PCA1 解释了微生物群落结构变化中 82.01% 的变异，PCA2 解释了 14.70% 的变异。黑土核优 1 号对照土壤的根区、近根区和远根区集中分布在 3、4 象限的坐标轴附近。添加土霉素处理后土壤根区分布在 1 象限，远根区分布在 2 象限，而近根区分布在 3、4 象限里。红壤烟农 21 PCA1 解释了微生物群落结构变化中 60.37% 的变异，PCA2 解释了 26.85% 的变异。红壤烟农 21 未添加土霉素对照土壤集中分布第三象限。添加土霉素处理的土壤细菌群落对底物碳源的代谢特征产生了显著的差异，根区分布在第一象限，大部分近根区和远根区分布在第三象限，部分近根区 2 mm＜ d＜3 mm 分布在第二象限，0＜d＜1 mm 在第四象限。红壤核优 1 号 PCA1 解释了微生物群落结构变化中 68.33% 的变异，PCA2 解释了 17.39% 的变异。红壤核优 1 号未添加土霉素的对照土壤的近根区和远根区集中分布在 3、4 象限靠近坐标轴的区域，根区分布在第二象限。土霉素处理土壤根区、近根区和远根区分散分布在 3、4 象限里。潮土烟农 21 PCA1 解释了微生物群落结构变化中 76.01% 的变异，PCA2 解释了 13.48% 的变异。潮土烟农 21 对照土壤根区、近根区和远根区集中分布在 3、4 象限里。添加土霉素污染的土壤分散分布在 1、2、3、4 象限。潮土核优 1 号 PCA1 解释了微生物群落结构变化中 64.48% 的变异，PCA2 解释了 21.08% 的变异。潮土核优 1 号对照土壤根区、近根区和远根区集中分布在 1、2 象限，土霉素处理后根区、近根区和远根区分散分布在 2、3、4 象限。说明土霉素处理是导致土壤细菌群落代谢功能产生差异的主导因素。

参 考 文 献

孔维栋. 2006. 土霉素在土壤-植物系统中的行为及对土壤微生物群落的影响. 北京: 中国科学院生态环境研究中心.

Kumar K, Gupta S C, Chander Y, et al. 2005. Antibiotic use in agriculture and their impact on terrestrial environment. Advances in Agronomy, 87: 1-54.

Schutter M, Sandeno J, Dick R. 2001. Seasonal, soil type, and alternative management influences on microbial communities of vegetable cropping systems. Biology and Fertility of Soils, 34(6): 397-410.

Zhou L X, Ding M M. 2007. Soil microbial characteristics as bio-indicators of soil health. Biodiversity Science, 15: 162-171.

第6章　植物对典型抗生素的吸收及响应

抗生素可通过根系吸收进入植物体内。一些试验研究已表明,土壤与水体中抗生素污染可以对植物生长产生一定的影响(金彩霞等, 2015; Pan et al., 2017b; Azanu et al., 2016; Dong et al., 2013),并可通过食物链给人类健康带来不可预测的潜在威胁。已开展的抗生素污染对植物生长的影响研究主要为水培试验,少数涉及土培试验,但不同试验之间的结果/结论有较大的差异。此外,目前国内外有关抗生素对植物影响的研究多局限于对植物种子发芽、根长、株高等方面的影响(Xie et al., 2010)。而缺少土壤性质、微生物活性和植物生长等因素与抗生素相互作用及其机理方面的研究。

6.1　典型抗生素在土壤-蔬菜系统中的迁移规律

6.1.1　典型抗生素在土壤/水溶液-菠菜系统中的迁移规律

1. 试验设计及研究方法

1)供试抗生素

本研究所选两种抗生素分别为泰乐菌素和庆大霉素,分属于大环内酯类和氨基糖苷类抗生素。泰乐菌素是使用量最大的大环内酯类兽药,是由弗氏链霉素(*Streptomyces fradiae*)液体培养所得到的兽药,是世界公认的治疗和预防畜禽支原体感染的首选药物(王艳等, 2015; Papich, 2016),约占我国年兽用抗生素消费总量的 50%(Zhang et al., 2015)。庆大霉素是由我国独立自主研发的氨基糖苷类抗生素,是由棘孢小单孢菌和绛红小单孢菌等发酵产生的多组分化合物,现已广泛用于人与动物的疾病防治,约占我国年兽用抗生素消费总量的 0.3%,但庆大霉素在环境中不易光解/热解且极易溶于水而被在环境中频繁检出,已成为一种"假持久性有机污染物"。两种抗生素的理化性质见表 6.1。

表 6.1　泰乐菌素和庆大霉素的理化性质

抗生素	分子式	缩写	分子量	pK_a	log K_{ow}	CAS 号
泰乐菌素	$C_{46}H_{77}NO_{17}$	TYL	916.10	7.73	3.5	1401-69-0
庆大霉素	$C_{21}H_{43}N_5O_7$	GM	478.4	—	—	1403-66-3

2) 水培试验设计与实施

通过水培法对菠菜中 TYL 和 GM 的吸收转运情况进行研究。设 3 个处理，每个处理重复 5 次。处理 1：营养液中 TYL 浓度为 10 mg/L；处理 2：营养液中 GM 浓度为 10 mg/L；处理 3：空白对照 CK（不加任何抗生素）。水培营养液采用改良霍格兰营养液，大量元素配方为（g/L）：0.493 $MgSO_4 \cdot 7H_2O$，0.506 KNO_3，0.136 KH_2PO_4，1.181 $Ca(NO_3)_2 \cdot 7H_2O$，微量元素配方为（mg/L）：2.78/3.73 $FeSO_4$/EDTA-Na$_2$，1.180 $MnCl_2 \cdot 4H_2O$，0.063 $H_2MoO_4 \cdot 4H_2O$，0.220 $ZnSO_4 \cdot 7H_2O$，0.079 $CuSO_4 \cdot 7H_2O$，2.860 H_3BO_3。处理时长为 72 h，分别采收菠菜的地上、地下部分，并用流动的去离子水对地下部分冲洗 2 min。采收的植物样品充分冷冻干燥研磨后过 2 mm 筛，分别采用酸化乙腈提取法和 732 树脂-氨水提取法对植物中的 TYL 和 GM 进行提取（Feng et al.，2018；章程等，2018），待测液储存于 1.5 mL 棕色进样瓶中，置于 4℃冰箱，即时上机检测，同时收集各处理后营养液，用 1 mL 一次性注射器吸取后，过 0.22 μm 玻璃纤维滤膜于 1.5 mL 的棕色进样瓶中，存放于 4℃冰箱，即时上机检测。

采用高效液相色谱法串联质谱法（HPLC-MS/MS）检测样品中的 GM 和 TYL 含量。HPLC 为 Agilent 1200 高效液相色谱，色谱柱选用 Waters Sunfire C$_{18}$ 色谱柱（150 mm×4.6 mm，3.5 μm）。柱温 35℃，进样体积 5 μL。流动相由含 0.1%（体积比）甲酸水溶液（A）和乙腈（B）组成，GM 的液相方法为 0~6 min，20% B；TYL 的液相方法为 0~10 min，38% B。Agilent 6410 三重四极杆质谱分析仪，电喷雾离子源（ESI），阳离子，多反应监测模式（MRM），质谱优化参数如表 6.2。

表 6.2　GM 和 TYL 测定的质谱条件

抗生素	母离子（m/z）	定量离子（m/z）	碰撞电压（eV）	定性离子（m/z）	碰撞电压（eV）	碎裂电压（V）
GM-C1	478.4	322.5	15	322.1	16	130
GM-C1a	450.3	322.4	18	322.4	16	130
GM-C2+C2a	464.3	322.3	16	322.0	15	130
TYL	961.9	173.8	50	145.1	50	130

抗生素标准品 TYL（97%）购于德国 Dr. Ehrenstorfer 公司，准确称取 0.0103 g TYL 于 100 mL 棕色容量瓶中，用甲醇溶解并定容，配制成 100 mg/L 的 TYL 储备液；GM（99%）购于山东只楚药业，准确称取 0.0100 g GM 于 100 mL 棕色容量瓶中，用超纯水溶解并定容，配制成 100 mg/L 的 GM 储备液；两种储备液均避光密封保存于 4℃冰箱，有效期为 1 个月。各浓度梯度标准溶液（0.1 mg/L、0.5 mg/L、1 mg/L、5 mg/L、10 mg/L）均由储备液加甲醇/超纯水稀释配制而成。

抗生素在根系中和茎叶中的富集系数计算方法如下：

$$RCF = \frac{C_R}{C_L} \tag{6.1}$$

$$SCF = \frac{C_S}{C_L} \tag{6.2}$$

$$TF(\%) = \frac{C_S}{C_R} \times 100 = \frac{SCF}{RCF} \times 100 \tag{6.3}$$

式(6.1)中，RCF 为根系富集系数；C_R 为根系中某一种抗生素浓度，mg/kg；C_L 为土壤中某一种抗生素浓度，mg/kg。式(6.2)中，SCF 为茎叶富集系数；C_S 为茎叶中某一种抗生素浓度，mg/L；C_L 为溶液中一种抗生素浓度，mg/L。式(6.3)中，TF(%)为抗生素在植株中从地下部分转运到地上部分的转运系数。

3）土培试验设计与实施

本研究所用潮土采自中国农业科学院廊坊基地休耕一年表层土（0～20 cm），经自然风干后研磨过 5 mm 筛。将风干土样充分混匀后对土壤样品进行理化性质分析（表 6.3）。pH 和电导率（EC）在 1∶10（质量体积比）土壤∶水（0.01 mol/L CaCl$_2$）悬浮液中采用 pH 计和电导计进行分析。有机质采用重铬酸钾氧化法测定。采用浓硫酸-凯氏定氮法测定土壤中总氮（TN）（鲍士旦，2000）。

表 6.3　供试土壤基础理化性质

	pH	EC (μS/cm)	OM (g/kg)	TN (g/kg)
供试土壤	8.75	178.15	13.23	0.23

本研究设 5 个处理（表 6.4），每个处理重复 3 次。将风干土平铺于塑料布上，用喷雾器喷洒抗生素标液、液体微生物菌剂，同时不断翻搅，使土壤与抗生素、菌剂充分混匀，其中两种外源抗生素添加量均为 50 mg/kg；庆大霉素降解菌 FZC3 接种量为 2.5%（体积比），干物质量为 8.2 g/L；泰乐菌素降解菌无色杆菌接种量为 1×10^9 CFU/kg。加蒸馏水调节处理后的土壤初始含水量为 65%（质量含水量），随后装入培养装置中（培养装置长宽高分别为 30 cm×15 cm×20 cm 的黑色亚克力板黏合箱体），每装置装风干土 8 kg。挑选饱满完整菠菜种子（菠菜 1 号，中蔬种业科技有限公司），放置于 70%的乙醇中表面消毒 30 min，再用超纯水冲洗 10 min 后置于有润湿滤纸培养皿中，人工培养箱中避光培养 3 天（日温 20℃，夜温 18℃，湿度为 60%），挑选生长均一的菠菜苗移栽于装置中，每装置平行定植 12 株菠菜苗，维持土壤湿度为田间持水量 65%。然后置于玻璃温室中，温室内人工补光 12 h（早 8:00～晚 8:00），日温 21℃±1℃/夜温 16℃±1℃，空气相对湿度为 47%～55%，装置中土温度波动范围为 15℃±0.73℃。菠菜生长 56 天。

表 6.4　处理对应加入的抗生素和外源菌情况

处理名称	土壤类型	外源添加抗生素	外源添加降解菌
CGF	潮土	GM	FZC3
CG	潮土	GM	无
CTW	潮土	TYL	无色杆菌
CT	潮土	TYL	无
CMM	潮土	GM+TYL	FZC3+无色杆菌
CM	潮土	GM+TYL	无
CC	潮土	无	无

分别在第 0、7、14、28、42 和 56 天进行土壤样品的采集，即在同一装置中随机选取 3 点利用小型土壤采样器（型号为 TC-601-A2，钻头直径为 38 mm）纵向采集土壤样品（16 cm 土柱，避开菠菜根系范围）并混合均匀，采集后通过松土及浇水使土壤土层恢复平整。然后将采集的土壤试验样品放于–20℃冰箱中保存待统一提取测定。

栽培第 56 天后将菠菜整株从土壤中分离，进行表面清洗，并将地上、地下部分分开放置，避光充分冷冻干燥后研磨过 2 mm 筛，避光密封保存于–20℃冰箱中，待进一步处理。

本研究植物中和土壤中 GM 的提取方法为 732 树脂-氨水提取法（章程等，2018；Liu et al., 2016）。植株中 TYL 的提取方法为酸化乙腈提取法（Feng et al., 2018），土壤中 TYL 的提取方法为 EDTA-McIlvaine 提取法（Feng et al., 2016）。采用上述抗生素提取方法，潮土中 GM 的回收率为 80.8%（RSD 为 7.8%），TYL 的回收率为 86.9%（RSD 为 1.3%）。土壤中 GM 和泰乐菌素的残留率计算公式如下：

$$R(\%) = \frac{C_t}{C_0} \times 100 \tag{6.4}$$

式中，R 为抗生素残留率；C_t 为时间 t(d) 时残留的抗生素浓度，mg/kg；C_0 为抗生素起始浓度，mg/kg。

2. 典型抗生素在水溶液-菠菜系统中的迁移规律

在抗生素浓度为 10 mg/L 的营养液中培养 3 天后，菠菜根中 GM 浓度为 11.041 mg/kg，茎叶中浓度为 4.299 mg/kg，溶液中残留浓度为 6.03 mg/L；菠菜根中泰乐菌素浓度为 0.734 mg/kg，茎叶中浓度为 0.022 mg/kg，溶液中浓度为 7.826 mg/L。由此可知 GM 在水培菠菜中的 RCF 值为 1.831，SCF 值为 0.713，TF 为 0.389；泰乐菌素在水培菠菜中 RCF 值为 0.094，SCF 值为 0.003，TF 为 0.030。

说明水溶性的 GM 在菠菜-营养液系统中的迁移能力远高于 TYL。

3. 典型抗生素在土壤-菠菜系统的迁移规律

1) 土壤典型抗生素残留情况

不同时期各处理土壤中 GM 和 TYL 的残留情况如图 6.1 所示。由图 6.1（a）可以看出，随着菠菜种植时间推移，各处理 GM 平均残留率从第 7 天的 56.62% 下降到第 56 天的 1.66%，表明菠菜种植过程土壤中的 GM 可以被有效去除；图 6.1（b）为不同时期各处理土壤中 TYL 的残留情况，随着种植时间的推移，各处理 TYL

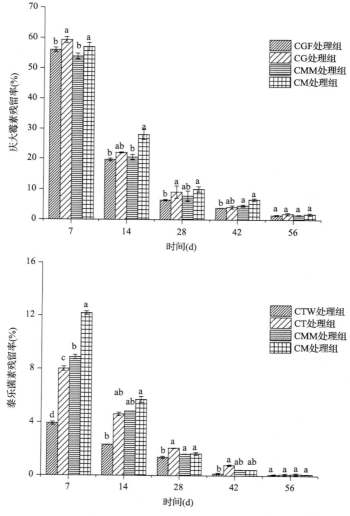

图 6.1　土壤中不同处理 GM（a）和 TYL（b）的残留率

数据为平均值（n=3），图中不同的小写字母表示同一种抗生素的转运系数处理间存在显著差异（P<0.05）

平均残留率从第 7 天的 8.25%下降到第 56 天的 0.1%，表明菠菜种植过程中 TYL 亦可被有效去除。章明奎等(2015)亦通过培养实验发现，不同浓度(1 mg/kg、5 mg/kg 和 20 mg/kg)的 TYL 在试验初期(20 天内)降解速率明显高于后期(50～100 天)，与本试验得出泰乐菌素前期(前 7 天)残留率下降速度显著高于后期(14～56 天)的结果相似。

　　由图 6.1(a)得知，比较不同时期处理 CGF 和 CG 中 GM 残留率，除了第 56 天以外，处理 CGF 中 GM 残留率显著低于处理 CG 中残留率，表明添加 GM 降解菌 FZC3 可以提高 GM 的去除效率，与堆肥中结果相似(Liu et al., 2016; Zhang et al., 2014)。比较不同时期处理 CG 和 CM 发现，两个处理中 GM 残留率差异不明显，表明土壤中添加 TYL 并没有对 GM 的去除造成影响。比较不同时期处理 CMM 和 CM 发现，除了第 56 天以外，处理 CMM 中 GM 残留率比处理 CM 中的显著降低，表明当土壤中有 GM 和泰乐菌素两种抗生素存在时，添加两种外源降解菌可以促进土壤中 GM 的去除。

　　由图 6.1(b)可知，第 7 天时 CTW、CT、CMM 和 CM 各处理间泰乐菌素残留率差异最大，分别为 3.92%、8.00%、8.89%和 12.19%。比较不同时期 CTW 和 CT 处理土壤中泰乐菌素残留率发现，除了第 56 天以外，处理 CTW 土壤中泰乐菌素残留率比处理 CT 土壤中的显著降低，表明添加外源降解菌可以显著提高土壤中泰乐菌素的去除效果。比较第 7 天时处理 CT 和 CM 发现，前者 TYL 残留率明显比后者低，表明当土壤中存在 GM 时泰乐菌素的去除效果受到影响。比较不同时期 CMM 和 CM 处理组发现，第 7 天时前者 TYL 残留率明显比后者低，而之后两者差异逐渐减小，即同时添加两种抗生素后，TYL 的去除效果受到影响，这可能是因为 GM 对土壤中 TYL 的降解菌产生了抑制作用，而第 7 天之后 CM 和 CT 处理间 TYL 残留率差异不明显，可能是因为随着 GM 的去除，其对 TYL 降解菌的影响逐渐减小的缘故。土壤中添加两种抗生素及其降解菌后，前期(前 7 天)均促进两种抗生素的去除，但随着盆栽时间的推移，该作用逐渐减小，这与堆肥中添加外源降解菌后抗生素的降解特点一致(Feng et al., 2016)。

　　2)土壤-菠菜系统典型抗生素向菠菜迁移的情况

　　不同处理菠菜体内 GM 的含量见图 6.2。由图 6.2 可知，培养 56 天后，在 50 mg/kg 抗生素和降解菌的处理中 GM 在菠菜体内有较大富集，但不同处理中 GM 在菠菜茎叶中的富集量无显著差异，富集量约为 4.502～5.146 mg/kg，SCF 值约为 0.089～0.103。不同处理中 GM 在菠菜根系中的富集量约为 2.843～3.862 mg/kg，RCF 值约为 0.058～0.075；即各处理 GM 在菠菜中的转运系数 TF 值变化范围为 1.18～1.6(无显著差异)；对比营养液-菠菜系统，菠菜对营养液中 GM 的 TF 值为 0.389，比在土壤中的转运系数 TF 值低了 67%，这可能与培养时间的长短以及在土壤中转运及毒害速度有关。潮土中菠菜茎叶及根部均未检出泰乐菌素，与 Kumar 等（2005）植物试验研究结果一致，而营养液-菠菜系统中菠菜根茎叶中有检出泰乐菌素，这说明泰乐菌素从土壤中迁移至植物体的能力较弱。

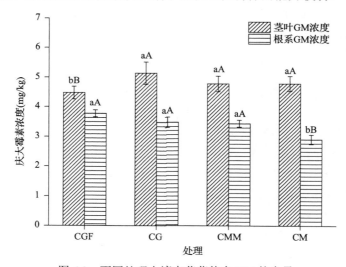

图 6.2 不同处理土壤中菠菜体内 GM 的含量

数据为平均值（$n=3$），图中不同的小写字母表示同一种抗生素的转运系数处理间存在显著差异（$P<0.05$），大写字母表示同一种富集系数处理间存在极显著差异（$P<0.01$）

对比菠菜盆栽试验中各处理的菠菜茎叶及根部的 GM 的含量发现，GM 降解菌、两种抗生素共同作用（GM+泰乐菌素）、两种抗生素及其降解菌均对菠菜吸收转运 GM 无显著影响，这说明土壤中 GM 浓度的轻微变化不会在被植物吸收后放大。

6.1.2 典型抗生素在土壤-小白菜系统中的迁移规律

1. 试验设计与研究方法

1）供试抗生素

本研究所选 4 种抗生素分别为金霉素、磺胺甲噁唑、泰乐菌素和庆大霉素，分属于四环素类、磺胺类、大环内酯类和氨基糖苷类抗生素。金霉素是四环素类中可被人畜共用的一种抗生素，别名为氯四环素，是由金色链霉菌发酵产生的，其不仅对人畜有防治疾病的功效，同时还可以作为促进生长剂添加于畜禽饲料中，约占国内兽用抗生素消费总量的 14%（Zhang et al., 2015）。磺胺甲噁唑为磺胺类药物中使用广泛且经济效益最广的一种，被世界卫生组织（WHO）的国际癌症研究机构（IARC）列为三类致癌物，约占国内兽用抗生素消费总量的 9%（Yang et al., 2015; IARC, 2017）。泰乐菌素和庆大霉素在国内使用情况见 6.1.1.1。金霉素和磺胺甲噁唑的理化性质见表 6.5。

表 6.5　金霉素和磺胺甲噁唑的理化性质

抗生素	分子式	缩写	分子量	pK_a	log K_{ow}	CAS 号
金霉素	$C_{22}H_{23}ClN_2O_8$	CTC	478.88	3.3/7.4/9.3	−0.62, 0.36	57-62-5
磺胺甲噁唑	$C_{10}H_{11}N_3O_3S$	SMZ	253.27	1.4/5.8	0.89	723-46-6

2）试验设计及实施

本研究所用潮土采自河北省廊坊市中国农业科学院廊坊基地休耕一年表层土（0～20 cm），经自然风干后研磨过 5 mm 筛，风干土壤样的理化性质见表 6.3。

本研究共设 12 个处理，分别为：①CTC-1：1 mg/kg CTC；②SMZ-1：1 mg/kg SMZ；③TY：1 mg/kg TYL；④GM-1：1 mg/kg GM；⑤CTC-10：10 mg/kg CTC；⑥SMZ-10：10 mg/kg SMZ；⑦TYL-10：10 mg/kg TYL；⑧GM-10：10 mg/kg GM；⑨CTC-50：50 mg/kg CTC；⑩SMZ-50：50 mg/kg SMZ；⑪TYL-50：50 mg/kg TYL；⑫GM-50：50 mg/kg GM。每个处理 3 个重复。

将风干土平铺于塑料布上，用喷雾器喷洒抗生素标液并不断翻搅均匀。加药后的土壤分装于培养盆（外口径 14.5 cm，底径 10.2 cm，高 12.5 cm），每盆装风干土 4 kg。挑选完整饱满的小白菜种子，放于 70%的乙醇中表面消毒 30 min，并用大量超纯水冲洗 10 min 后置于湿润滤纸的培养皿中，在无光人工培养箱中培养 5 天（日温 28℃，夜温 22℃，湿度为 60%），挑选生长一致的小白菜芽移栽于掺入药的盆土中，每盆移栽量为 12～15 株，移栽后保持土壤日持水量为 65%（质量含水量），置于玻璃温室中。玻璃智能温室中自然日照 12.5 h，日温为 25～30℃/夜温 19～22℃，相对湿度为 40%～50%，培养周期为 45 天。

样品的采集及测定分析：小白菜土壤样品分别于第 0 天和第 45 天时采集，充分避光冷冻干燥，研磨后过 2 mm 筛，避光密封保存于−20℃冰箱中，待进一步处理。第 45 天后，将小白菜整株从土壤中分离，进行表面清洗，并将地上、地下部分分别收集，避光冷冻干燥后，研磨过 2 mm 筛，避光密封并储存于−20℃冰箱中，待进一步处理。植物和土壤中 CTC 和 SMZ 提取方法均与 TYL 提取方法一致，GM 的提取方法亦为 732 树脂-氨水法；待测样品存放于 4℃冰箱并即时上机检测（详见 6.1.1.3）。

本研究采用高效液相色谱-串联质谱法（HPLC-MS/MS）来检测样品中的抗生素含量。HPLC 为 Agilent 1200 高效液相色谱，色谱柱选用 Waters Sunfire C_{18} 色谱柱（150 mm×4.6 mm, 3.5 μm）。柱温 35℃，进样体积 5 μL。流动相由含 0.1%（体积比）甲酸水溶液（A）和乙腈（B）组成，CTC、SMZ 和 TYL 的流动相梯度洗脱过程为：0～11 min，20% B；11～16 min，线性增加至 40% B；16～18 min，线性增加至 60% B；18～28 min，线性下降至 20% B。质谱分析采用 Agilent 6410 三重四极杆质谱分析仪，电喷雾离子源（ESI），阳离子，多反应监测模式（MRM），CTC 和

SMZ 测定的质谱条件如表 6.6，GM 和 TYL 测定的质谱条件见表 6.2。

表 6.6　CTC 和 SMZ 测定的质谱条件

抗生素	母离子(m/z)	定量离子(m/z)	碰撞电压(eV)	定性离子(m/z)	碰撞电压(eV)	碎裂电压(V)
CTC	479.0	444.0	18	462.0	13	130
SMZ	254.1	156.1	10	160.1	15	100

抗生素标品 CTC(99.0%)、SMZ(99.3%) 和 TYL(97%) 均购于德国 Dr. Ehrenstorfer 公司，分别准确称取 0.0100 g、0.0100 g 和 0.0103 g 的 CTC、SMZ 和 TYL 于 3 个 100 mL 棕色容量瓶中，用甲醇溶解并定容，配制成 100 mg/L 的三种抗生素的单标储备液；GM(99%)购于山东只楚药业，准确称取 0.0100 g GM 于 100 mL 棕色容量瓶中，用超纯水溶解并定容，配制成 100 mg/L 的 GM 储备液；储备液均避光密封保存于 4℃冰箱，有效期为 1 个月。各浓度梯度标准溶液(0.1 mg/L、0.5 mg/L、1 mg/L、5 mg/L、10 mg/L)均由储备液加甲醇/超纯水稀释配制而成。

2. 土壤-小白菜系统典型抗生素在土壤中残留情况

土壤-小白菜系统不同处理中土壤所含抗生素的浓度如表 6.7 所示。4 种抗生素初始浓度分别为 1 mg/kg、10 mg/kg 和 50 mg/kg 时，45 天后土壤中残留浓度分别为 0.022~0.063 mg/kg、0.115~0.367 mg/kg 和 0.265~1.385 mg/kg。对比四种抗生素的平均残留率发现，随着培养试验的进行，土壤中 CTC 含量最易降到较低浓度 (0.72%~2.42%)，TYL 和 SMZ 其次，GM 最不易被降到较低浓度(3.40%~7.34%)。

表 6.7　土壤中不同处理组中抗生素的残留量

抗生素	处理浓度 (mg/kg)	残留浓度(mg/kg)		残留率(%)
		0 天土壤	45 天土壤	
CTC	1	0.8936±0.0393c	0.0216±0.0007c	2.42
	10	8.2153±0.1837b	0.1152±0.0059b	1.40
	50	40.6108±3.4010a	0.2912±0.0147a	0.72
SMZ	1	0.8216±0.0278c	0.0314±0.0003c	3.82
	10	8.9681±0.3920b	0.1145±0.0022b	1.28
	50	41.7109±6.2836a	0.2650±0.0087a	0.64
TYL	1	0.8094±0.0195c	0.0329±0.0005c	4.06
	10	7.6599±0.2602b	0.1831±0.0092b	2.39
	50	38.8214±4.3829a	0.5194±0.0048a	1.34
GM	1	0.8622±0.0105c	0.0633±0.0001c	7.34
	10	8.0521±0.5622b	0.3674±0.0038b	4.56
	50	40.7944±7.1103a	1.3854±0.0941a	3.40

注：数据为平均值±标准差($n=3$)，平均值后不同的小写字母(a,b,c)表示同一种抗生素处理间存在显著差异($P<0.05$)

3. 土壤-小白菜系统典型抗生素向小白菜迁移的情况

表 6.8 为小白菜土壤系统中不同处理组中小白菜体内所含各种抗生素浓度。由表可知，在磺胺甲噁唑处理浓度为 10 mg/kg 和 50 mg/kg 的处理中，小白菜均未能正常生长(移苗或是就地催芽均不发芽)，这可能是因为本试验所选的小白菜品种对高于 10 mg/kg 浓度下 SMZ 十分敏感，与徐秋桐等(2014)结果中小白菜对抗生素污染最敏感的结论是一致的；泰乐菌素的三组处理中，泰乐菌素在小白菜茎叶和根系中均未被测出，与菠菜-土壤系统试验结果一致，说明泰乐菌素从土壤向植物迁移能力较弱，且不影响小白菜的正常生长。

表 6.8　不同处理中小白菜体内抗生素浓度

抗生素	处理浓度(mg/kg)	茎叶浓度(mg/kg)	根系浓度(mg/kg)	转运系数(TF)	根系富集系数(RCF)
	1	0.0161±0.0002c	0.0095±0.0008c	1.6947	0.044
CTC	10	0.2147±0.0092b	0.174±0.0011b	1.2339	1.510
	50	1.2477±0.0722a	1.1182±0.0089a	1.2254	3.841
	1	0.0867±0.0028	0.0770±0.0013	1.126	2.452
SMZ	10	—	—	—	—
	50	—	—	—	—
	1	0.1483±0.0057c	0.0785±0.0063c	1.889	1.237
GM	10	1.4061±0.0611b	0.8220±0.0256b	1.7106	2.240
	50	4.3531±0.1139a	3.5507±0.1030a	1.226	2.564

注：数据为平均值±标准差($n=3$)，平均值后不同的小写字母(a,b,c)表示同一种抗生素处理间存在显著差异($P<0.05$)

李学德等(2015)的研究表明，青菜对磺胺类抗生素的吸收富集量随土壤中初始磺胺类抗生素浓度的增大而增大；而朱峰等(2017)通过盆栽试验发现，土壤中磺胺类抗生素初始浓度为 1～10 mg/kg 的处理组中，小白菜体内残留的抗生素量随初始浓度的增大而增大，且主要集中于小白菜茎叶部分；这与本研究中小白菜盆栽的试验结果规律相同，在本试验的 CTC 和 GM 三组处理中，随着抗生素浓度的增高，茎叶、根系检出的抗生素浓度和 RCF 均逐渐增加；TF 值呈逐渐下降趋势但差异不显著，其最大值分别为 1.695 和 1.889。对比小白菜对 4 种抗生素的 RCF 和 TF 值发现，同一浓度下小白菜对抗生素的吸收情况表现为 GM＞SMZ＞CTC＞TYL，转运能力表现为 GM＞CTC＞SMZ，因小白菜对 TYL 无吸收而不对比其转运能力。

本节分析讨论了土壤环境中植物对典型抗生素的吸收及相应规律，揭示了抗生素在复杂环境中向植物迁移消散的机制。土壤-蔬菜系统中抗生素迁移规律的研究结果表明，种植菠菜和小白菜的过程中，土壤中的抗生素均可被有效去除，添加了特异抗生素功能性降解菌后可不同程度地提高抗生素的去除效率。此外，试验末期土壤和蔬菜中抗生素检出浓度与其初始掺入浓度呈正相关；选用的抗生素在土壤中的去除效果表现为 CTC＞TYL＞SMZ＞GM，这亦与抗生素自身的自然衰减及降解特性有关，而 GM 在环境中不易热解或光解。本研究亦发现，土壤培养试验中，植物对泰乐菌素无可检出的吸收量，且抗生素特异性功能降解菌的添加对植物吸收转运抗生素亦无显著影响。

6.2　典型抗生素玉米的吸收转运及其机制

6.2.1　典型抗生素玉米吸收及其分布情况

　　兽用抗生素在从环境中转移至植物体内的报道已屡见不鲜，现有的报道中包括：植物可吸收、富集和转运抗生素，并可能引起一定的毒性兴奋效应反应，对植物产生毒害效应等(Zhang et al., 2017)。抗生素普遍挥发性低，目前已有的研究中，兽用抗生素均是通过植物的根系进入植物体内的，因而其对植物造成影响也是通过根尖开始的。根尖是根的先端到着生根毛的区域，可分为三个区域：细胞分裂区(0.5～4.0 mm)、伸长区(4.0～8.0 mm)和成熟区(＞8.0 mm)；而这三个区域均分布在根尖最尖端的 1 cm 内，是根系生命活动最活跃的部位(叶创兴等, 2014; Ichikawa et al., 2014; Wang et al., 2016)。目前对抗生素在根尖中的富集鲜有报道，而更多地集中在抗生素对植物根尖的毒害方面。廖敏(2012)发现三种典型磺胺药物可以在番茄的木质部迁移，且随根部距离的增加而浓度降低，且番茄果实可对磺胺类药物有显著累积效应。Zhan 等(2013)发现，根系对多环芳烃的吸收与根尖数有显著相关性。因而充分了解抗生素在植物体中的分布对根尖中抗生素富集规律的研究很有必要。玉米是世界第三大生产和消费作物，也是中国第一大作物(李少昆等, 2017)。因此在本研究中，首先假设抗生素在根尖的富集跟与根尖的距离有关而进行试验设计。

　　1. 试验设计与研究方法

　　1) 供试抗生素

　　本研究所选 3 种抗生素分别为金霉素(chlorotetracycline，CTC)、磺胺甲噁唑(sulfamethoxazole，SMZ)和磺胺噻唑(sulfathiazole，ST)。金霉素和磺胺甲噁唑的国内使用情况见 6.1.2.1。磺胺噻唑是常用的磺胺类抗炎药物之一，主要用于全身性感染疾病的治疗，被广泛应用于医疗、畜牧和水产养殖，但对人体的毒副作用较高。磺胺噻唑的理化性质见表 6.9。

表 6.9　磺胺噻唑的理化性质

抗生素	分子式	缩写	分子量	pK_a	log K_{ow}	CAS 号
磺胺噻唑	$C_9H_9N_3O_2S_2$	ST	255.3	7.10	0.02	72-14-0

2) 典型抗生素在玉米根尖(0.5～10.0 mm)的吸收及分布试验设计与实施

试验所选植物为玉米(*Zeamays* L.，京农科 728)，玉米种子用 10% H_2O_2 表面消毒 5 min，用蒸馏水反复冲洗 5 min 后再用 70%乙醇消毒 10 min，再用蒸馏水冲洗 10 min。随后于 55℃蒸馏水水浴浸泡 30 min，将种子放于两层润湿滤纸上，然后于人工气候培养箱暗培养催芽(30℃，湿度 60%)，并定期补水以保持滤纸的湿度。约 3 天后玉米催芽完成，挑选一根一芽两侧根的完整玉米种子转移至盛有石英砂的育苗盘中(石英砂粒径＜1 mm，石英砂层厚度为 3 cm)，将播种后的育苗盘置于人工智能温室中[日光/夜暗: 15 h/9 h；日温/夜温: 25℃/20℃；日湿度/夜湿度: 60%/65%；光照强度为 400 μmol/(m²·s)]。玉米苗长至第三片叶子的时候(约10 天)，挑选生长一致且健壮的苗进行移栽。将三叶期玉米待移栽至避光水培培养箱中，每孔一株玉米苗，前期采用半强度霍格兰营养液，3 天后换为霍格兰完全营养液，液面没过玉米根部。霍格兰营养液配方见 6.1.1.1。水培培养箱为避光塑料周转箱，规格为 390 mm×284 mm×142 mm(长×宽×高)，每个箱子盖子按4×6 规格设置 24 个一致的圆孔，植株固定物为脱脂棉。由于玉米所需营养较多且每箱植株较多，每 2 天换一次营养液。移栽后缓苗 5 天，玉米幼苗处于三叶期，进行抗生素处理。试验所用 CTC、SMZ 和 ST 均先溶于超纯水中再混匀于霍格兰营养液中，且处理中所有抗生素溶液均即配即用，尽量减少光照的影响并保证 pH为 6.0～6.5。根据金彩霞等(2015)毒性试验结果，选用对玉米毒性较低的 1 mg/L和毒性较高的 10 mg/L 作为处理浓度。本试验设有 5 个处理，每个处理设置 24 个重复，每个重复 24 株玉米植株。各处理浓度设置如下: P1 处理为 1 mg/L CTC+1 m/L SMZ+1 mg/L ST; P2 处理为 1 mg/L CTC+10 mg/L SMZ+10 mg/L ST; P3 处理为 10 mg/L CTC+1 mg/L SMZ+1 mg/L ST; P4 处理为 10 mg/L CTC+10 mg/LSMZ+10 mg/L ST; CK 处理为不加抗生素的空白对照处理组。试验处理期间，每天换新鲜的营养液以保证营养液中抗生素浓度保持在试验需要的浓度水平。

样品的采集及测定分析: 玉米植株于加抗生素处理 24 h, 72 h 和 120 h 后采收，每次采收量为 8 个重复，采收后多次用超纯水清洗植株表面，并将玉米植株分为三部分，茎叶部分、除根尖外根系和根尖(0.5～10.0 mm)，玉米胚乳剔除。根尖(0.5～10.0 mm)以 2.0 mm 为单位切分为 5 部分: 0.5～2.0 mm, 2.0～4.0 mm,4.0～6.0 mm, 6.0～8.0 mm 和 8.0～10.0 mm。根尖材料采收后立即进行切根处理，于 3 h 内完成切分工作，充分冷冻干燥(避光)后用玛瑙研钵研磨并过 2 mm 筛。除根尖外根系和茎叶部分清洗后避光冷冻干燥，利用高通量球磨仪研磨后过 2 mm筛。植物中 CTC、SMZ 和 ST 的提取方法一致，详见 6.1.1.3。

本研究采用高效液相色谱-串联质谱法(HPLC-MS/MS)来检测样品中的 CTC、SMZ 和 ST 含量。HPLC 为 Agilent 1200 高效液相色谱，色谱柱选用 Waters SunfireC_{18} 色谱柱(150 mm×4.6 mm, 3.5 μm)。柱温 35℃，进样体积 5 μL。流动相由含

0.1%(体积比)甲酸水溶液(A)和乙腈(B)组成,CTC、SMZ 和 ST 的流动相梯度洗脱过程为:0~11 min,20% B;11~16 min,线性增加至 40% B;16~18 min,线性增加至 60% B;18~28 min,线性下降至 20% B。质谱分析采用 Agilent 6410 三重四极杆质谱分析仪,电喷雾离子源(ESI),阳离子,多反应监测模式(MRM),CTC 和 SMZ 的质谱条件如表 6.6,ST 的质谱条件见表 6.10。

表 6.10　ST 测定的质谱条件

抗生素	母离子(m/z)	定量离子(m/z)	碰撞电压(eV)	定性离子(m/z)	碰撞电压(eV)	碎裂电压(V)
ST	256.0	156..0	10	108.0	10	100

　　试验所用抗生素标品 CTC(99.0%)、SMZ(99.3%)和 ST(99.7%)均购于德国 Dr. Ehrenstorfer 公司,分别准确称取 0.0100 g 的抗生素于 3 个 100 mL 棕色容量瓶中,用甲醇溶解并定容,配制成 100 mg/L 的三种抗生素的单标储备液。各浓度梯度标准溶液(0.1 mg/L、0.5 mg/L、1 mg/L、5 mg/L、10 mg/L)均由储备液加甲醇稀释配制而成。

　　3)典型抗生素在玉米体内的转运试验设计与实施

　　玉米幼苗培育、营养液中抗生素的添加:玉米幼苗的培育详见 6.2.1.2。移苗到包被双层锡纸的弯颈细胞培养瓶(横截面积 75 cm², 体积 300 mL),每个培养瓶中一株玉米幼苗,半强度霍格兰营养液培养 3 天,完全霍格兰营养液培养 2 天完成缓苗。试验于人工智能温室中进行,控制日照时长 15 h,日温 25℃,夜温 20℃,相对湿度 60%。试验所用 CTC、SMZ 和 ST 均先溶于超纯水中再混匀于霍格兰营养液中,调节 pH 于 6.0~6.5 之间,抗生素溶液现配现用并尽量避光。缓苗结束后开始试验处理,期间不更换营养液。设有 6 个处理(表 6.11),每个处理 3 个重复,每个重复 10 株玉米植株(每株玉米盛放在一个细胞培养瓶中,分别在处理 24 h、48 h 和 72 h 后取样),所有的细胞培养瓶均采用单因素完全随机设计摆放在人工智能温室中。

表 6.11　玉米和营养液中三种抗生素动态变化试验方案

处理	组合	
	抗生素(10 mg/L)	玉米
CTC+无玉米	CTC	无
CTC+玉米	CTC	有
SMZ+无玉米	SMZ	无
SMZ+玉米	SMZ	有
ST+无玉米	ST	无
ST+玉米	ST	有

样品的采集及测定分析：分别于处理后 24 h，48 h 和 72 h 后采收，用超纯水对玉米植株进行表面清洗多次，并分为地上部分和地下部分（剔除玉米胚乳），分别称重记录为鲜重。水培试验中封闭条件中，营养液最长可供玉米正常生长 3 天，之后营养缺乏且水中溶氧量极少，因而最长采样时间定为 3 天；每个处理中采集瓶中营养液，用 1 mL 一次性注射器吸取后，过 0.22 μm 尼龙滤膜于 1.5 mL 的棕色进样瓶中。采收的植物样品充分冷冻干燥后（地上地下部分分别称重记为干重），研磨过 2 mm 筛。植物中三种抗生素的提取方法详见 6.1.1.3。

本研究采用高效液相色谱-串联质谱法（HPLC-MS/MS）来检测样品中的 GM 和 TYL 含量。HPLC 为 Agilent 1200 高效液相色谱，色谱柱选用 Waters Sunfire C$_{18}$ 色谱柱（150 mm×4.6 mm, 3.5 μm）。柱温 35℃，进样体积 5 μL。流动相由含 0.1%（体积比）甲酸水溶液（A）和乙腈（B）组成，分别检测 CTC、SMZ 和 ST 的流动相梯度洗脱过程见表 6.12。质谱分析采用 Agilent 6410 三重四极杆质谱分析仪，电喷雾离子源（ESI），阳离子，多反应监测模式（MRM），CTC 和 SMZ 的质谱条件见表 6.6，ST 的质谱条件见表 6.10。

表 6.12　单一抗生素液相测定方法

抗生素	时间	A 相(0.1%甲酸水)	B 相(乙腈)
CTC	0~10 min	60%	40%
SMZ	0~7 min	5%	95%
ST	0~13 min	40%	60%

三种抗生素各梯度标准溶液的配制见 6.2.1.2。典型抗生素在植物体系中降解量计算方法如下：

$$D_{\text{Maize}}(\%) = \frac{V_{\text{LCK}} \times C_{\text{LCK}} - (M_{\text{R}} \times C_{\text{R}} + M_{\text{S}} \times C_{\text{S}} + V_{\text{L}} \times C_{\text{L}})}{V_0 \times C_0} \times 100 \qquad (6.5)$$

$$D_{\text{Nature}}(\%) = \frac{V_0 \times C_0 - V_{\text{LCK}} \times C_{\text{LCK}}}{V_0 \times C_0} \times 100 \qquad (6.6)$$

$$P_{\text{Stable}}(\%) = (1 - D_{\text{Nature}} - D_{\text{Maize}}) \times 100 \qquad (6.7)$$

式中，$D_{\text{Maize}}(\%)$ 为一种抗生素在玉米体系中的降解百分比；$D_{\text{Nature}}(\%)$ 为一种抗生素在无玉米体系中的降解百分比；$P_{\text{Stable}}(\%)$ 为一种抗生素在溶液中稳定存在量的百分比；V_0 为玉米体系中溶液初始体积，L；V_{LCK} 为无玉米体系中溶液初始体积，L；V_{L} 为采样时玉米体系溶液的体积，L；C_0 为一种抗生素在玉米体系溶液中的初始浓度，mg/L；C_{LCK} 为一种抗生素在无玉米体系溶液中的初始浓度，mg/L；C_{R} 为一种抗生素在玉米根系的平均浓度，mg/kg；C_{S} 为一种抗生素在玉米茎叶的平均浓度，mg/kg；C_L 为采样时玉米体系溶液中一种抗生素的平均浓度，mg/L；M_R 为一株玉米根系的平均干重，kg；M_S 为一种玉米茎叶的平均干重，kg。

2. 典型抗生素在玉米根尖分布情况

三种抗生素（CTC、SMZ 和 ST）在玉米根尖（0.5～10.0 mm）随时间的分布如图 6.3 所示，三种抗生素在根尖的 RCF 峰值分布如图 6.4。CTC、SMZ 和 ST 在玉

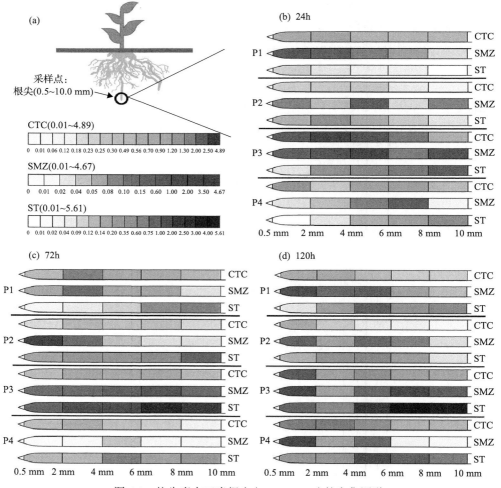

图 6.3　抗生素在玉米根尖（0.5～10 mm）的富集图谱

(a)每种抗生素在根系采样点的根系富集系数（RCF）用 CMKY 颜色模型的三种色系来表现，绿色色系为金霉素（CTC），蓝色色系为磺胺甲噁唑（SMZ），红色色系为磺胺噻唑（ST）。(b)处理 24 h 后抗生素在根尖的 RCF 值。(c)处理 72 h 后抗生素在根尖的 RCF 值。(d)处理 120 h 后抗生素在根尖的 RCF 值。P1 处理：1 mg/L CTC+1 mg/L SMZ+1 mg/L ST；P2 处理：1 mg/L CTC+10 mg/L SMZ+10 mg/L ST；P3 处理：10 mg/L CTC+1 mg/L SMZ+1 mg/L ST；P4 处理：10 mg/L CTC+10 mg/L SMZ+10 mg/L ST

米根尖的 RCF 峰值区有类似的变化趋势，在处理初期峰值区为无序分布，而处理 120 h 后逐渐稳定分布，这可能是因为在根尖中存在抗生素吸收和转运的分布平衡过程。CTC、SMZ 和 ST 在根尖达到分布平衡用时分别为是 72 h，120 h 和大于 120 h。且如图 6.3 和图 6.4 所示，CTC 和 SMZ 均在 0.5～2 mm 区域(细胞分裂区)稳定富集，ST 在 4.0～6.0 mm 区域(伸长区一部分)稳定富集。这表明在玉米根尖可能存在不同抗生素积累的特定位置，而这种特定的分布可能与每种抗生素的 $\log K_{ow}$ 和根尖不同部位的可提取脂质含量有关，这与 Gao 等(2005)报道的植物根中有机污染物含量和脂质含量间成正相关的结论相似。

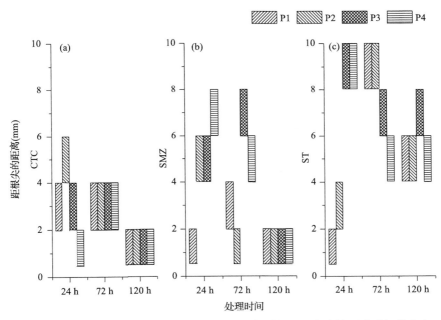

图 6.4　根尖(0.5～10 mm)各抗生素的根系富集系数(RCF)峰值区随时间的分布
(a)金霉素(CTC)的 RCF 峰值分布；(b)磺胺甲噁唑(SMZ)的 RCF 峰值分布；
(c)磺胺噻唑(ST)的 RCF 峰值分布

　　不同处理的三种抗生素在玉米根尖的 RCF 之和变化如图 6.5 所示。各处理的 SMZ 的 RCF 总和均低于 1.6，各处理 CTC 的 RCF 之和及 ST 的 RCF 之和均低于 16。但三种抗生素 RCF 总和的最大值均在 P3 处理(10 mg/L CTC+1 mg/L SMZ+1 mg/L ST)中出现。如图 6.5(a)，P1 和 P2 处理中 CTC 的 RCF 总和随处理时间的推移而下降，而在 P3 处理中 RCF 总和随处理时间的推移先下降后增加。处理 72 h 后，P1 和 P3 处理中 CTC 的 RCF 总和均高于其在 P2 和 P4 处理；而处理 120 h 后，P3 和 P4 处理中 CTC 的 RCF 总和高于其在 P1 和 P2 处理。图 6.5(b)为各处理 SMZ 的 RCF 之和，在处理 24 h 和 120 h 后，各处理玉米根尖对 SMZ 的富集量从高到低为 P3＞P1＞P2＞P4，且根尖中 SMZ 的 RCF 总和在 120 h 时最高。因此三种抗生素在根尖（0.5～10 mm）中的富集随不同类型抗生素而变化。如图 6.5（c），磺胺噻唑在各处理中的 RCF 总和随处理时间的推移而增加，各处理玉米根尖对磺胺噻唑的富集量从高到低为 P3＞P4＞P1＞P2。因此，比较给定时间内 P3 处理和 P4 处理中 RCF 总和发现，营养液中 SMZ 和 ST 的浓度越高，两者在根尖中的浓度就越低，这可能意味着根尖对 SMZ 和 ST 的吸收存在一定的竞争关系，可能是相似的结构和物化性质引起了对相同位点的竞争关系（Li et al., 2013; Mathews et al., 2013）。对比给定时间 P1 和 P3 处理中各抗生素的 RCF 总和发现，营养液中 CTC 浓度越高，根尖中 CTC 浓度亦越高。此外，随着处理时间的推进，根尖中 CTC 的 RCF 总和逐渐下降而 ST 的 RCF 总和则在增加，这可能是因为 CTC 比 ST 更容易在玉米中转运和降解（Pan et al., 2017b）。综上，根尖中抗生素的 RCF 可能与抗生素的浓度、类型、数量，以及处理时间有关。

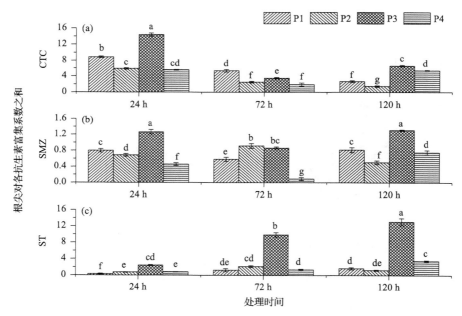

图 6.5　三种抗生素在根尖（0.5～10 mm）上的根系富集系数（RCF）总和

（a）金霉素（CTC）的 RCF 总和；（b）磺胺甲噁唑（SMZ）的 RCF 总和；（c）磺胺噻唑（ST）的 RCF 总和
误差棒表示平均值±标准误差（$n=3$）。不同的小写字母表示某种抗生素所有 RCF 总和之间有显著差异（$P<0.05$）

3. 典型抗生素在玉米主根（除根尖 0.5～10.0 mm）上的吸收富集

三种抗生素在玉米主根上的 RCF 和 TF 如图 6.6 和图 6.7 所示。在所有处理中，三种抗生素的 RCF 均随处理时间的推移而下降，TF 则逐渐增加，这表示这

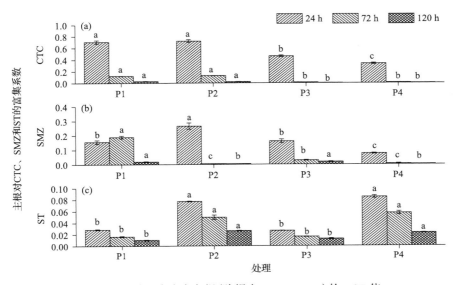

图 6.6　三种抗生素在主根(除根尖 0.5～10 mm)的 RCF 值

(a)CTC 在玉米主根的 RCF 值；(b)SMZ 在玉米主根的 RCF 值；(c)ST 在玉米主根的 RCF 值

误差棒表示均值±标准误差(n=3)。不同的小写字母表示在给定时间不同处理间 RCF 有显著差异(P<0.05)

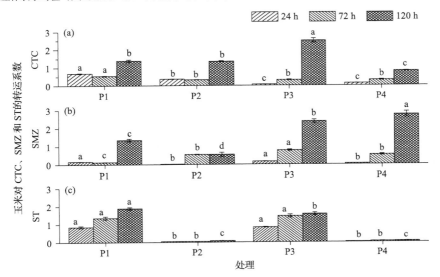

图 6.7　三种抗生素在主根(除根尖 0.5～10 mm)的转运系数(TF)

(a)CTC 在玉米主根的 TF 值；(b)SMZ 在玉米主根的 TF 值；(c)ST 在玉米主根的 TF 值

误差棒表示均值±标准误差(n=3)。不同小写字母表示在给定时间不同处理间 TF 有显著差异(P<0.05)

些抗生素最初可以很容易地被玉米根系吸收富集，在恒定抗生素营养液的培养下，抗生素逐渐被转移至茎叶上。对于所有的处理，主根中三种抗生素 RCF 值大小为：CTC(0.21)＞SMZ(0.08)＞ST(0.04)。纵观整个处理过程，CTC 和 SMZ 在 P1 和

P2 处理中的 RCF 值均高于 P3 和 P4 处理，而各处理 ST 的 RCF 值顺序为 P4＞P2＞P1≥P3。而据报道，大多数四环素类抗生素的 TF 值大于 1，磺胺类抗生素的 TF 值小于 1（Miller et al., 2015; Pan et al., 2017a）；而本研究主根中三种抗生素的最大 TF 值表现为 SMZ（2.75）＞CTC（2.5）＞ST（1.9），三种抗生素 TF 值均高于文献，表明当营养液中有多种抗生素共存时可能对植物转运抗生素有协同效应，但很少有论文报道过这种现象。此外，三种抗生素 TF 的最大值均出现在 P3 处理。各处理 CTC 的 TF 值顺序为 P3＞P1≥P2＞P4，SMZ 的 TF 值顺序为 P4≥P3＞P1≥P2，ST 的 TF 值顺序为 P1≥P3＞P2≥P4。

4. 典型抗生素在玉米体内的转运

各处理玉米茎叶和根系干重在不同的采样时间均无显著变化（表 6.13）。在无玉米对照处理中，营养液中三种抗生素的浓度在 72 h 内均无显著差异，而在有玉米处理中，营养液中三种抗生素的浓度均随处理时间的推移而显著下降（表 6.14）。随处理时间的推移，玉米根及茎叶中 CTC 和 ST 的浓度显著降低，而 SMZ 的浓度变化较为复杂。

表 6.13　不同采样时间各处理玉米茎叶和根系的干重（平均值±标准差，g/株，fw）

部位	时间	处理		
		CTC-玉米	SMZ-玉米	ST-玉米
玉米茎叶干重(g)	24 h	1.221±0.013	1.225±0.083	1.213±0.066
	48 h	1.223±0.078	1.242±0.044	1.236±0.047
	72 h	1.222±0.125	1.234±0.081	1.228±0.053
玉米根系干重(g)	24 h	0.265±0.004	0.274±0.006	0.264±0.002
	48 h	0.284±0.003	0.278±0.015	0.265±0.017
	72 h	0.273±0.018	0.268±0.004	0.276±0.003

表 6.14　三种抗生素在营养液（mg/L）、玉米茎叶（mg/kg）中浓度随时间推移的变化

处理	检测部位	0 h	24 h	48 h	72 h
CTC+无玉米	营养液	9.620±0.023	9.569±0.014	9.540±0.016	9.510±0.003
CTC+玉米	营养液	9.645±0.073	8.240±0.054	8.222±0.032	8.218±0.039
	玉米根系	—	0.118±0.007	0.065±0.001	0.054±0.002
	玉米茎叶	—	0.231±0.007	0.174±0.002	0.104±0.007
SMZ+无玉米	营养液	9.832±0.010	9.759±0.028	9.726±0.014	9.692±0.016
SMZ+玉米	营养液	9.802±0.030	8.726±0.049	8.261±0.072	8.025±0.022
	玉米根系	—	0.283±0.006	0.156±0.008	0.237±0.008
	玉米茎叶	—	0.111±0.008	0.244±0.009	0.189±0.003
ST+无玉米	营养液	9.612±0.006	9.612±0.032	9.598±0.028	9.563±0.041
ST+玉米	营养液	9.608±0.011	9.034±0.033	8.829±0.064	8.116±0.091
	玉米根系	—	0.051±0.001	0.040±0.001	0.034±0.001
	玉米茎叶	—	0.106±0.009	0.035±0.001	0.033±0.008

　　玉米和营养液中每种抗生素总量的动态变化及降解百分比分别如图 6.8 和图 6.9 所示。营养液-玉米系统中，CTC 初始总量均值约为 2.4 mg，之后随处理时间的推进显著降低[图 6.8(a)]。玉米全株在 24 h 内对 CTC 的摄取量约为 0.3 mg，茎叶中的 CTC 含量在 24 h 达到峰值，随后逐渐下降。如图 6.8(b)所示，玉米-营养液系统中 SMZ 初始总量均值约为 2.4 mg，溶液中总量及检测量均随时间推移而降低。24 h 内玉米中 SMZ 增加至 0.32 mg，玉米茎叶中 SMZ 含量也在 24 h 达到峰值，而根系中含量则在 48 h 达到峰值。类似的营养液-玉米系统中 ST 初始总量均值约为 2.3 mg，24 h 内玉米对 ST 的吸收量约为 0.06 mg，该体系营养液中 ST 总量和检测量均随时间的推移而下降，而玉米根河茎叶中 ST 含量先逐渐增加后下降[图 6.8(c)]。综上，茎叶中抗生素浓度低于根中抗生素浓度，但抗生素总量高于根中抗生素总量，且玉米对这三种抗生素的吸收能力大小顺序为CTC≥SMZ＞ST。

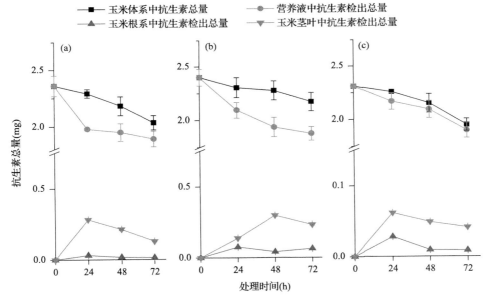

图 6.8　玉米-营养液系统中不同抗生素总量及检测量(mg)的变化
(a)金霉素(CTC)；(b)磺胺甲噁唑(SMZ)；(c)磺胺噻唑(ST)
误差棒表示平均值±标准误差(n=3)

　　如图 6.9 所示，三种抗生素在营养液中的自然降解在 72 h 内非常缓慢，但玉米对这三种抗生素的去除相对较快,对 CTC、SMZ 和 ST 的去除率分别为 11.39%、10.32%和 18.35%。且 72 h 内这三种抗生素在玉米-营养液体系中的去除百分比均随培养时间的增加而增加，去除速度大小顺序为 ST＞CTC＞SMZ。营养液和玉米中较高抗生浓度(≥10 mg/L)可能触发玉米的防御系统而加速了对抗生素的代谢

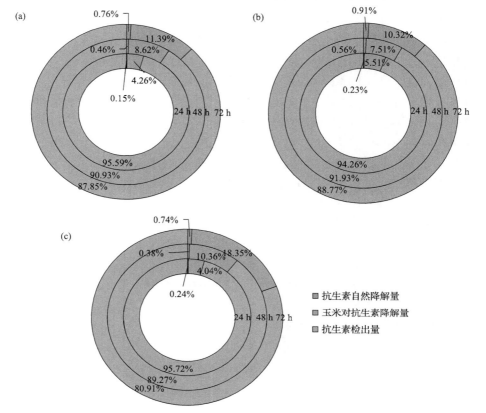

图 6.9　不同时间玉米-营养液系统中三种抗生素降解百分比
(a) CTC；(b) SMZ；(c) ST

过程，导致了玉米体内三种抗生素的降解率随处理时间的增加而增加，与之前的研究结果相近(Pan et al., 2017b; Xu et al., 2016)。由图 6.8 可知，根系中抗生素总量随时间的推移而减少，一部分被玉米转移到茎叶中，而另一部分则被玉米降解。综上可知，玉米中抗生素含量的降低主要是由玉米降解引起的，较小程度是由其自然降解引起的。

6.2.2　典型抗生素的玉米吸收转运机制

现已有大量的研究表明典型抗生素对植物有二相性(低浓度毒性兴奋和高浓度毒害作用)，且该双重效应已被广泛应用于各项结果分析中。此前 Kong 等 (2007)研究指出紫花苜蓿对土霉素的吸收过程是需能的主动吸收，而 Miller 等 (2015)研究指出，水稻对四环素的根系吸收过程为不需其他辅助的被动吸收过程。两种完全不同的结论可能是由于不同的试验材料以及不同的论证方法所导致的，因而需要更多的相关性试验来佐证。据文献报道，植物吸收其他有机污染物的过程主要以被动吸收为主，并伴有一定程度的主动吸收(Goldstein et al., 2014; Miller et al., 2015)，因而推测玉米对金霉素和磺胺甲噁唑的吸收过程也是主动吸收和被动吸收同时进行的。

玉米是高等 C4 植物，既可以通过细胞色素途径进行呼吸，又可以通过抗氰呼吸途径适应一定的逆境。因此玉米不仅会因为抗生素的直接刺激产生低浓度毒性兴奋效应，还会在一定逆境而触发抗氰呼吸。参考持久性有机污染物和重金属等在植物体内的吸收转运机制可知，丙二酸(malonic acid)是一种琥珀酸类似物，可与琥珀酸竞争结合到琥珀酸脱氢酶上，从而阻断电子从琥珀酸转移至黄素腺嘌呤二核苷酸，是三羧酸循环抑制剂之一；叠氮化钠(NaN$_3$)可阻断电子从Cyta3(一种蛋白质复合物)转移至氧气，是呼吸链电子传递链抑制剂。水杨基异羟肟酸(SHAM)将防止泛醌(UQ)的电子转移至氰化物抗性呼吸途径的末端氧化酶替代氧化酶(AOX)(王筱宇，2016)。因此丙二酸、叠氮和水杨异羟肟酸都会阻碍呼吸，阻止 ATP 生成过程。本试验利用多种呼吸抑制剂及其交互作用，研究植物对典型抗生素的吸收转运过程是否为需能过程。

水通道蛋白是一种通道蛋白，以渗透压依赖的方式促进水分吸收和跨生物膜转运。大量文献报道氯化汞可对水通道蛋白有显著的抑制作用，氯化汞通过氧化水孔旁边的色氨酸残基堵塞水通道，大量的汞离子聚集在水孔旁边严重阻碍水分的正常运移，可以在水通道蛋白的抑制方面产生差异。因此本研究利用氯化汞抑制水通道蛋白，来探明植物吸收转运抗生素与水的正常运移之间的关系，抗生素是否通过溶于水而进入植物体内。

1. 试验设计与研究方法

大量研究表明，植物对抗生素的吸收受较多因素的影响，如环境中抗生素的浓度、分子量、疏水性，土壤的理化性质和植物种类等(Zhang et al., 2017)，为消除复杂环境条件的影响，本研究在水培条件下，在人工智能温室中进行，控制条件为(光照强度为 400 Lux，15 h 光照/9 h 黑暗；日温 25℃/夜温 20℃；相对湿度60%)。培养玉米的玻璃容器为弯颈细胞培养瓶(横截面积 75 cm^2，体积 300 mL)，培养瓶外包被双层锡纸，用脱脂棉包裹植物茎部固定于瓶口。为研究植物对金霉素(CTC)和磺胺甲噁唑(SMZ)的吸收和转运的机制，NaN$_3$、丙二酸和 SHAM 被选为特异性呼吸抑制剂。将 CTC，SMZ 和其他抑制剂用超纯水溶解后加入到Hoagland 营养液中，处理之前需将每种溶液彻底混合。所用试剂中 NaN$_3$ 和 HgCl$_2$ 属于剧毒危险试剂，其中叠氮化钠的称量使用一次性塑料药勺，避免一次性称量较多，且药品密封保存于阴凉处，避免频繁接触。试验过程中做好隔离措施，所接触器材均套自封袋以免污染器材，所用玻璃容器用次氯酸消解去毒。废弃药液集中回收，避免污染实验室环境。本研究共设置 12 个处理，具体组合方式如

表 6.15 所示，各处理重复 3 次，每个重复有 10 个烧瓶。处理 72 h 后采收玉米幼苗，同时收集每个重复的营养液样品。为减少抗生素在测定前的降解，所有样品均避光密封保存在–20℃冰箱中。

表 6.15　试验设计方案及抑制剂功能

处理		抑制剂浓度	作用	参考文献
CK 空白对照	(1)+10 mg/L CTC	None	与其他处理对比	—
	(2)+10 mg/L SMZ			
NaN$_3$	(3)+10 mg/L CTC	0.1 mmol/L	可以阻止电子从 Cyta3 转移到氧气，可用作呼吸链电子传递链抑制剂	(刘辉等，2009)
	(4)+10 mg/L SMZ			
丙二酸	(5)+10 mg/L CTC	50 mmol/L	可阻止电子从琥珀酸转移到黄素腺嘌呤二核苷酸，用作呼吸链电子传递链抑制剂	(Polygalova et al., 2007)
	(6)+10 mg/L SMZ			
SHAM	(7)+10 mg/L CTC	3 mmol/L	可阻止泛醌（UQ）的电子转移到替代氧化酶（AOX），用作抗氰呼吸抑制剂	(Siedow et al., 1986; Taiz et al., 2002)
	(8)+10 mg/L SMZ			
SHAM+NaN$_3$	(9)+10 mg/L CTC	3 mmol/L+0.1 mmol/L	两种抑制剂同时使用以抑制呼吸链呼吸和抗氰呼吸	(刘辉等，2009; Siedow et al., 1986)
	(10)+10 mg/L SMZ			
HgCl$_2$	(11)+10 mg/L CTC	50 μmol/L	可以氧化水通道蛋白周围的色氨酸残基，阻断水通道蛋白	(刘辉等，2009; Gilmore et al., 2005; Liu and Schnoor, 2008)
	(12)+10 mg/L SMZ			

2. 不同抑制剂对玉米吸收转运典型抗生素的影响

各处理中玉米对抗生素的吸收情况用 RCF 和 SCF 表示（图 6.10），玉米对抗生素的转运能力用 TF 表示（图 6.11）。如图 6.10（a），对比所有处理中的 RCF 值和 TF 值，发现在 NaN$_3$ 处理中 CTC 的 RCF 值最高（8.22%），且在 SHAM+NaN$_3$ 处理中 RCF 值最低（0.06%），其他处理的 RCF 值范围为 0.65%～2.2%。空白 CK 处理中 CTC 的 RCF 值显著低于 NaN$_3$ 处理，但显著高于 SHAM+NaN$_3$ 处理。这说明，SHAM 和 NaN$_3$ 对玉米吸收 CTC 有显著的抑制作用，且玉米的主要呼吸途径为抗氰呼吸，伴随少量细胞色素途径呼吸。而 NaN$_3$ 处理中 CTC 的 RCF 值远高于 CK 处理，表明当 NaN$_3$ 和 10 mg/L CTC 一起使用时，玉米的抗氰呼吸更加活跃，从而导致了根系对抗生素的强吸收。对比两图可知，CTC 在玉米中的 RCF、SCF 和 TF 值在丙二酸和 CK 处理间无显著差异，则丙二酸处理中 CTC 的吸收未受影响，表明抑制电子从琥珀酸转移至黄素腺嘌呤二核苷酸对玉米根系能量的产生毫无影响。综上，玉米根系对 CTC 的吸收是一种需能的主动吸收过程，且受抗氰呼吸影响更大。玉米中 CTC 的 SCF 值则按以下顺序降低：CK≥NaN$_3$≥丙二酸>HgCl$_2$≥

SHAM＞SHAM+NaN$_3$，CTC 的 TF 值在 NaN$_3$ 和 HgCl$_2$ 处理中则远低于其他处理。即 HgCl$_2$ 处理中 CTC 的 RCF 值与 CK 处理中相近，而 HgCl$_2$ 处理中 TF 值较低，表明 CTC 不能通过水通道进入根部，但玉米中 CTC 的转运却受到了水通道蛋白的影响。

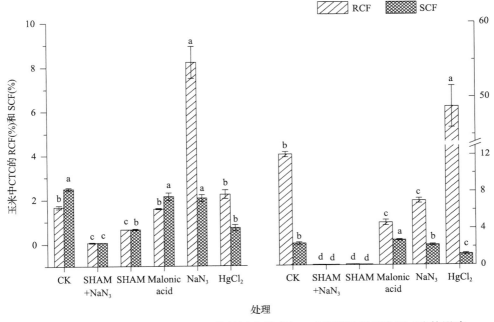

图 6.10　不同呼吸抑制剂对玉米吸收转运金霉素 (CTC) 和磺胺甲噁唑 (SMZ) 的影响
误差条表示为平均值±标准误差 (n=3)。不同的小写字母表示不同处理间有显著差异 (P＜0.05)

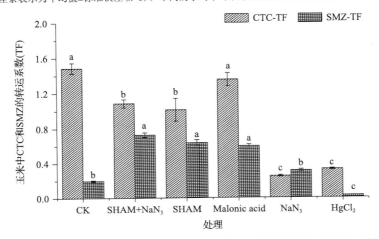

图 6.11　不同呼吸抑制剂对玉米幼苗转运金霉素 (CTC) 和磺胺甲噁唑 (SMZ) 的影响
误差棒表示平均值±标准误差 (n=3)。不同的小写字母表示 TF 值在不同处理间有显著差异 (P＜0.05)

如图 6.10(b)所示,与空白对照 CK 处理相比,4 种呼吸抑制剂均起到了作用,抑制效果从大到小分别为 SHAM+NaN$_3$>SHAM>丙二酸>NaN$_3$,因此玉米根系对 SMZ 的吸收过程主要为抗氰呼吸,细胞色素酶途径的呼吸较少。NaN$_3$ 处理中 SMZ 的 RCF 值显著高于其在丙二酸处理,说明抑制三羧酸循环对玉米吸收 SMZ 的抑制作用强于抑制呼吸电子传递链。综上,在添加了 10 mg/L 的 SMZ 后,玉米根系对 SMZ 的吸收为需能的主动吸收过程,且抗氰呼吸与细胞色素酶途径呼吸并存,抗氰呼吸作用更大,这与玉米根系吸收 CTC 的过程相似。玉米幼苗中 SCF 值按以下顺序降低:丙二酸(2.72%)>CK≥NaN$_3$>HgCl$_2$>SHAM≥SHAM+NaN$_3$ (0.04%)。此外,玉米幼苗中 SMZ 的 TF 值按如下顺序降低:SHAM+NaN$_3$(0.73)≥ SHAM≥丙二酸>NaN$_3$≥CK>HgCl$_2$(0.03)。说明添加 HgCl$_2$ 后,玉米的抗氰呼吸变得更加活跃,但抑制玉米水通道蛋白后会显著抑制玉米对 SMZ 的转运,SMZ 在玉米体内的转运是与水分运输有关的过程;廖敏(2012)的试验中表明三种 SAs 在番茄木质部运输,部分 SAs 在番茄的韧皮部运输,与本研究结果相似。这与大多数化合物在植物体内的运输方式相似:通过凯氏带在根部转运,然后通过木质部转运到叶片或通过韧皮部转运到果实中(Pan et al., 2017b)。

本节分析讨论了玉米对抗生素的吸收、分布和转运机制。选用的三种抗生素在根尖(0.5~10 mm)不同富集分布取决于抗生素的理化性质:CTC 和 SMZ 更易于在 0.5~2.0 mm 区域(细胞分裂区)富集,而 ST 更倾向于分布于 6.0~8.0 mm 区域(伸长区)。在含有混合抗生素营养液中培养的玉米对三种抗生素的吸收存在一定的竞争和协同关系(SMZ 和 ST 竞争,CTC 与其他两种抗生素协同)。本研究亦发现玉米对三种抗生素存在的生物降解量远高于其自身降解量,且水培条件三种抗生素均比在土壤环境中更易被玉米吸收并从根部转运到茎叶。此外,玉米对抗生素的吸收过程为耗能的主动吸收,且对抗生素的转运能力与玉米根系中水通道蛋白的活性相关。我们的研究结果对农作物食品污染的管理及环境中抗生素的植物修复技术的开发具有重要的意义。

参 考 文 献

鲍士旦. 2000. 土壤农化分析. 北京: 中国农业出版社.

金彩霞, 毛蕾, 司晓薇. 2015. 3 种磺胺类兽药单一及复合污染对不同作物根尖细胞的微核效应研究. 农业环境科学学报, 34 (4): 666-671.

李少昆, 赵久然, 董树亭, 等. 2017. 中国玉米栽培研究进展与展望. 中国农业科学, 50 (11): 1941-1959.

李学德. 2015. 典型磺胺类抗生素在土壤-蔬菜系统中的环境行为研究. 南京: 南京大学.

廖敏. 2012. 三种磺胺类药物在植物体内的迁移与积累研究. 合肥: 安徽农业大学.

刘娣. 2017. 土壤-蔬菜系统中四环素类抗生素迁移积累与污染的细胞诊断方法. 杭州: 浙江大学.

刘辉, 张静, 杜彦修, 等. 2009. 水稻苗期吸收积累硅素的品种差异研究. 植物遗传资源学报, 10 (2): 278-282.

王筱宇. 2016. 交替途径在缺氮诱导早熟禾愈伤组织盐耐受性中的机理研究. 兰州: 兰州大学.

王艳, 马玉龙, 马琳, 等. 2015. 泰乐菌素的微生物降解途径及其降解产物研究. 环境科学学报, 35 (2): 491-498.

徐秋桐, 鲍陈燕, 章明奎. 2014. 土壤抗生素污染对 3 种蔬菜种子萌发及根系生长的影响. 江西农业学报, 9: 37-43.

叶创兴, 朱念德. 2014. 植物学. 北京: 高等教育出版社.

章程, 冯瑶, 刘元望, 等. 2018. 菠菜土壤中典型抗生素的微生物降解及细菌多样性. 中国农业科学, 51 (19): 118-131.

章明奎, 顾国平, 鲍陈燕. 2015. 兽用抗生素在土壤中的衰减特征及其与土壤性状的关系研究. 中国农学通报, 31: 228-236.

朱峰, 苏丹, 安婧, 等. 2017. 磺胺类抗生素在土壤-植物系统中的迁移特征. 生态学杂志, 36(5): 1402-1407.

Azanu D, Mortey C, Darko G, et al. 2016. Uptake of antibiotics from irrigation water by plants. Chemosphere, 157: 107-114.

Dong H K, Gupta S, Rosen C, et al. 2013. Antibiotic uptake by vegetable crops from manure-applied soils. Journal of Agricultural and Food Chemistry, 61 (42): 9992-10001.

Feng Y, Wei C, Zhang W, et al. 2016. A simple and economic method for simultaneous determination of 11 antibiotics in manure by solid-phase extraction and high-performance liquid chromatography. Journal of Soils & Sediments, 16 (9): 2242-2251.

Feng Y, Zhang W, Liu Y, et al. 2018. A simple, sensitive, and reliable method for the simultaneous determination of multiple antibiotics in vegetables through SPE-HPLC-MS/MS. Molecules, 23 (8): 1953.

Gilmore S R, Masle J, Farquhar G D. 2005. The ERECTA gene regulates plant transpiration efficiency in Arabidopsis. Nature, 436 (7052): 866-870.

Goldstein M, Shenker M, Chefetz B. 2014. Insights into the uptake processes of wastewater-borne pharmaceuticals by vegetables. Environmental Science & Technology, 48 (10): 5593-5600.

IARC. 2017. Monographs on the evaluation of carcinogenic risks to Humans. Lyon, France: The IARC Monographs, 1-120.

Ichikawa M, Hirano T, Enami K, et al. 2014. Syntaxin of plant proteins SYP123 and SYP132 mediate root hair tip growth in Arabidopsis thaliana. Plant & Cell Physiology, 55 (4): 790-800.

Kim J S, Kim J W. 2014. Arsenite oxidation-enhanced photocatalytic degradation of phenolic pollutants on platinized TiO_2. Environmental Science & Technology, 48 (22): 13384-13391.

Kong W, Zhu Y, Liang Y, et al. 2007. Uptake of oxytetracycline and its phytotoxicity to alfalfa (*Medicago sativa* L.). Environmental Pollution, 147 (1): 187-193.

Lee J, Seo Y, Essington M E. 2014. Sorption and transport of veterinary pharmaceuticals in soil—A laboratory study. Soil Science Society of America Journal, 78 (5): 1531.

Li X, Yu H, Xu S et al. 2013. Uptake of three sulfonamides from contaminated soil by pakchoi cabbage. Ecotoxicology Environmental Safety, 92 (3): 297-302.

Liu J, Schnoor J L. 2008. Uptake and translocation of Lesser-Chlorinated polychlorinated biphenyls (PCBs) in whole hybrid poplar plants after hydroponic exposure. Chemosphere, 73 (10): 1608-1616.

Liu Y, Li Z, Feng Y, et al. 2016. Research progress in microbial degradation of antibiotics. Journal of Agro-Environment Science, 96 (3): 138-140.

Mathews S, Reinhold D. 2013. Biosolid-borne tetracyclines and sulfonamides in plants. Environmental Science & Pollution Research, 20 (7): 4327-4338.

Miller E L, Nason S L, Karthikeyan K G, et al. 2015. Root uptake of pharmaceutical and personal care product ingredients. Environmental Science & Technology, 50 (2): 525-541.

Pan M, Chu L M. 2017a. Transfer of antibiotics from wastewater or animal manure to soil and edible crops. Environmental Pollution, 231: 829.

Pan M, Chu L M. 2017b. Fate of antibiotics in soil and their uptake by edible crops. Science of the Total Environment, 599: 500-512.

Papich M G. 2016. Tylosin. Saunders Handbook of Veterinary Drugs, 826-827.

Polygalova O O, Bufetov E N, Ponomareva A A. 2007. Peculiarities of functioning of wheat cut-off root cells at inhibition of complexes I and II of mitochondrial respiratory chain. Cell and Tissue Biology, 1 (5): 439-445.

Siedow J N, Berthold D A. 1986. The alternative oxidase: A cyanide-resistant respiratory pathway in higher plants. Physiologia Plantarum, 66 (3): 569-573.

Taiz L, Zeiger E. 2002. Plant Physiology. Third Edition.

Wang X, Oh M W, Sakata K, et al. 2016. Gel-free/label-free proteomic analysis of root tip of soybean over time under flooding and drought stresses. Journal of Proteomics, 130: 42-55.

Xie X, Zhou Q, Bao Q, et al. 2011. Genotoxicity of tetracycline as an emerging pollutant on root meristem cells of wheat (*Triticum aestivum* L.). Environmental Toxicology, 26 (4): 417-423.

Xu X, Wen B, Huang H, et al. 2016. Uptake, translocation and biotransformation kinetics of BDE-47, 6-OH-BDE-47 and 6-MeO-BDE-47 in maize (*Zea mays* L.). Environmental Pollution, 208: 714-722.

Yang C, Huang C, Cheng T, et al. 2015. Inhibitory effect of salinity on the photocatalytic degradation of three sulfonamide antibiotics. International Biodeterioration and Biodegradation, 102 (1): 116-125.

Zhan X, Liang X, Xu G, et al. 2013. Influence of plant root morphology and tissue composition on phenanthrene uptake: Stepwise multiple linear regression analysis. Environmental Pollution, 179 (8): 294-300.

Zhang C, Feng Y, Liu Y, et al. 2017. Uptake and translocation of organic pollutants in plants: A review. Journal of Integrative Agriculture, 16 (8): 1659-1668.

Zhang L, Sun X. 2014. Changes in physical, chemical, and microbiological properties during the two-stage co-composting of green waste with spent mushroom compost and biochar. Bioresource Technology, 171 (1): 274-284.

Zhang Q, Ying G, Pan C, et al. 2015. Comprehensive evaluation of antibiotics emission and fate in the river basins of china: Source analysis, multimedia modeling, and linkage to bacterial resistance. Environmental Science & Technology, 49 (11): 6772-6782.

第 7 章　典型抗生素对植物的影响及其机制

抗生素作为饲料添加剂饲喂动物后，一部分被代谢分解，一部分残留于动物体内，一部分会随着粪尿排出体外，最后进入土水环境中。抗生素残留对环境中的微生物和动物可以产生危害，对环境中的植物等也具有潜在的威胁。在土壤中，土霉素能够被植物所吸收，影响植物正常的生长，最终进入食物链，影响其他动物和人类的健康。因此，研究土霉素对植物的影响有很重要的意义。但是有关土霉素对植物毒性方面的研究较少，因此，本章以小麦为研究对象，研究土霉素对不同小麦的毒性效应及其相应机制，旨在为全面评价土霉素等四环素类抗生素的生态风险提供依据。

7.1　土霉素对小麦的毒性分析

7.1.1　不同小麦品种对土霉素胁迫的响应

1. 试验设计与研究方法

为了研究不同小麦品种对土霉素的响应的品种间差异，从生产中常用的小麦品种挑选了 62 个小麦品种进行试验。其中 PH01-24、烟辐 188、济麦 19、烟优 361、冀麦 38、周麦 18、小冰麦 33、中北 440、邯优 3475、科麦 1 号、内乡 188、温麦 6 号、平安 6 号、晋麦 7 号、泰山 008、DF412、郑麦 366、CA0045、偃 503、临远 3158、淄麦 12、荥州 137、烟农 15、豫展 5 号、良星 99、高优 503、核优 1 号、济麦 20、郑 9023、矮抗 58、京 411、西农 2611、CA8686、徐麦 954、京东 8 号、轮选 323、轮选 987、济南 17、偃展 4110、曲麦 16、冀麦 54、绵阳 26、烟农 21、皖麦 38、衡 5386、石家庄 9 号、京冬 11、中优 9507 和烟辐 88 由中国农业科学院作物科学研究所提供。晋麦 81、临汾 138、临运 3158、临优 2069、运旱 22-33、晋麦 80、临丰 615、晋麦 79 号、石 4185、长 6359、临旱 536、临旱 6 号和长 6878 由山西省农业科学院小麦研究所提供。

试验共设计 6 个含有不同浓度土霉素的处理：①0.0 mg/L（CK），②0.8 mg/L，③1.6 mg/L，④3.2 mg/L，⑤6.4 mg/L，⑥12.8 mg/L，每个处理重复 4 次。按照梯度稀释法配制试验所设系列土霉素的水溶液。分别吸取不同浓度的土霉素水溶液 10 mL 于装有滤纸的培养皿中。每个培养皿放入 20 粒经常规催芽露白的小麦种子，然后置于人工气候室（25℃）内暗培养 1 周。培养期间，每天通过称重差减法，以去离子水补充损失的水分。培养 1 周后，分别进行小麦种根长的测定，计算不同浓度土霉素对小麦种根长的抑制率。然后再采用 DPS 数据处理系统(唐启义和冯明光，1997)，以抑制率的概率值(Y)和土霉素浓度的对数值(X)分别建立回归方程式($Y=aX+b$)，最后根据所得的回归方程，求出土霉素对不同小麦品种生长抑制率为 50%时的浓度(即 EC_{50} 值)。

2. 不同小麦品种对土霉素胁迫的耐性

不同小麦品种对土霉素的耐性的测定结果见表 7.1。由表 7.1 可知，不同小麦品种根对土霉素的响应均可用直线方程描述，相关系数在 0.8417~0.9997 之间。土霉素抑制小麦种根生长 50%的浓度(EC_{50})介于 1.25~54.21 mg/L 之间，其中对80%的受试小麦品种的 EC_{50} 值介于 1.25~10.67 mg/L 之间，表明不同小麦品种根生长受到土霉素的影响是不同的。小麦的 EC_{50} 值越大，表明该小麦品种对土霉素的耐性越强。土霉素对烟农 21 和核优 1 号的 EC_{50} 值分别为 54.21 mg/L 和1.25 mg/L，表明烟农 21 对土霉素的耐性最强，核优 1 号对土霉素的耐性最弱，土霉素对烟农 21 的 EC_{50} 值是其对核优 1 号的 43.37 倍。表明烟农 21 对土霉素的耐性显著强于核优 1 号。此前也有关于微生物尤其是病菌对土霉素等抗生素耐性不同的报道（李兆君等，2008)，但是鲜见关于植物对土霉素等抗生素的耐性差异性的报道，因此，其机理尚需进一步研究。

表 7.1　小麦对土霉素耐性的基因型差异

小麦品种	回归方程式	相关系数(R)	EC_{50}(mg/L)
PH01-24	$Y=0.4439X+4.6117$	0.9870	7.50
烟辐 188	$Y=0.7991X+4.7928$	0.9977	1.82
晋麦 81	$Y=0.7601X+4.3237$	0.9817	7.76
济麦 19	$Y=1.2908X+4.2223$	0.9641	4.00
临汾 138	$Y=0.9332X+4.4229$	0.9396	4.15
临运 3158	$Y=0.6861X+4.6444$	0.9821	3.30
临优 2069	$Y=0.7493X+4.7456$	0.9632	2.19
烟优 361	$Y=0.8617X+4.6358$	0.9888	2.65
冀麦 38	$Y=0.4843X+5.1337$	0.8417	0.53
周麦 18	$Y=0.6289X+4.8514$	0.9926	1.72
小冰麦 33	$Y=0.8915X+4.5651$	0.9877	3.08
中北 440	$Y=0.6474X+4.8836$	0.9916	1.51
邯优 3475	$Y=0.7413X+4.6290$	0.9931	3.17
运旱 22-33	$Y=0.8343X+4.4833$	0.9526	4.16
科麦 1 号	$Y=1.7802X+3.8392$	0.9215	4.49

续表

小麦品种	回归方程式	相关系数(R)	EC_{50} (mg/L)
内乡 188	$Y=1.2104X+4.1856$	0.8605	4.71
温麦 6 号	$Y=0.5998X+4.7767$	0.9746	2.36
平安 6 号	$Y=1.0166X+4.0117$	0.9612	9.38
晋麦 7 号	$Y=0.7600X+4.4393$	0.9420	5.47
晋麦 80	$Y=0.5691X+4.5089$	0.9711	7.29
泰山 008	$Y=1.0189X+4.1561$	0.9776	6.73
DF412	$Y=1.7968X+3.6538$	0.9527	5.61
郑麦 366	$Y=0.5478X+4.7244$	0.9833	3.18
临丰 615	$Y=0.8488X+4.6496$	0.9780	2.59
CA0045	$Y=1.5813X+4.0364$	0.9985	4.07
偃 503	$Y=1.3673X+3.7352$	0.9383	8.41
临远 3158	$Y=0.6445X+4.8057$	0.9997	2.00
晋麦 79 号	$Y=1.0001X+4.1226$	0.9951	7.54
石 4185	$Y=0.9529X+4.8324$	0.9748	1.50
长 6359	$Y=0.8535X+4.3926$	0.9745	5.15
淄麦 12	$Y=0.8117X+4.7113$	0.9421	2.27
茱州 137	$Y=0.6580X+4.6016$	0.9934	4.02
烟农 15	$Y=1.4056X+4.0742$	0.9909	4.56
豫展 5 号	$Y=0.7706X+4.7186$	0.9778	2.32
临旱 536	$Y=1.2031X+4.2600$	0.9584	4.12
良星 99	$Y=0.6734X+4.700$	0.9323	2.79
高优 503	$Y=0.8692X+4.3367$	0.9874	5.80
核优 1 号	$Y=0.5840X+4.9435$	0.9944	1.25
济麦 20	$Y=0.8504X+4.3519$	0.9931	5.78
郑 9023	$Y=0.4398X+4.4843$	0.8950	14.87
矮抗 58	$Y=0.7075X+4.3189$	0.9777	9.18
临旱 6 号	$Y=0.9862X+4.2605$	0.9963	5.62
长 6878	$Y=1.5788X+3.6911$	0.9555	6.75
京 411	$Y=1.0821X+4.5441$	0.9865	2.64
西农 2611	$Y=0.5630X+3.4295$	0.8752	7.76
CA8686	$Y=0.8738X+4.4721$	0.9901	4.02
徐麦 954	$Y=0.8363X+4.2982$	0.9885	6.90
京东 8 号	$Y=0.8388X+4.5642$	0.9812	3.31

续表

小麦品种	回归方程式	相关系数(R)	EC$_{50}$(mg/L)
轮选 323	$Y=0.7640X+4.6319$	0.9690	3.03
轮选 987	$Y=0.7456X+4.6228$	0.9817	3.21
济南 17	$Y=0.9949X+4.3595$	0.9986	4.40
偃展 4110	$Y=0.6693X+4.6342$	0.9992	3.52
曲麦 16	$Y=0.5042X+4.7102$	0.9309	3.76
冀麦 54	$Y=1.0849X+4.5996$	0.9842	2.34
绵阳 26	$Y=0.9781X+4.6353$	0.9895	2.36
烟农 21	$Y=0.9439X+3.3632$	0.9820	54.21
皖麦 38	$Y=1.3711X+4.1768$	0.9684	3.98
衡 5386	$Y=0.9327X+4.3671$	0.9929	4.78
石家庄 9 号	$Y=0.8563X+4.7341$	0.9893	2.04
京冬 11	$Y=1.8771X+3.0696$	0.9342	10.67
中优 9507	$Y=1.4464X+3.8990$	0.9121	5.77
烟辐 88	$Y=0.6857X+4.4821$	0.9512	5.69

7.1.2　土霉素对小麦根生长及形态指标的影响

不同的小麦品种对土霉素具有不同程度的耐性，而因为根部是直接接触污染物的器官，同时根部也是植物运输营养物质的主要器官，植物根的生长是评价毒性的一个最主要的指标。本研究主要采用 Epson 根系扫描仪及 WinRH IZO 分析软件测定根的数量、总长、根的表面积、根的平均直径以及根的体积，然后利用 log-logistic 剂量效应曲线（$y=\dfrac{y_0}{1+e^{(x-a)/b}}$，其中，$y$ 为植株的生物量；x 为土霉素的浓度；y_0 为空白对照植株的生物量；a 为 EC$_{50}$ 的对数（logEC$_{50}$），EC$_{50}$ 是指使植株的生物量较对照降低 50%对应的土霉素浓度；EC$_{10}$ 是指使植株的生物量较对照降低 10%对应的土霉素浓度；b 为剂量-效应曲线的斜率的倒数）拟合，从而对土霉素对植物根系的影响进行评价。

1. 试验设计与研究方法

本研究挑选核优 1 号（土霉素敏感品种）和烟农 21（土霉素不敏感品种）作为供试小麦品种，进行不同浓度土霉素对小麦根系生长影响的研究。

首先用 10% H$_2$O$_2$ 对小麦种子消毒 5 min，然后用蒸馏水反复冲洗，最后将种子放在两层润湿滤纸上置于黑暗中 25℃恒温箱内发芽。待芽萌发后，播于盛有石英砂的育苗盘中，置于温室中生长。小麦出现第 2 片真叶时，挑选健壮且生长一致的麦苗，移栽到带孔盖的 3 L 的塑料箱中，每孔 2 株，开始用 1/4 强度的营养液，然后用 1/2 强度的营养液，4 天后用完全营养液。其中营养液组成为（g/L）：0.49 MgSO$_4$·7H$_2$O，0.51 KNO$_3$，0.14 KH$_2$PO$_4$，1.18 Ca（NO$_3$）$_2$·7H$_2$O，Fe-EDTA 代替柠檬酸铁作为铁源（0.05 mmol/L），微量元素用 Arnon 营养液。试验在人工气候室中进行，日温/夜温控制在 25℃/20℃，光强为 400 μmol/（m^2·s）。光照时间 12 h/d，营养液每天更换。各处理营养液 pH 用 KOH 或 H$_2$SO$_4$ 稀溶液调节至 5.5。当麦苗生长至 3 片真叶全展开时，在同样生长条件下，用含有浓度分别为 0 mg/L、5 mg/L、10 mg/L、20 mg/L、40 mg/L 土霉素（OTC）的培养液培养，每个处理重复 3 次。每天更换一次营养液，共培养 21 天。

2. 土霉素对小麦根生长及形态指标的影响

由图 7.1 可知，不同浓度土霉素对根的长度、根系的数量和根的粗细程度均有一定的影响。对照的根的长度、侧根的数量以及根的粗细均大于处理后的小麦。40 mg/L 土霉素处理后的小麦根系数量明显较少。

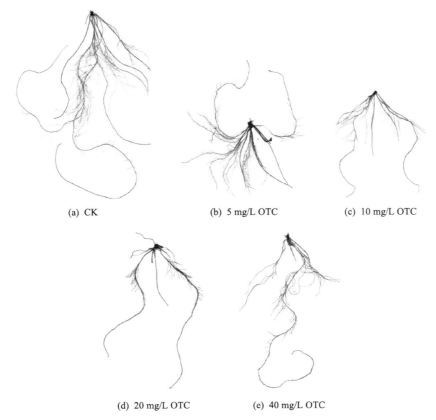

(a) CK	(b) 5 mg/L OTC	(c) 10 mg/L OTC

(d) 20 mg/L OTC (e) 40 mg/L OTC

图 7.1 不同浓度土霉素对根生长的影响

3. 土霉素对各个指标总的影响

由表 7.2 可知，随着土霉素浓度的升高，两个不同耐性小麦品种的根总长、根总面积、根体积以及根数量显著下降。当土霉素浓度为 40 mg/L 时，核优 1 号根总长是对照的 19.4%，下降了 81.6%；烟农 21 根总长下降了 77%；核优 1 号根表面积是对照的 24.09%，烟农 21 根表面积是对照的 31.33%；核优 1 号根体积是对照的 32.43%，烟农 21 根体积是对照的 44.4%；核优 1 号根数量是对照的 10.4%，烟农 21 根数量是对照的 12.48%。

表 7.2　土霉素对根的影响

OTC (mg/L)	根总长 (cm)		根总表面积 (cm²)		根体积 (cm³)		根数量	
	核优	烟农	核优	烟农	核优	烟农	核优	烟农
0	428.20a	749.37b	45.97a	65.31e	0.37a	0.45e	1365.13a	2048.60d
5	184.91df	548.86c	20.88bc	49.69a	0.18bc	0.36a	751.87b	1074.93e
10	130.36de	224.47f	13.81bd	25.92c	0.12c	0.25b	339.07c	370.80c
20	93.57eh	254.76f	12.72bd	28.15c	0.13cd	0.25b	193.87c	310.47c
40	83.21e	171.46dfh	11.07d	20.46bc	0.12c	0.20d	142.53c	255.70c

注：数值后小写字母 (a,b,c,d,e,f,h) 表示同一指标各处理间存在显著差异 ($P < 0.05$)

不同品种小麦根的各项指标与土霉素添加量之间的剂量-效应关系见图 7.2，通过剂量效应曲线计算得到土霉素的毒性见表 7.3。从图 7.2 中可以看出，根的各项

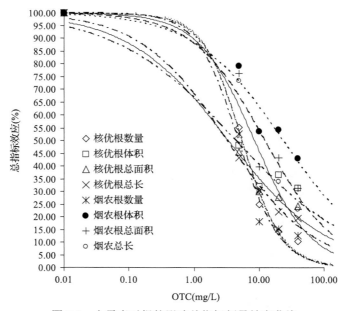

图 7.2　土霉素对根的影响总指标剂量效应曲线

表 7.3　土霉素对不同品种小麦根生长毒性阈值(mg/L)

	烟农		核优	
	EC_{50}	EC_{10}	EC_{50}	EC_{10}
根的总长	8.52	0.95	3.18	0.11
根的总表面积	12.1	0.75	3.38	0.07
根数量	4.77	0.95	5.39	1.15
根体积	23.1	0.73	4.33	0.04

指标随着土霉素浓度的增加而相应降低。从表 7.3 可以看出，小麦根的总长减少 10%对应的土霉素浓度(EC_{10})分别为 0.95 mg/L(烟农)和 0.11 mg/L(核优)，小麦根的总表面积 EC_{10} 为 0.75 mg/L(烟农)和 0.067 mg/L(核优)，小麦根的数量 EC_{10} 为 0.95 mg/L(烟农)和 1.15 mg/L(核优)，小麦根的体积 EC_{10} 为 0.73 mg/L(烟农) 和 0.04 mg/L(核优)。

从表 7.3 还可以看出，土霉素对小麦根的总长、表面积、根数量、体积的 EC_{50} 为核优 1 号根数量>核优 1 号根体积>核优 1 号表面积>核优 1 号根长，烟农 21 根体积>烟农 21 表面积>烟农 21 根总长>烟农 21 根数量。小麦品种烟农 21 的 EC_{50} 值大于核优，烟农 21 对土霉素不敏感，核优 1 号敏感。

4. 土霉素对不同直径根长度的影响

如表 7.4 所示，土霉素显著影响烟农 21 和核优 1 号不同直径根的长度。当土霉素浓度为 40 mg/L 条件下，核优 1 号 0 mm<d<0.25 mm 直径根长是对照的 12.43%，烟农 21 0 mm<d<0.25 mm 直径根长是对照的 14.34%；核优 1 号 0.25 mm<d<0.5 mm 直径根长是对照的 35.49%，烟农 21 0.25 mm<d<0.5 mm 直径根长是对照的 51.2%。如图 7.3(a)，土霉素能够降低核优 1 号不同直径根的长度，但对不同直径的根系的影响是不同的。不同直径根的 EC_{50} 以及 EC_{10} 分别如表 7.5 所示，核优 1 号 2.25 mm<d<2.5 mm 直径根长 EC_{50} 为 11 mg/L，核优 1 号 0.5 mm<d<0.75 mm 直径根长 EC_{50} 为 2.79 mg/L，核优 1 号 1.5 mm<d<1.75 mm 直径根长 EC_{50} 值最小，为 2.09 mg/L。

如图 7.3(b)所示，土霉素同样能够降低烟农 21 不同直径根的长度，但是对不同直径的根系的影响是不同的。如表 7.6 和表 7.7 所示，烟农 21 不同直径根长 EC_{50} 和 EC_{10} 大于核优 1 号不同直径根长 EC_{50}、EC_{10} 值，烟农 21 0.25 mm<d<0.5 mm 直径根长 EC_{50} 值 29.6 mg/L，烟农 21 1.75 mm<d<2 mm 直径根长 EC_{50} 值最大，为 2.73 mg/L。

表 7.4　土霉素对不同直径根长影响 (cm)

直径 (mm)

OTC(mg/L)	0<d<0.25 核优	烟农	0.25<d<0.5 核优	烟农	0.5<d<0.75 核优	烟农	0.75<d<1.0 核优	烟农	1.0<d<1.25 核优	烟农	1.25<d<1.5 核优	烟农	1.5<d<1.75 核优	烟农	1.75<d<2.0 核优	烟农	2.0<d<2.25 核优	烟农	2.25<d<2.5 核优	烟农
0	294.68a	565.00c	87.68a	146.65c	35.52a	53.44a	6.57a	8.87e	4.35a	3.21d	3.11a	1.78d	2.02a	3.78c	1.11a	1.91c	0.53a	0.42ae	1.32a	1.54c
5	124.06b	399.54d	40.49b	122.04bd	14.99bc	34.05a	4.31b	6.02ab	2.38bd	2.55bd	1.23bce	1.29bce	0.75ab	0.87ab	0.62ab	0.69ab	0.45ab	0.31ade	0.91ab	1.21ac
10	80.11c	135.17d	35.34c	74.23d	10.22c	21.12b	2.62bc	4.61b	1.10c	1.70bc	0.55cd	0.97cd	0.25b	0.44b	0.21b	0.31b	0.09cd	0.26bce	0.66b	0.86ab
20	47.62d	147.52d	40.03c	83.44d	10.27c	16.81bc	2.13cd	3.48bd	0.97c	1.328c	0.53bcd	0.63bcd	0.37b	0.38b	0.19b	0.25b	0.072c	0.20cd	0.46b	0.83ab
40	36.64d	81.60d	31.12d	73.14d	11.29c	12.07c	2.05cd	1.99cd	0.79c	0.73c	0.32d	0.40d	0.25b	0.28b	0.19b	0.15b	0.13cd	0.09cd	0.37b	0.43b

注：数值后小写字母(a,b,c,d,e,f)表示同一直径各处理间存在显著差异(P<0.05)

表 7.5　土霉素对不同直径根表面积的影响 (cm²)

直径 (mm)

OTC(mg/L)	0<d<0.25 核优	烟农	0.25<d<0.5 核优	烟农	0.5<d<0.75 核优	烟农	0.75<d<1.0 核优	烟农	1.0<d<1.25 核优	烟农	1.25<d<1.5 核优	烟农	1.5<d<1.75 核优	烟农	1.75<d<2.0 核优	烟农	2.0<d<2.25 核优	烟农	2.25<d<2.5 核优	烟农
0	9.83a	19.29d	10.27a	16.38c	6.48a	9.82c	1.78a	2.38f	1.54a	1.13be	1.33a	0.76b	1.03a	1.94c	0.64a	1.09c	0.35a	0.28ab	1.36ad	1.65d
5	4.02b	14.78e	4.66b	13.42d	2.79bc	6.30a	1.17bcd	1.63ad	0.83bc	0.89ce	0.52bf	0.55bf	0.38ab	0.44b	0.36ab	0.41ab	0.29ab	0.21ac	0.88ab	1.22ad
10	3.01bc	6.28fh	3.98b	8.01e	1.89b	3.97c	0.71ce	1.24dh	0.38df	0.61cd	0.23cef	0.42def	0.14b	0.22b	0.12b	0.18b	0.07cd	0.17cd	0.63bc	0.93ac
20	2.49bc	7.61h	4.51b	9.12ae	1.88b	3.13bc	0.58e	0.93ceh	0.34df	0.46df	0.22cef	0.27def	0.19b	0.19b	0.12b	0.15b	0.05d	0.13cd	0.47bc	0.82c
40	1.87c	4.46bf	3.54b	8.03e	2.05b	2.20b	0.55e	0.54e	0.27df	0.206f	0.14e	0.17e	0.13b	0.14b	0.11b	0.09b	0.09cd	0.06cd	0.38bc	0.44bc

注：数值后小写字母(a,b,c,d,e,f)表示同一直径各处理间存在显著差异(P<0.05)

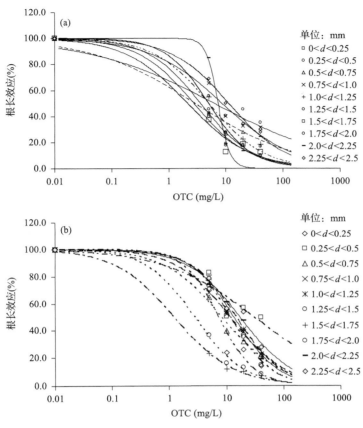

图 7.3　不同直径根长剂量效应曲线

(a) 核优 1 号；(b) 烟农 21

表 7.6　核优 1 号不同直径根长 EC_{50} 和 EC_{10} 值 (mg/L)

直径 (mm)	$0<d<$ 0.25	$0.25<d$ <0.5	$0.5<d$ <0.75	$0.75<d$ <1.0	$1.0<d$ <1.25	$1.25<d$ <1.5	$1.5<d$ <1.75	$1.75<d$ <2.0	$2.0<d$ <2.25	$2.25<d$ <2.5
EC_{50}	3.58	6.12	2.79	8.51	4.90	2.74	2.09	4.88	7.32	11.00
EC_{10}	0.36	0.03	0.03	0.37	0.44	0.24	0.13	0.74	4.34	0.82

表 7.7　烟农 21 不同直径根长 EC_{50} 和 EC_{10} 值 (mg/L)

直径 (mm)	$0<d<$ 0.25	$0.25<d$ <0.5	$0.5<d$ <0.75	$0.75<d$ <1.0	$1.0<d$ <1.25	$1.25<d$ <1.5	$1.5<d$ <1.75	$1.75<d$ <2.0	$2.0<d$ <2.25	$2.25<d$ <2.5
EC_{50}	7.21	29.60	8.12	11.30	13.50	11.60	17.20	2.73	14.90	17.20
EC_{10}	1.51	0.55	0.64	1.05	2.00	2.02	1.71	0.33	2.16	1.71

5. 土霉素对不同直径根表面积的影响

如表 7.5 所示，随着土霉素浓度的增加，核优 1 号和烟农 21 不同直径根表面积显著下降。土霉素浓度为 40 mg/L 时，核优 1 号 0 mm<d<0.25 mm 直径根表面积是对照的 61.7%，烟农 21 0 mm<d<0.25 mm 直径根表面积是对照的 22.2%；核优 1 号 0.5 mm<d<0.75 mm 直径根表面积是对照的 31.63%，烟农 21 0.5 mm<d<0.75 mm 直径根表面积是对照的 22.4%。

如图 7.4(a) 所示，土霉素能够使核优 1 号不同直径根表面积降低，但是对不同直径的根表面积的影响是不同的。不同直径根表面积的 EC_{50} 以及 EC_{10} 值如表 7.8 所示，核优 1 号 2.25 mm<d<2.5 mm 直径根表面积的 EC_{50} 值最高，为 9.62 mg/L；核优 1.5 mm<d<1.75 mm 直径根表面积 EC_{50} 最低，为 2.07 mg/L。核优 1 号 2 mm<d<2.25 mm 直径根表面积 EC_{10} 最高，为 4.34 mg/L；核优 1 号 0.25 mm<d<0.5 mm 直径根表面积 EC_{10} 值最低，为 0.026 mg/L。

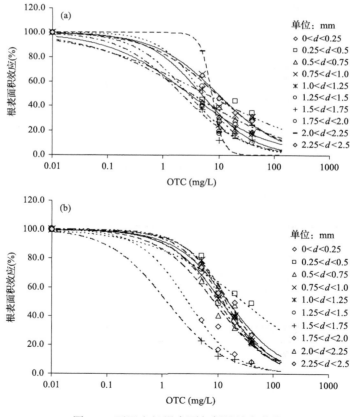

图 7.4　不同直径根表面积剂量效应曲线
(a) 核优 1 号；(b) 烟农 21

表 7.8　核优 1 号不同直径表面积 EC_{50} 和 EC_{10} 值（mg/L）

直径 (mm)	$0<d<$ 0.25	$0.25<d$ <0.5	$0.5<d$ <0.75	$0.75<d$ <1.0	$1.0<d$ <1.25	$1.25<d$ <1.5	$1.5<d$ <1.75	$1.75<d$ <2.0	$2.0<d$ <2.25	$2.25<d$ <2.5
EC_{50}	2.89	5.63	3.09	8.69	4.78	2.74	2.07	5.00	7.32	9.62
EC_{10}	0.07	0.03	0.03	0.41	0.43	0.24	0.13	0.74	4.34	0.55

如图 7.4(b) 所示，土霉素降低了烟农 21 不同直径根的表面积，但是对不同直径根的影响是不同的。不同直径根表面积 EC_{50} 和 EC_{10} 值如表 7.9 所示，烟农 21 不同直径根表面积 EC_{50} 和 EC_{10} 值均大于核优 1 号不同直径根的表面积的 EC_{50}、EC_{10} 值。烟农 21 0.25 mm$<d<$0.5 mm 和 2.25 mm$<d<$2.5 mm 直径根表面积 EC_{50} 较高，均为 27.8 mg/L；烟农 21 1.5 mm$<d<$1.75 mm 直径根表面积 EC_{50} 最低，为 1.17 mg/L。烟农 21 2 mm$<d<$2.25 mm 直径根的表面积 EC_{10} 值最高，为 2.11 mg/L；烟农 21 1.5 mm$<d<$1.75 mm 直径根的表面积 EC_{10} 值最低，为 0.089 mg/L。

表 7.9　烟农 21 不同直径表面积 EC_{50} 和 EC_{10} 值（mg/L）

直径 (mm)	$0<d<$ 0.25	$0.25<d$ <0.5	$0.5<d$ <0.75	$0.75<d$ <1.0	$1.0<d$ <1.25	$1.25<d$ <1.5	$1.5<d$ <1.75	$1.75<d$ <2.0	$2.0<d$ <2.25	$2.25<d$ <2.5
EC_{50}	9.81	27.8	8.21	11.50	13.50	12.10	1.17	2.78	15.40	15.80
EC_{10}	1.06	0.48	0.67	1.08	2.00	1.60	0.09	0.33	2.11	1.33

6. 土霉素对不同直径根体积的影响

如表 7.10 所示，土霉素对烟农 21 和核优不同直径根体积有显著的影响，随着土霉素浓度增加，不同直径根的体积显著降低。当土霉素浓度为 40 mg/L 时，核优 1 号 0 mm$<d<$0.25 直径根体积是对照的 24.8%，烟农 21 0 mm$<d<$0.25 mm 直径根体积是对照的 31.4%；核优 1 号 1.0 mm$<d<$1.25 mm 直径根体积是对照的 17.5%，烟农 21 1.0 mm$<d<$1.25 mm 直径根体积是对照的 23.33%。

如图 7.5 所示，土霉素能够降低核优 1 号和烟农 21 不同直径根的体积。如表 7.12 和表 7.13 所示，烟农 21 不同直径根体积 EC_{50} 和 EC_{10} 值大于核优 1 号不同直径 EC_{50} 和 EC_{10} 值，但是土霉素对核优 1 号和烟农 21 不同直径根体积影响是不同的。核优 1 号 0.75 mm$<d<$1.0 mm 和 2 mm$<d<$2.25 mm 直径根体积 EC_{50} 值较高，分别为 8.77 mg/L 和 8.21 mg/L；核优 1 号 0 mm$<d<$0.25 mm 和 1.25 mm$<d<$1.5 mm 直径根体积 EC_{50} 值较低，分别为 3.14 mg/L 和 2.17 mg/L。烟农 21 中最敏感的根体积为 1.5 mm$<d<$1.75 mm 直径的根，EC_{50} 值为 1.15 mg/L，最不敏感的根体积为 0.25 mm$<d<$0.5 mm 直径的根，EC_{50} 为 25.3 mg/L。

表 7.10　土霉素对不同直径根体积影响（cm³）

OTC (mg/L)	0<d<0.25		0.25<d<0.5		0.5<d<0.75		0.75<d<1.0		1.0<d<1.25		1.25<d<1.5		1.5<d<1.75		1.75<d<2.0		2.0<d<2.25		2.25<d<2.5	
	核优	烟农	核优	烟农	核优	烟农	核优	烟农	核优	烟农	核优	烟农	核优	烟农	核优	烟农	核优	烟农	核优	烟农
0	0.030a	0.060d	0.090a	0.150c	0.091a	0.140d	0.040a	0.050e	0.040a	0.03b	0.05a	0.03c	0.04a	0.08c	0.03a	0.05c	0.02a	0.014ae	0.120ab	0.150a
5	0.010bc	0.050e	0.040b	0.120d	0.040bc	0.090a	0.030bcf	0.040ab	0.020b	0.02b	0.02bce	0.02bc	0.02ab	0.02ab	0.02ab	0.02ab	0.02ab	0.01ade	0.070bcd	0.100ab
10	0.010bc	0.030f	0.040b	0.070e	0.030b	0.060c	0.020cd	0.030bf	0.010c	0.02bc	0.00bd	0.01bcd	0.005b	0.009b	0.006b	0.009b	0.004cd	0.009bce	0.050cd	0.090bc
20	0.010bc	0.030a	0.040b	0.080e	0.030b	0.050bc	0.010d	0.020d	0.008bd	0.009c	0.008bd	0.009bd	0.007b	0.008b	0.006b	0.007b	0.003c	0.007ce	0.040cd	0.070bcd
40	0.010bc	0.020bf	0.030b	0.070e	0.030b	0.030b	0.010d	0.010d	0.005d	0.007c	0.006ed	0.006ed	0.005b	0.006b	0.004b	0.004b	0.005cd	0.003c	0.030d	0.040cd

注：数值后小写字母（a,b,c,d,e,f）表示同一直径各处理间存在显著差异（P<0.05）

表 7.11　土霉素对不同直径根数量的影响

OTC (mg/L)	0<d<0.25		0.25<d<0.5		0.5<d<0.75		0.75<d<1.0		1.0<d<1.25		1.25<d<1.5		1.5<d<1.75		1.75<d<2.0		2.0<d<2.25		2.25<d<2.5	
	核优	烟农	核优	烟农	核优	烟农	核优	烟农	核优	烟农	核优	烟农	核优	烟农	核优	烟农	核优	烟农	核优	烟农
0	1416.94a	2096.82e	13.25ac	17.82ad	5.56ag	5.88a	1.69a	1.59ad	0.81a	0.24bce	0.44a	0.12ab	0.25a	0.18a	0.19a	0.71b	0.13a	0.12a	0.13a	0.06a
5	745.25b	1091.47f	13.31ac	14.29acd	4.94abg	3.88eg	1.25ab	1.18ab	0.69ab	0.24bce	0.44a	0.24ab	0.25a	0.12a	0.06a	0.05a	0.13a	0.00a	0.13a	0.06a
10	322.89cd	383.11c	10.94c	16.56acd	3.28bde	4.89adf	0.83b	1.22ab	0.28bcd	0.72ad	0.06b	0.11b	0.11a	0.11a	0.11a	0.00a	0.00a	0.00a	0.17a	0.11a
20	178.88cd	275.28cd	20.47d	27.00e	4.88adf	5.33afg	0.82b	1.00ab	0.24bce	0.44ade	0.24ad	0.11b	0.24a	0.00a	0.18a	0.00a	0.12a	0.00a	0.06a	0.17a
40	125.18d	210.59cd	14.59ac	37.06f	2.88ce	3.52bfe	1.23ab	1.12ab	0.18ce	0.35ade	0.06b	0.18ab	0.06a	0.06a	0.00a	0.06a	0.06a	0.18a	0.29a	0.24a

注：数值后小写字母（a,b,c,d,e,g）表示同一直径各处理间存在显著差异（P<0.05）

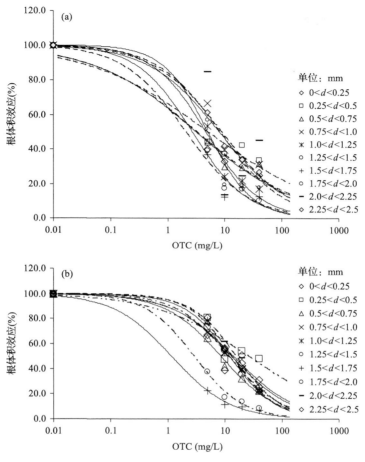

图 7.5　不同直径根体积剂量效应曲线

(a) 核优 1 号；(b) 烟农 21

表 7.12　核优 1 号不同直径根体积的 EC_{50} 和 EC_{10} 值（mg/L）

直径 (mm)	0<d< 0.25	0.25<d <0.5	0.5<d <0.75	0.75<d <1.0	1.0<d <1.25	1.25<d <1.5	1.5<d <1.75	1.75<d <2	2<d< 2.25	2.25<d <2.5
EC_{50}	3.14	5.03	3.23	8.77	4.68	2.71	2.05	5.05	8.21	8.08
EC_{10}	0.04	0.03	0.03	0.43	0.36	0.24	0.13	0.72	0.51	0.36

表 7.13　烟农 21 不同直径根体积的 EC_{50} 和 EC_{10} 值（mg/L）

直径 (mm)	0<d< 0.25	0.25<d <0.5	0.5<d <0.75	0.75<d <1.0	1.0<d <1.25	1.25<d <1.5	1.5<d <1.75	1.75<d <2	2<d< 2.25	2.25<d <2.5
EC_{50}	14.10	25.30	8.48	11.60	13.20	12.10	1.15	2.82	15.80	13.10
EC_{10}	0.91	0.40	0.71	1.11	1.90	1.62	0.09	0.33	2.22	0.93

7. 土霉素对不同直径根的数量的影响

如表 7.11 所示，土霉素对烟农、核优不同直径根系数量的影响是不同的。烟农和核优 0 mm＜d＜0.25mm、0.25 mm＜d＜0.5 mm 和 0.5 mm＜d＜0.75 mm 直径的根的数量显著降低，当土霉素的浓度为 40 mg/L 时，核优 0 mm＜d＜0.25 mm 直径的根的数量仅为对照的相应根的数量的 8.8%，核优 0 mm＜d＜0.25 mm 直径的根的数量是对照的 10.01%。

如图 7.6 所示，总体上土霉素会导致不同直径根数量的下降。由表 7.14 和表 7.15 可知，核优 0.25 mm＜d＜0.5 mm、2.25 mm＜d＜2.5 mm 和烟农 0.25 mm＜d＜0.5 mm、1.25 mm＜d＜1.5 mm、2.0 mm＜d＜2.25 mm、2.5 mm＜d 直径根数量先增加后降低。核优 0.25 mm＜d＜0.5 mm 根数量 EC_{50} 值最高，为 254 mg/L，核优 1.25 mm＜d＜1.5 mm 根数量对土霉素较为敏感，EC_{50} 值为 10.7 mg/L，烟农 1.5 mm＜d＜1.75 mm 根数量对土霉素较为敏感，EC_{50} 值为 9.45 mg/L。

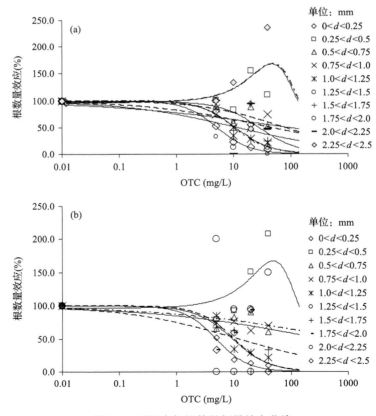

图 7.6　不同直径根数量剂量效应曲线

(a)核优 1 号；(b)烟农 21

表 7.14　核优 1 号不同直径根数量 EC_{50} 和 EC_{10} 值（mg/L）

直径 (mm)	$0<d<$ 0.25	$0.25<d$ <0.5	$0.5<d$ <0.75	$0.75<d$ <1.0	$1.0<d$ <1.25	$1.25<d$ <1.5	$1.5<d$ <1.75	$1.75<d$ <2	$2<d<$ 2.25	$2.25<d$ <2.5
EC_{50}	5.09	25.40	72.00	84.30	9.88	10.70	28.30	11.20	40.70	254.00
EC_{10}	1.17	0.00	1.93	0.03	2.10	2.20	5.10	0.08	0.17	0.00

表 7.15　烟农 21 不同直径根数量 EC_{50} 和 EC_{10} 值（mg/L）

直径 (mm)	$0<d<$ 0.25	$0.25<d$ <0.5	$0.5<d$ <0.75	$0.75<d$ <1.0	$1.0<d$ <1.25	$1.25<d$ <1.5	$1.5<d$ <1.75	$1.75<d$ <2	$2<d<$ 2.25	$2.25<d$ <2.5
EC_{50}	4.9	254.00	729.00	309.00	9.88	254.00	9.45	11.20	254.00	254.00
EC_{10}	1.19	—	0.36	0.21	2.10	—	1.88	0.07	—	—

总而言之，土霉素对植物根系的生长具有显著的抑制作用，但抑制作用强度对于耐性和敏感小麦品种是不同的，同时对不同直径的根的影响也不同。土霉素对小麦的两个品种核优 1 号和烟农 21 根的生长、表面积、体积以及根数量的影响都是显著的，从剂量效应曲线上看，核优 1 号的各个指标的 EC_{50} 值和 EC_{10} 值都小于烟农 21。从不同的指标来说，核优 1 号受土霉素影响最强的是根的总长，烟农 21 受土霉素影响最强的是根数量。

7.2　土霉素影响小麦生长的相关机理

7.2.1　土霉素对小麦根部抗氧化系统的影响

1. 试验设计与研究方法

试验设计见 7.1.2.1。丙二醛（MDA）、过氧化物酶（POD）、超氧化物歧化酶（SOD）、过氧化氢酶（CAT）、H_2O_2 含量、抗坏血酸（ASA）含量和谷胱甘肽（GSH）含量的测定方法如下。小麦根部 MDA 含量测定：称取一定量 7.1.2.1 中两种小麦不同处理根部样品置于冰浴中的研钵内，加入 5 mL 10%三氯乙酸（TCA）研磨，匀浆以 4000 g 离心 10 min，上清液为样品提取液。吸取理想内的上清液 2 mL（对照加 2 mL 蒸馏水），加入 2 mL 0.6% TBA（用 10% TCA 配制），混匀物于沸水浴上反应 15 min，迅速冷却后再离心。取上清液测定 532 nm、600 nm、450 nm 波长光密度。

$$MDA = 6.45 \times (OD_{532} - OD_{600}) - 0.56 \times OD_{450}$$

小麦根部 POD 含量测定：称取 0.5 g 7.1.2.1 中两种小麦不同处理根部样品置于预冷研钵中，加入 5 mL 50 mmol/L 硼酸缓冲液（pH 8.7，内含 5 mmol/L 亚硫酸氢钠）和 0.1 g PVP 及少量石英砂，在冰浴条件下研成匀浆，于 4℃，9000 g 离心

20 min，上清液即为酶液。反应液中含 2 mL 0.1 mmol/L 的醋酸缓冲液（pH 5.4）、1 mL 0.25%愈创木酚溶液、0.1 mL 酶液、0.1 mL 0.75% H_2O_2 溶液。在分光光度计上比色，用间隔读数法测定 OD 值，同时测定蛋白质含量。以 OD_{460}/（min·mg protein）表示酶活力单位（U）。

小麦根部 SOD 含量测定：称取 0.5 g 7.1.2.1 中两种小麦不同处理根部样品置于 5 mL 50 mmol/L 磷酸缓冲液（pH 7.8，内含 1% PVP），在冰浴中研磨提取酶液，匀浆以 12000 g 离心 30 min，上清液即为酶液。反应体系中含 2.4 mL 50 mmol/L pH 7.8 的 PBS、0.2 mL 195 mmol/L 甲硫氨酸、0.1 mL 3 μmol/L 的 EDTA、酶液若干（20 μL 左右）、0.2 mL 1.125 mmol/L 的氮蓝四唑（NBT）、0.1 mL 60 μmol/L 的核黄素。以不加酶液的反应管作为最大光化还原管，置于 4000 Lux 荧光下，室温下反应 10 min，然后用黑暗终止反应，立即在 560 nm 下比色。用磷酸盐缓冲液作空白，以抑制 NBT 光化还原的 50%为一个酶活性单位（u）。同时测定蛋白质含量（u/mg protein，U）。

小麦根部 CAT 含量测定：称取 0.5 g 7.1.2.1 中两种小麦不同处理根部样品，加 5 mL 酶提取液（50 mmol/L pH 7.0 PBS+1.0 mmol/L DTT + 1% PVP），冰浴研磨，匀浆以 10000 g 离心 30 min，上清液即为酶液。在 3 mL 反应体系中含 50 mmol/L pH 7.0、PBS 1.9 mL、45 mmol/L H_2O_2、1.0 mL、0.1 mL 酶液，连续记录 25℃下 240 nm 吸光值的变化，同时测定蛋白质含量，以 OD_{240}/（min·g protein）表示酶活力单位（U）。

小麦根部 H_2O_2 含量测定：称取 0.5 g 7.1.2.1 中两种小麦不同处理根部样品加入 5 mL 0.1%（质量体积比）TCA 冰浴研磨，12000 g 离心 15 min，上清液供测试。取 0.5 mL 提取液，加入 0.5 mL 10 mmol/L pH 7.0 PBS，1.0 mL KI，摇匀。将溶液置于 390 nm 波长下比色测定。利用同样的步骤制作标准曲线。

小麦根部 ASA 含量测定：称取 0.5 g 7.1.2.1 中两种小麦不同处理根部样品，加入 5 mL 5%TCA 冰浴研磨，20000 g 离心 10 min，上清液供测试。取 1.0 mL 提取液，加入 1.0 mL 5%TCA，1.0 mL 无水乙醇，摇匀。再依次加入 0.5 mL 0.4%H_3PO_4-乙醇，0.5%BP-乙醇，0.5 mL 0.03% $FeCl_3$-乙醇，总体积 5.0 mL，将溶液置于 30℃下反应 90 min 然后测定 OD_{534}。同样程序制作标准曲线。

小麦根部 GSH 含量测定：称取 0.5 g 7.1.2.1 中两种小麦不同处理根部样品，加入 5 mL 5%TCA 冰浴研磨，16000 g 离心 20 min，所得上清液 1.5 mL 0.1 mol/L NaOH 调节 pH 为 6～8。反应液含 0.5 mL 水，2.0 mL 提取液，0.5 mL 0.2 mol/L 磷酸钾缓冲液（pH 7.0），0.1 DTNB（75.3 mg 溶于 30 mL 0.1 mol/L 缓冲液），以缓冲液代替 DTNB 作空白。同样程序制作标准曲线。

2. 土霉素对小麦根部 MDA 含量的影响

自由基攻击膜不饱和脂肪酸后，会产生 MDA。MDA 可以和蛋白质游离的氨基作用，引起蛋白质分子内和分子间的交联，导致细胞损伤。正常生理状态下，体内的 MDA 含量是极低的，其含量的高低可以反映机体细胞受到自由基攻击的程度。从图 7.7 可以看到，经不同浓度的土霉素处理后，两个小麦品种根部的 MDA 含量都有一定的降低，只有添加 5 mg/L 时与对照相比差异显著，其他浓度相对于对照降低的差异不显著。同样核优 1 号根部 MDA 含量与烟农 21 相比没有显著的差异。核优 1 号 5 mg/L 土霉素胁迫下，根部 MDA 含量与对照相比降低 43.4%，烟农 21 根部 MDA 含量与对照相比降低了 30.1%。

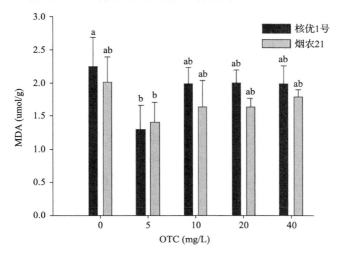

图 7.7   土霉素对下麦根部 MDA 含量的影响

3. 土霉素对小麦根部 POD、SOD 和 CAT 活性的影响

自由基是需氧代谢的副产品，是激活植物应激反应和防御反应的信号分子，环境中的污染物能够引起植物的自由基的产生，导致抗氧化系统的变化。植物抗氧化系统中的 SOD、POD、CAT 在植物消除自由基的过程中发挥巨大的作用。

由图 7.8 可知，经不同浓度的土霉素处理后，两个小麦品种根部 POD 含量的变化不同，两个品种之间的 POD 含量变化差异不显著。对于核优 1 号来说，随着土霉素处理浓度的增加，根部 POD 含量呈现先增加后降低然后再增加的趋势，与对照相比差异均显著，但在各个浓度之间含量变化并不太明显，只有 40 mg/L 土霉素处理与其他浓度土霉素处理差异显著。对于烟农 21 来说，不同浓度土霉素处理之间差异均不显著。核优 1 号根部 POD 含量在 5 mg/L 土霉素胁迫下，与对照相比增加 14.3%，在 40 mg/L 土霉素处理胁迫下，POD 含量与对照相比增加了 24.5%。

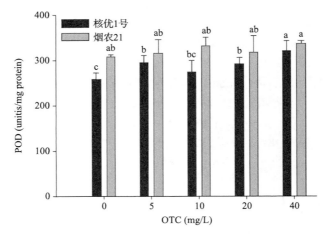

图 7.8　土霉素对根中 POD 含量的影响

从图 7.9 可知，经不同浓度的土霉素处理后，两个小麦品种根部的 SOD 含量的变化不同，两个品种之间的 SOD 含量变化差异显著。对于核优 1 号来说，随着土霉素处理浓度的增加，根部 SOD 含量呈现先降低后增加的趋势，与对照相比只有 20 mg/L 土霉素处理和 10 mg/L 土霉素处理相比差异显著。对于烟农 21 来说，随着土霉素处理浓度的增加，根部 SOD 含量呈现为先降低后增加趋势。核优 1 号的 SOD 含量在 40 mg/L 土霉素处理时与对照相比增加 10.1%，烟农 21 在 5 mg/L 土霉素处理时 SOD 含量与对照相比降低了 13.9%，在 40 mg/L 土霉素处理时与对照相比降低了 20.9%。

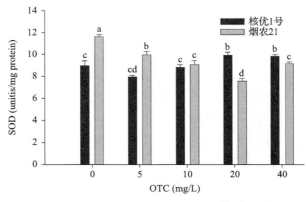

图 7.9　土霉素对根中 SOD 含量的影响

如图 7.10 所示，经不同浓度的土霉素处理后，两个小麦品种根部 CAT 含量随着土霉素处理浓度的增加，均表现出了先增加后降低的趋势。对于核优 1 号来说，在 5 mg/L 和 40 mg/L 土霉素处理时与对照相比差异显著，其他浓度相对于对照降低的差异不显著。对于烟农 21 来说，添加每个浓度之间差异均不显著。两个品种之间在 5 mg/L 和 40 mg/L 土霉素处理时 CAT 含量差异显著，其他浓度均不显著。核优 1 号的 CAT 含量在 5 mg/L 时土霉素处理与对照相比增加 20%，40 mg/L 土霉素处理时 CAT 含量与对照相比降低了 63.1%。

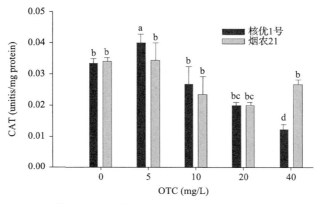

图 7.10　土霉素对根中 CAT 含量的影响

抗生素对植物抗氧化系统的影响不尽相同，羊角月牙藻暴露于环丙沙星后，抗氧化系统的过氧化氢酶和超氧化物歧化酶的活性上升来抵御毒性伤害，而暴露于红霉素后，抗氧化系统的整体活性下降。玉米经环丙沙星处理后，抗氧化系统的过氧化物酶等均呈现低浓度上升而高浓度下降的趋势（王朋等，2011）。同时，不同的植物对抗生素的响应所表现的结果也不同，盐酸左氧氟沙星处理水稻后，随着处理浓度的升高，水稻幼苗叶片 SOD 活性逐渐增强，而 POD、CAT 活性逐渐减弱。盐酸左氧氟沙星处理玉米后，随着处理浓度的升高，幼苗叶片 SOD、POD、CAT 活性均呈先升后降趋势。盐酸左氧氟沙星处理小麦后，随着处理浓度的升高，幼苗叶片 SOD、POD 活性表现为先升后降，但均高于对照，CAT 活性表现为持续上升。土霉素处理芦苇后，SOD 和 CAT 活性有明显的下降（5%～55% 和 9%～58%），但是 POD 的活性则明显地提升了（Lin et al., 2013）。本试验中，两个小麦品种根部的 CAT 活性表现大致为先上升后下降的趋势，SOD、POD 表现为上升趋势，但差距并不大，这与其他的研究相似（Lin et al., 2013; Chi et al., 2010）。由于土霉素可能和 CAT 在一定的位点上直接相结合，土霉素可能会直接影响 CAT 的活性（Wen et al., 2012），当浓度较低时，土霉素刺激小麦产生自由基，小麦产生抗氧化酶应激，随着时间和浓度的加大，生理系统可能被破坏，从而导致抗氧化酶含量的降低。

4. 土霉素对小麦根部 H_2O_2 含量的影响

H_2O_2 是植物细胞的信号分子，是细胞正常代谢的产物，生物和非生物胁迫促

使植物细胞产生 H_2O_2。H_2O_2 信号调控一系列重要的植物生理生化过程，如系统获得抗性（SAR）和高度敏感抗性（HR）、细胞衰老与程序化细胞死亡（PCD）、气孔关闭、根的向地性、根的生长和不定根形成、细胞壁的发育、柱头与花粉的发育及相互关系等。因此有必要检测 H_2O_2 对不同浓度土霉素的响应。

从图 7.11 可以看到，经不同浓度的土霉素处理后，两个小麦品种根部的 H_2O_2 都有明显的增加。核优 1 号的 H_2O_2 含量显著高于烟农 21 相应处理下的 H_2O_2 含量，两个品种之间 H_2O_2 含量差异较为显著。核优 1 号的 H_2O_2 含量在 5 mg/L 土霉素处理时与对照相比差异不显著，但在 40 mg/L 土霉素处理时则增加了 333.2%。烟农 21 根部 H_2O_2 含量在 5 mg/L 土霉素处理时与对照相比差异不显著，但在 40 mg/L 土霉素处理时则增加了 559.6%。

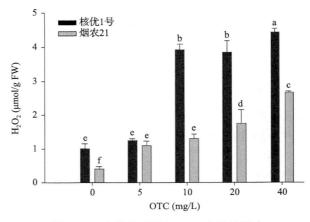

图 7.11　土霉素对根中 H_2O_2 含量的影响

当植物受到环境胁迫时会诱导大量的 H_2O_2 产生，一定浓度的 H_2O_2 会调控多种抗氧化酶的基因表达，激活细胞的抗氧系统，诱导抗氧化酶活性升高。在两个品种小麦施加土霉素后，H_2O_2 大量产生，表明小麦在土霉素胁迫后氧化系统受到了伤害，产生了大量的自由基，抗氧化酶活性也会随之提高。

5. 土霉素对小麦根部 ASA 含量的影响

抗坏血酸（ASA）是植物合成的一种己糖内酯化合物，也是人类必需的维生素。ASA 对植物抗氧化、光保护、细胞生长和分裂等均具有重要作用。因此，ASA 含量的变化与植物抗逆性和生长发育密切相关。通常在有机物、重金属等污染物胁迫下，植物体内会产生活性氧物质（AOS），比如 O^{2-} 等活性自由基。ASA 作为植物体内重要的小分子抗氧化物，它可以在抗坏血酸过氧化物酶（APX）的催化作用下或本身直接与 H_2O_2 反应，在被氧化成脱氢抗坏血酸（DHA）的同时，将 H_2O_2 还原为 H_2O，从而减轻氧化胁迫伤害（张佩等，2008）。因此，当小麦生长介质中添加土霉素后有可能促进 ASA 的产生。

从图 7.12 可以看到,经不同浓度的土霉素处理后,两个小麦品种根部的 ASA 都有明显的增加。核优 1 号的 ASA 含量在对照和 5 mg/L 土霉素处理时要低于烟农 21,随着土霉素处理浓度的逐渐增加,核优 1 号的 ASA 活性显著高于烟农 21 的活性。核优 1 号的 ASA 活性在 5 mg/L 土霉素处理时,与对照相比增加了 56.5%,在 40 mg/L 土霉素处理时,则增加了 607%。烟农 21 根部 ASA 表达量在 5 mg/L 土霉素处理比对照增加了 38.9%,在 40 mg/L 土霉素处理中则增加了 180.8%。

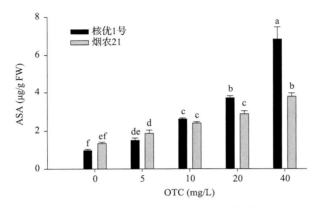

图 7.12　土霉素对根中 ASA 含量的影响

虽然抗生素对植物的抗氧化系统能够产生明显的影响,不同的抗生素对植物的各种抗氧化成分的影响不同。当处理浓度为 0.06 mg/L 时,红霉素即可对羊角月牙藻抗氧化系统产生显著影响,显著抑制抗坏血酸与谷胱甘肽的生物合成,进而导致抗氧化系统整体功能下降,而环丙沙星与磺胺甲噁唑则分别在处理浓度高于 1.0 mg/L 和 1.5 mg/L 时才会引起明显的氧化胁迫。对于环丙沙星暴露,羊角月牙藻主要通过抗坏血酸-谷胱甘肽循环以及其他抗氧化酶,包括过氧化氢酶和超氧化物歧化酶等活性的上升来抵抗氧化损伤,而对于磺胺甲噁唑,则可能主要通过叶黄素循环以及谷胱甘肽-S-转移酶活性的上升来抵御氧化(刘滨扬,2011)。本研究中土霉素处理后,不同品种小麦的根部的 ASA 活性都大量增加,表明土霉素胁迫下,小麦根部可能通过抗坏血酸-谷胱甘肽循环来缓解抗氧化损伤。

6. 土霉素对根部 GSH 含量的影响

GSH 广泛分布于哺乳动物、植物和微生物细胞内,是最主要的、含量最丰富的含巯基低分子肽。GSH 作为生物体内主要的还原态硫之一,在生物体抵抗各种胁迫(冷害、干旱、重金属、真菌等)的过程中起着重要作用,同时也可能是生物体内起调节作用的信号分子之一。有的研究者发现抗生素污染植物后可能是通过谷胱甘肽途径来脱毒的，植物能够通过将抗生素与谷胱甘肽形成稳定的结合物而脱掉抗生素的毒性。

由图 7.13 可知，经不同浓度的土霉素处理后，两个小麦品种根部的 GSH 都有明显增加。对照中核优 1 号 GSH 含量低于烟农 21，经土霉素处理后，核优 1 号根部 GSH 含量高于烟农 21，但两个品种之间差异不显著。核优 1 号的 GSH 表达量在 5 mg/L 土霉素处理时与对照相比增加了 235.9%，在 40 mg/L 土霉素处理时则增加了 562.7%。烟农 21 的 GSH 含量在 5 mg/L 土霉素处理时，与对照相比增加了 120.9%，在 40 mg/L 土霉素处理时则增加了 241.2%。

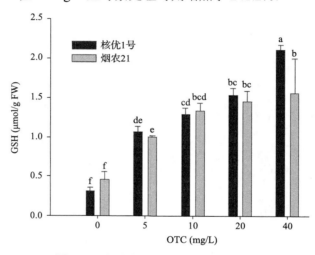

图 7.13　土霉素对根中 GSH 含量的影响

已有研究发现，土霉素处理后，沼泽中的植物根部 GST 活性大幅提高。在 3.530 μmo/L 的浓度下，土霉素使不同的植物 GST 活性分别增加了 340% 和 190%。这表明 GSH 参与了植物对土霉素的脱毒过程。但对不同的植物效果不同，有的植物没有观察到明显的 GST 活性的变化。本试验中，土霉素处理后，两个品种的小麦 GSH 含量明显增加，这表明，土霉素胁迫毒性缓解中，谷胱甘肽起了一个重要的作用。

综合本小节可知，在土霉素处理中，小麦会受到土霉素胁迫而产生过量的 H_2O_2，从而导致产生大量的自由基，而自由基攻击膜不饱和脂肪酸后，产生了大量的 MDA。另外，小麦根系可以通过非酶促机制(ASA 和 GSH)和抗氧化酶类(POD、SOD 和 CAT)消除自由基对植物的迫害。比较两个小麦品种，烟农 21 可能主要通过 POD 等抗氧化系统抵抗土霉素胁迫，核优 1 号主要利用非酶促机制(ASA 和 GSH)抵抗土霉素胁迫。

7.2.2　土霉素胁迫对小麦叶片光合作用的影响

1. 试验设计与研究方法

本试验设 5 个处理,土霉素处理浓度分别为 0、0.01 mmol OTC/L、0.02 mmol OTC/L、0.04 mmol OTC/L 和 0.08 mmol OTC/L,每个处理重复 3 次,按照 7.1.2.1 的培养方法进行培养,于培养的第 30 天时进行各指标的测定,测定后小麦植株用蒸馏水冲洗干净后,将根系和地上部分开,将植株放入烘箱 105℃杀青 30 min,在 80℃下烘干至恒重,并记录,即为地上部和根系干重。

叶片光合生理参数主要包括净光合速率(Pn)、气孔导度(Gs)、蒸腾速率(Tr)、细胞间隙 CO_2 浓度(Ci)等,并以此评价叶片光合速率。本节采用英国 ADCLCi 便携式光合作用仪对小麦完全展开倒二叶进行净光合速率(Pn)、气孔导度(Gs)、蒸腾速率(Tr)、细胞间隙 CO_2 浓度(Ci)等的测定。蒸腾效率(WUE)为 Pn/Tr 计算所得,测定过程中光强约为 800 $\mu mol/(m^2 \cdot s)$,大气温度(25±1)℃,大气 CO_2 尝试变化范围为(400±10)$\mu mol/mol$,取完全展开的倒二叶进行测定。

RuBPCase 酶活性测定:取小麦叶片 0.5 g,放入预冷的研钵中,加入 5 mL 预冷的提取介质,提取介质为:40 mmol/L Tris-HCl(pH 7.6)缓冲液,内含 10 mmol/L $MgCl_2$、EDTA、5 mmol/L 谷胱甘肽。迅速磨匀,滤液于离心力为 20000g 温度为 4℃下离心 15 min,弃沉淀,上清液即为酶粗提液,以上过程均在 0~4℃下进行。酶反应体系为:5 mmol/L NADH 0.2 mL,50 mmol/L ATP 0.3 mL,酶提取液 0.1 mL,0.2 mmol/L $NaHCO_3$ 0.2 mL,反应介质 1.4 mL,160 U/mL 磷酸甘油酸激酶溶液 0.1 mL,160 U/mL 甘油醛-3-磷酸脱氢本科溶液 0.1 mL,蒸馏水 0.3 mL。将酶反应体系摇匀,倒入比色杯中,以蒸馏水为空白,在紫外分光光度计上 340 nm 处反应体系的吸光度作为零点值。将 0.1 mL 25 mmol/L 加于比色杯内,并马上计时,每隔 20 s 测一次吸光度,共测 2 min。以零点到第一分钟内吸光度下降的绝对值计算酶活力。同时设置不加 RuBP 的对照。

PEPCase 酶活性测定:取小麦叶片 0.5 g,放入预冷的研钵中,加入 5 mL 预冷的提取介质,提取介质为:0.1 mol/L Tris-H_2SO_4 缓冲液,内含 7 mmol/L 巯基乙醇,1 mmol/L EDTA,5%甘油,pH 8.3。迅速磨匀,匀浆液以 15000g 4℃下离心 20 min,弃沉淀,取上清液备用,以上过程均在 0~4℃下进行。在试管中依次加入反应缓冲液 1.0 mL(反应缓冲液:0.1 mmol/L Tris-H_2SO_4 缓冲液,内含 0.1 mol/L $MgCl_2$(pH 9.2)、40 mmol/L PEP 0.05 mL、1.0 mg/mL NADH(pH 8.9)、苹果酸脱氢酶(MDH,1U)和酶提取液各 0.1 mL,蒸馏水 1.5 mL,在所测温度下保温 10 min 后,在 340 nm 处测定光密度(OD_0)。然后再加入 100 mmol/L $NaHCO_3$ 0.1 mL 启动立即计时,每隔 20 秒测定一次光密度值(OD_1),共测 2 min,记录光密度的变化。

叶绿素是植物进行光合作用的主要色素,是一类含脂的色素家族,位于类囊体膜。其测定方法如下。准确称取小麦叶片 0.2 g，剪成小片、混匀，放入盛有 10 mL 提取液(丙酮∶无水乙醇=1∶1)的具塞试管中，放入冰箱直接提取，直至叶片完全发白。然后，取提取液测定在波长 663 nm 和 645 nm 下的吸光度。根据下面公式计算叶绿素含量：

叶绿素 a：$C_a\,(\text{mg/L}) = 12.72 \times \text{OD}_{663} - 2.59 \times \text{OD}_{645}$

叶绿素 b：$C_b\,(\text{mg/L}) = 22.88 \times \text{OD}_{645} - 4.67 \times \text{OD}_{663}$

总叶绿素：$C_T\,(\text{mg/L}) = 20.29 \times \text{OD}_{645} + 8.05 \times \text{OD}_{663}$

求得色素浓度后，再按照下式计算组织中单位鲜重的色素含量：

$$\text{叶绿素含量(mg/g FW)} = \frac{\text{色素浓度} \times \text{提取液体积} \times \text{稀释倍数}}{\text{样品鲜重}}$$

荧光相关参数测定：荧光参数通过植物效能分析仪(澳作生态仪器有限公司生产)在实际生长温度下测定。

2. 土霉素对不同耐性小麦生物量的影响

由表 7.16 可知，两小麦品种地上部分、地下部分干重受土霉素影响均显著，并且变化趋势相似，干重均随着土霉素浓度的升高而显著降低，如土霉素浓度为 0.08 mmol/L 时，核优 1 号和烟农 21 的地上部分干重分别降低 88.6%和 82.6%，核优 1 号和烟农 21 的地下部分干重分别降低 91.7%和 86.4%，这两项指标表明了核优 1 号对土霉素影响敏感，地下部分比地上部分对土霉素敏感。对于两小麦品种的冠根比而言，核优 1 号的冠根比受土霉素浓度影响的变化不显著，而烟农 21 的冠根比受土霉素浓度变化相对显著。两小麦品种的三项干重指标也表明了两小麦品种的地上部分受土霉素影响较地下部分根敏感。

表 7.16　土霉素对小麦干重的影响

土霉素含量	冠		根		冠根比	
(mmol/L)	核优 1 号	烟农 21	核优 1 号	烟农 21	核优 1 号	烟农 21
0	1.14a	0.69b	0.24a	0.22b	0.21d	0.32a
0.01	0.72b	0.54c	0.19c	0.18c	0.26c	0.33a
0.02	0.44cd	0.34d	0.09e	0.10d	0.20d	0.31ab
0.04	0.21e	0.22e	0.04f	0.07e	0.21d	0.32a
0.08	0.13e	0.12e	0.02f	0.03f	0.18d	0.27bc

注：数值后小写字母(a,b,c,d,e)表示同一干重指标各处理间存在显著差异($P<0.05$)

3. 土霉素胁迫对小麦叶片光合生理参数的影响

1) 土霉素胁迫对小麦叶片净光合速率的影响

由图 7.14(a) 可知，土霉素对不同耐性小麦的净光合速率影响不同，存在明显

的基因型差异。就烟农 21 而言，水培营养液中土霉素浓度为 0.01 mmol/L 时，净
光合速率显著增加，此浓度土霉素促进了小麦的生长；土霉素浓度为 0.02 mmol/L
时，对小麦的净光合速率影响很小，当土霉素浓度高于 0.02 mmol/L 时，小麦的
净光合速率显著低于对照。就核优 1 号而言，小麦的净光合速率随着土霉素浓度
的增加而降低，表现出很强的敏感性，当土霉素浓度为 0.08 mmol/L 时，核优 1
号小麦的净光合速率为 90.5%，与对照相比降低 41.2%。

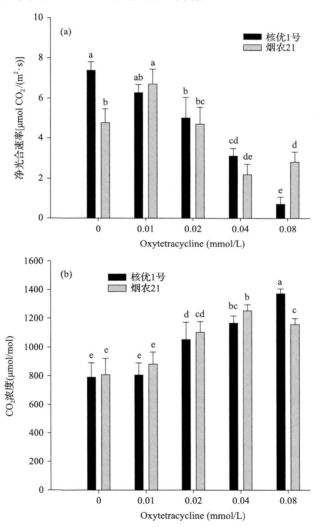

图 7.14　土霉素对下小麦叶片净光合速率 (a) 和胞间 CO_2 浓度 (b) 的影响

2) 土霉素胁迫对小麦叶片细胞间隙 CO_2 浓度的影响

由图 7.14 (b) 可知，土霉素处理后，两种小麦品种的叶片细胞间隙 CO_2 浓度

变化趋势不同。总体而言，核优 1 号对土霉素比较敏感。核优 1 号叶片细胞间隙 CO_2 浓度随着土霉素浓度的升高而升高。当浓度为 0.08 mmol/L 时，细胞间隙 CO_2 浓度达到 1372.7 μmol/mol，是对照的 1.74 倍。就烟农 21 而言，经土霉素处理后，叶片细胞间隙 CO_2 浓度均高于未经土霉素处理的对照；叶片细胞间隙 CO_2 浓度在土霉素浓度低于 0.08 mmol/L 时，叶片细胞间隙 CO_2 浓度随着土霉素浓度的升高而升高，如土霉素浓度为 0.04 mmol/L 时，叶片细胞间隙 CO_2 浓度为 1252.4 μmol/mol，是对照的 1.55 倍；随着土霉素浓度的再升高，细胞间隙 CO_2 浓度相对降低。

3）土霉素胁迫对小麦叶片蒸腾速率的影响

由图 7.15（a）可知，两小麦品种叶片的蒸腾速率变化趋势随着土霉素浓度升高而不同。核优 1 号叶片蒸腾速率随着水培液中土霉素浓度的升高而显著降低，

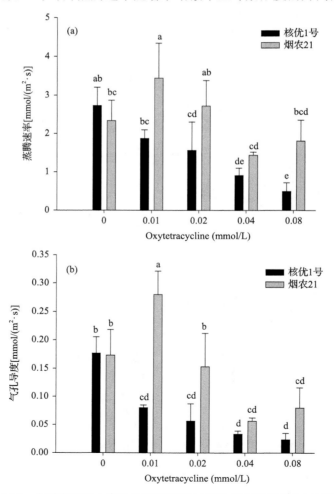

图 7.15　土霉素对下小麦叶片蒸腾速率（a）和胞间气孔导度（b）的影响

当土霉素浓度为 0.08 mmol/L 时，蒸腾速率为 0.49 mmol/(m²·s)，与对照相比降低了 82.0%。烟农 21 叶片蒸腾速率随着水培液中土霉素浓度的升高变化复杂，土霉素浓度为 0.02 mmol/L 时蒸腾速率达到最高 2.71 mmol/(m²·s)，是对照相的 1.16 倍；土霉素浓度为 0.04 mmol/L 时蒸腾速率降到最低 1.44 mmol/(m²·s)，与对照相比降低了 38.2%。

4）土霉素胁迫对小麦叶片气孔导度的影响

图 7.15(b) 表明，两小麦品种叶片气孔导度随水培液中土霉素浓度的变化趋势类似于叶片蒸腾速率变化趋势。核优 1 号叶片气孔导度随着土霉素浓度的升高而显著降低，土霉素浓度为 0.08 mmol/L 时，叶片气孔导度为 0.023 mmol/(m²·s)，与对照相比降低了 87%。烟农 21 叶片气孔导度在土霉素浓度为 0.01 mmol/L 时达到最大 0.28 mmol/(m²·s)，是对照的 1.6 倍；土霉素浓度为 0.04 mmol/L 时叶片气孔导度降到最低 0.057 mmol/(m²·s)，与对照相比下降了 67%。对于同一浓度的土霉素，两种耐性小麦品种的叶片气孔导度差异显著，表现出了明显的基因型差异。

5）土霉素胁迫对小麦叶片水分利用率的影响

图 7.16(a) 表明，两种不同耐性小麦品种水分利用率受土霉素影响的变化不同，具有显著的基因差异。核优 1 号水分利用率随着土霉素浓度的升高而先升高后降低，表明在一定的浓度范围内经土霉素处理可以提高核优 1 号小麦对水分的利用率，浓度超过该范围土霉素又会抑制叶片对水分的利用率。烟农 21 叶片对水分的利用率随着水培液中土霉素浓度的升高而降低，但变化不显著，土霉素浓度为 0.08 mmol/L 时，叶片对水分的利用率为 1.54 μmol CO₂/mmol H₂O，仅降低了 23.9%。

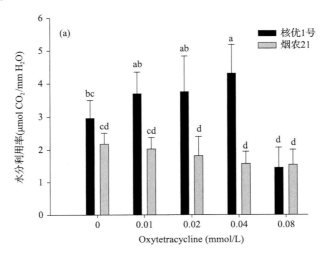

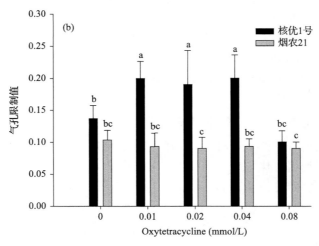

图 7.16　土霉素对小麦叶片水分利用率(a)和气孔限制值(b)的影响

6) 土霉素胁迫对小麦叶片气孔限制值的影响

图 7.16(b) 表明土霉素对两种不同耐性小麦的叶片气孔限制值的影响不同,基因差异显著。与对照相比,烟农 21 的气孔限制值受土霉素影响不显著,浓度达到 0.08 mmol/L 时,叶片气孔限制值为 0.09,与对照相比降低了 25%,表现出对土霉素的极不敏感性。就核优 1 号而言,0.01 mmol/L、0.02 mmol/L 和 0.04 mmol/L 浓度的土霉素处理均使叶片气孔限制值均升高,并且升高的幅度基本相同;0.08 mmol/L 的土霉素处理使叶片的气孔限制值降低到 0.08,与对照相比降低幅度为 33.3%,表明核优 1 号对土霉素极具敏感性。

4. 土霉素胁迫对小麦叶片 RuBPCase 酶活性的影响

RuBPCase 酶是光合作用中决定碳同化速率的关键酶,该酶活力的大小反映了植物光合能力的强弱,是光合作用碳代谢中的重要的调节酶,主要存在于叶绿体的可溶部分,总量占叶绿体可溶蛋白 50%～60%。在植物叶片发育过程中,RuBPCase 酶活性呈规律性的变化,在植物衰老或遭受环境胁迫时,酶活性呈下降趋势。因此土霉素有可能通过影响 RuBPCase 酶而影响植物叶片的光合作用效率。

如图 7.17 所示,土霉素胁迫条件下,两个小麦品种的 RuBPCase 酶活性均有所下降。就同一品种而言,土霉素对小麦核优 1 号叶片 RuBPCase 酶活性的影响小于烟农 21。如水培溶液中的土霉素浓度为 0.08 mmol/L 时,核优 1 号叶片的 RuBPCase 酶活性为 0.01 mmol CO_2/(mg pro·min),下降到对照的 11.64%,而烟农 21 叶片的为酶活力为 0.05 mmol CO_2/(mg pro·min),下降到对照的 20.22%。表明高浓度的土霉素会严重影响小麦叶片 RuBPCase 酶活性,从而影响小麦光合作用效率。

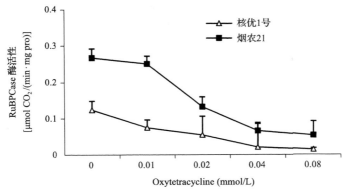

图 7.17　土霉素对下小麦叶片 RuBPCase 酶活性的影响

5. 土霉素胁迫对小麦叶片 PEPCase 酶活性的影响

PEPCase 酶可以与二氧化碳反应生成草酰乙酸，参与三羧酸循环，也与 C4 植物光合二氧化碳固定反应（C4 二羧酸循环）及景天科植物的苹果酸形成（景天酸代谢）等有关。为了探究 PEPCase 酶活性是否与土霉素胁迫有关，我们对不同浓度土霉素胁迫下两种耐性小麦叶片中 PEPCase 酶活性进行了测定。图 7.18 表明，土霉素胁迫下，小麦叶片的 PEPCase 酶活性有降低的趋势，但是核优 1 号和烟农 21 叶片 PEP 酶活性受土霉素的影响是不同的。就核优 1 号小麦品种而言，土霉素浓度 0.01 mmol/L 的处理，叶片 PEPCase 酶活性显著低于对照。就烟农 21 而言，在土霉素浓度 0.01 mmol/L 胁迫处理下，小麦叶片 PEPCase 酶活性低于对照，但差异不显著，只有土霉素浓度高于 0.04 mmol/L 的处理，小麦叶片 PEP 酶活性才显著低于对照。同一浓度土霉素处理情况下，核优 1 号叶片 PEPCase 酶活性降低的幅度高于烟农 21。如土霉素浓度为 0.08 mmol/L 的处理，核优 1 号叶片 PEPCase 酶活性为 0.17 μmol CO_2/（h·mg pro），与对照相比降低 39.13%，而烟农 21 叶片

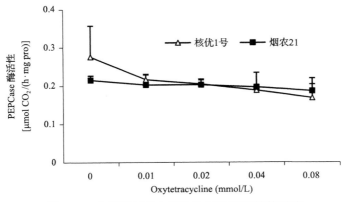

图 7.18　土霉素对下小麦叶片 PEP 酶活性的影响

PEP 酶活性则为 0.19 μmol CO_2/(h·mg pro)，与对照相比仅降低 13.49%。相比于 RuBPCase 酶来说，可能 PEPCase 酶主要参与 C4 植物光合二氧化碳固定反应，因此可能在小麦叶片中受土霉素胁迫作用较小。

6. 土霉素胁迫对小麦叶片叶绿素的影响

1) 叶绿素 a

土霉素对不同耐性小麦叶片叶绿素 a 含量的影响见图 7.19(a)。由图 7.19(a)可知，土霉素可显著降低两个小麦品种叶片中叶绿素 a 的含量。就同一品种而言，小麦叶片叶绿素含量随着溶液中土霉素浓度的升高而逐渐降低。就不同品种而言，土霉素对小麦核优 1 号叶片叶绿素含量的影响大于烟农 21。如水培溶液中的土霉素浓度为 0.08 mmol/L 时，核优 1 号叶片的叶绿素 a 的含量为 11.64 mg/L，与对照相比降低 45.99%，而烟农 21 叶片的叶绿素 A 的含量为 10.15 mg/L，与对照相比降低 41.32%。

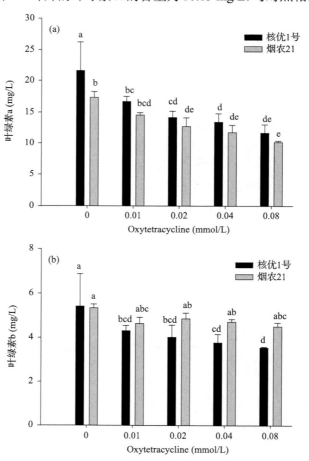

图 7.19　土霉素对小麦叶片叶绿素 a 和叶绿素 b 含量的影响

2）叶绿素 b

由图 7.19（b）可知，土霉素对不同耐性小麦品种叶片叶绿素 b 含量的影响是不同的，存在明显的基因型差异。就烟农 21 小麦品种而言，土霉素处理后，烟农 21 叶片叶绿素 b 含量尽管有所变化，但是与其相应的对照相比，差异均不显著，表明土霉素对小麦烟农 21 叶片叶绿素 b 的含量没有显著的影响。就核优 1 号小麦品种而言，当水培溶液中的土霉素含量为 0.01 mmol/L 时，其叶片中叶绿素 b 的含量就显著低于没有经土霉素处理的对照，与对照相比降低的幅度达 20.26%。随着溶液中土霉素含量的增加，叶片叶绿素 b 的含量逐渐降低，当水培溶液中的土霉素含量为 0.08 mmol/L 时，核优 1 号小麦品种叶片叶绿素 b 的含量为 3.54 mg/L，与对照相比降低 34.48%。

3）总叶绿素

土霉素对不同耐性小麦品种叶片总叶绿素含量的影响见图 7.20。由图 7.20 可知，土霉素处理可以显著降低两个小麦品种叶片中总叶绿素的含量，且随着水培溶液中土霉素浓度的升高，叶片中总叶绿素含量降低的幅度逐渐增加。土霉素对不同品种的影响是不同的。就土霉素敏感品种核优 1 号而言，0.01 mmol/L 土霉素处理，即可显著降低其叶片中总叶绿素的含量，与对照相比，叶片总叶绿素含量降低 22.28%。就土霉素不敏感品种烟农 21 而言，只有当水培液土霉素浓度为 0.02 mmol/L 时，叶片中总叶绿素含量才显著低于对照，与对照相比，叶片总叶绿素含量降低 22.44%。尽管随着水培溶液中土霉素浓度的增加，叶片总叶绿素的含量在不断下降，但是不同土霉素浓度处理之间，烟农 21 叶片中总叶绿素的含量差异不显著。总的来讲，土霉素对核优 1 号叶片中总叶绿素含量的影响强于烟农 21，如当水培溶液中土霉素浓度为 0.08 mmol/L 时，与各自的对照相比，核优 1 号叶片总叶绿素含量降低 43.69%，而烟农 21 叶片总叶绿素含量仅降低 35.21%。

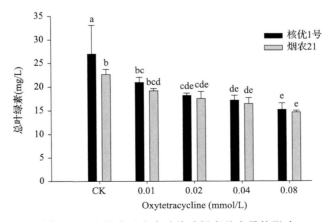

图 7.20　土霉素对小麦叶片叶绿素总含量的影响

4) 叶绿素 a/b 比值

图 7.21 表明，土霉素胁迫下，小麦叶片叶绿素 a/b 的比值有降低的趋势，但是核优 1 号和烟农 21 叶片叶绿素 a/b 比值受土霉素的影响是不同的。就核优 1 号小麦品种而言，土霉素浓度低于 0.04 mmol/L 的处理，尽管叶片叶绿素 a/b 比值低于对照，但差异不显著，只有土霉素浓度为 0.08 mmol/L 的处理，小麦叶片叶绿素 a/b 比值才显著低于对照。就烟农 21 而言，土霉素浓度低于 0.02 mmol/L 的处理，小麦叶片叶绿素 a/b 比值低于对照，但差异不显著，只有土霉素浓度高于 0.04 mmol/L 的处理，小麦叶片叶绿素 a/b 比值才显著低于对照。同一浓度土霉素处理情况下，烟农 21 叶片叶绿素 a/b 比值降低的幅度高于核优 1 号。如土霉素浓度为 0.08 mmol/L 的处理，核优 1 号叶片叶绿素 a/b 比值为 3.28，与对照相比降低 18.41%，而烟农 21 叶片叶绿素 a/b 比值则为 2.25，与对照相比仅降低 30.56%。

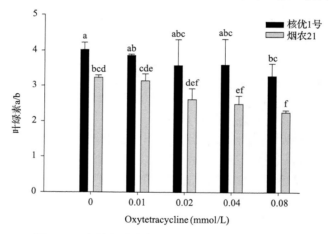

图 7.21　土霉素对小麦叶片叶绿素 a/b 比值的影响

7. 土霉素胁迫对小麦叶片叶绿素荧光参数的影响

基础荧光 Fo 是光合系统 II (PSII) 反应中心全部开放时的荧光产量，理论上指光合反应中心正好未能发生光化学反应时的叶绿素荧光。Fo 的大小与激发光强度及叶绿素含量有关，Fo 荧光主要来自叶绿素 a，是一物理参数，它的增加表明逆境对植物叶片 PSII 反应中心不易逆转的破坏或可逆失活。最大荧光 (Fm) 是 PSII 反应中心全部关闭时的荧光，即为黑暗中的最大荧光，可反映通过 PSII 的电子传递情况。可变荧光 (FV) 是 Fm 与 Fo 之差，它的大小反映了 PSII 最初的电子受体 Q_A 的氧化还原状况。

1) Fo

由图 7.22 (a) 可知，两小麦品种受土霉素影响趋势相似，两小麦品种叶片的

Fo 值均随着水培液中土霉素浓度的升高而显著升高,如土霉素浓度为 0.08 mmol/L 时,核优 1 号和烟农 21 叶片的基础荧光值分别为 2822.8 和 3244.2,与未经土霉素处理的对照相比分别是对照的 9.1 倍和 10.2 倍。同一浓度时,不同耐性小麦品种的基础荧光值差别不显著,在土霉素浓度为 0.08 mmol/L 时,两小麦品种的基础荧光值差别显著。

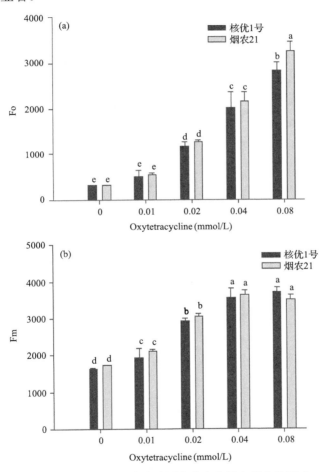

图 7.22　土霉素对小麦叶片固定荧光和最大荧光的影响

2）Fm

图 7.22（b）表明,两种不同耐性小麦品种的最大荧光值受土霉素影响趋势相似,土霉素浓度在 0.04 mmol/L 范围内,Fm 值均随着土霉素浓度的升高而显著升高,而浓度在 0.08 mmol/L 与 0.04 mmol/L 两种小麦品种 Fm 值差异不显著。就核优 1 号而言,土霉素浓度为 0.08 mmol/L 时 Fm 达到最大值 3707.3,是对照的 2.3 倍。就烟农 21 而言,土霉素浓度为 0.04 mmol/L 时 Fm 值达到最大 3501.7,是对照的 2.0 倍。

3) Fv

由图 7.23（a）可以看出，两小麦品种叶片的可变荧光值 Fv 受土霉素浓度影响的趋势相似，随着土霉素浓度的升高，两小麦品种叶片的可变荧光值 Fv 均是先显著升高有显著降低，在土霉素浓度为 0.02 mmol/L 时核优 1 号和烟农 21 的 Fv 值分别达到最大值 1768.3 和 1774.3，分别是对照 Fv 值的 1.3 倍。在土霉素浓度为 0.08 mmol/L 时核优 1 号和烟农 21 的 Fv 值分别降低到最小 940.4 和 257.5，与对照相比分别降低了 29.0% 和 81.7%。土霉素浓度由 0.04 mmol/L 升高到 0.08 mmol/L 时，烟农 21 的 Fv 值降低了 82.5%，表明在高土霉素浓度时烟农 21 的 Fv 值受土霉素影响显著。

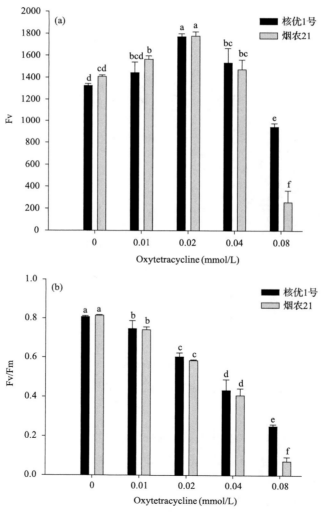

图 7.23　土霉素对小麦叶片可变荧光（a）和荧光参数（Fv/Fm）（b）的影响

4）Fv/Fm

由图 7.23（b）可知，不同耐性的小麦品种的叶片 Fv/Fm 值受土霉素浓度变化的影响显著，且趋势相同，随着水培液中土霉素浓度的升高，两品种小麦的 Fv/Fm 值均显著减小，土霉素浓度为 0.08 mmol/L 时，核优 1 号和烟农 21 的 Fv/Fm 的值均达到最低值 0.25 和 0.072，与对照相比分别降低了 69.1% 和 91.2%。在同一浓度下，两品种小麦叶片的 Fv/Fm 相差很小。

本节研究结果表明，土霉素能够显著影响小麦叶片中与光合作用相关的酶类（RuBPCase 酶和 PEPCase 酶）、叶绿素含量、叶绿素荧光参数，从而影响光合作用各个参数，降低了光和效率，最终导致小麦各部分生物量的减少。总体上讲对土霉素耐性品种烟农 21 的影响小于土霉素敏感品种核优 1 号。

7.2.3　土霉素胁迫对小麦幼苗叶绿体超微结构的影响

1. 试验设计与研究方法

光合作用是作物产量形成的基础，叶绿体是进行光合作用的场所，其结构与生理功能密切相关。叶绿体数目多时叶绿素含量和光合速率也较高。电子显微镜的观察结果表明，植物在遭受结冰与化冻以后，液胞膜和质膜发生内陷；叶绿体膨胀变圆，片层排列的平行方向改变。类囊体、内质网与高尔基体空泡化，线粒体的结构与功能受到损伤，细胞核中染色质发生凝聚。低温胁迫下黄瓜叶绿体双层膜完整性丧失，基粒和基质片层变得松散，一些片层内腔膨大（王毅等，1995）。本节借助透射电子显微镜，研究了土霉素胁迫对小麦幼苗叶片叶绿体超微结构的影响。

当麦苗生长至 3 片真叶全展开时，在同样生长条件下，用土霉素（OTC）浓度分别为 0，0.02 mmol/L 和 0.08 mmol/L OTC 处理 1 个月，每个处理重复 3 次。然后取完全展开的倒二叶的中段，剪成 1 mm^2 的碎片，先用戊二醛固定过夜（pH 6.8 磷酸缓冲液，4.0℃）。然后用 20 g/L 的锇酸固定 2 小时，接着用乙醇脱水，最后用 812 树脂包埋。包埋块用玻璃刀切成超薄切片、经醋酸铀和醋酸铅双染色后在 JEM-400 型透射电镜上观察、拍照。

2. 土霉素对不敏感品种烟农 21 号幼苗叶绿体超微结构的影响

从图 7.24 可以看出，对照处理烟农 21 叶片叶绿体呈扁平的椭圆形，结构完整，双层膜以及叶绿体的基质片层结构也较清晰，叶片细胞的叶绿体数目明显多于核优 1 号，叶绿体紧贴细胞壁排列，靠近细胞壁的一面较平直，面向中央的一面凸起。内部基粒类囊体和基质类囊体的排列方向与叶绿体的长轴平行，基粒片层多，类囊体排列紧密而整齐，基质浓厚，有黑色的嗜锇颗粒零星分布

[图 7.24(a)(b)]。在低浓度(0.02 mmol/L)土霉素胁迫下叶绿体无明显质壁分离现象，叶绿体稍有变圆。基粒片层的垛叠结构稍有解体，组成基粒片层的类囊体开始加厚[图 7.24(c)(d)]。高浓度(0.08 mmol/L)土霉素处理，叶绿体发生质壁分离现象，叶绿体膨胀变圆，基粒片层排列紊乱，片层断裂，基粒类囊体加厚[图 7.24(e)(f)]。

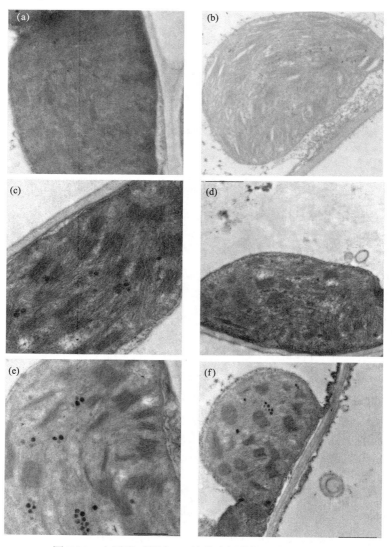

图 7.24　土霉素对烟农 21 幼苗叶绿体超微结构的影响

(a)(×10000)，(b)(×8000)：对照；(c)(×10000)，(d)(×8000)：0.02 mmol/L OTC 处理；
(e)(×10000)，(f)(×8000)：0.08 mmol/L OTC 处理

3. 土霉素对敏感品种核优 1 号幼苗叶绿体超微结构的影响

从图 7.25 可以看出，对照处理核优 1 号叶绿体结构与烟农 21 相似，叶片中叶绿体结构完整，叶绿体紧贴细胞壁排列，类囊体片层结构排列整齐[图 7.25（a）（b）]。低浓度（0.02 mmol/L）土霉素处理下核优 1 号叶绿体超微结构相对完整，体积变小，发生质壁分离。叶绿体膨胀变圆，片层排列方向紊乱，基粒片层肿胀，基质

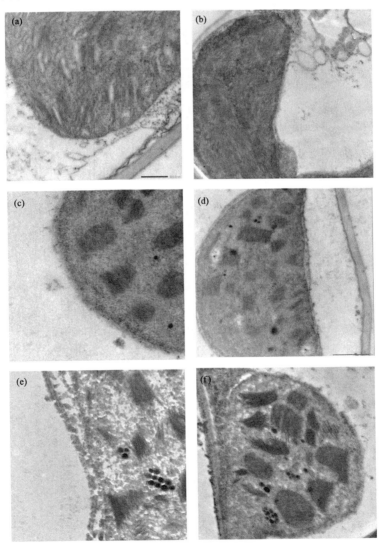

图 7.25　土霉素对核优 1 号幼苗叶绿体超微结构的影响

(a)（×10000），(b)（×8000）：对照；(c)（×10000），(d)（×8000）：0.02 mmol/L OTC 处理；
(e)（×10000），(f)（×8000）：0.08 mmol/LOTC 处理

变淡薄[图 7.25(c)(d)]。高浓度(0.08 mmol/L)土霉素处理下核优 1 号叶绿体受到严重的破坏，叶绿体膨胀，叶绿体膜结构解体，基粒片层排列非常紊乱，片层断裂，结构松散、解体，内部结构趋向简单。嗜锇颗粒聚集、数量增多，叶绿体基质变淡薄[图 7.25(e)(f)]，叶绿体结构明显比不敏感品种烟农 21 的叶绿体结构损伤严重。说明不敏感的植物品种，叶绿体膜体系的稳定较高。

7.2.4 土霉素胁迫对小麦幼苗叶片抗氧化系统和膜脂过氧化的影响

1. 试验设计与研究方法

试验设计同 7.2.2.1。小麦叶片 H_2O_2 含量、MDA 含量、超氧化物歧化酶(SOD)、过氧化物酶(POD)、过氧化氢酶(CAT)、抗坏血酸(ASA)和谷胱甘肽(GSH)测定方法见 7.2.2.1。细胞膜透性测定方法如下。

小麦叶片细胞膜透性检测：称取 0.5 g 小麦叶片，用去离子水将其洗净后剪成 0.5~1.0 cm 的组织切段，置于 25 mL 带塞子的试管中，并加入 25 mL 去离子水，真空渗透 20 min(中途放气 2~3 次)，在室温下定容至 25 mL、静置 1 h，用 DDS-Ⅱ 型电导率仪测定电导率 E_1，然后将样品管放在沸水浴中煮 15 min，冷却到室温后再测总电导率 E_2，去离子水电导率为 E_0。质膜相对透性可用下式计算：质膜相对透性(%)$P=[(E_1-E_0)/(E_2-E_0)]\times100$。每个样品平行测定 3 次。

2. 土霉素对不同耐性小麦叶片 H_2O_2 含量的影响

活性氧是含氧的、反应性极强的一类小分子化合物，H_2O_2 是一类化学性质相对稳定的活性氧，在细胞内存留时间较长，分子量较小易扩散，可以扩散到细胞的各个部分，对 MDA 形成刺激作用。如图 7.26 所示，土霉素胁迫下，耐性不同的两个小麦品种叶片 H_2O_2 含量均较各自对照有一定程度的增加。在 0.02 mmol/L

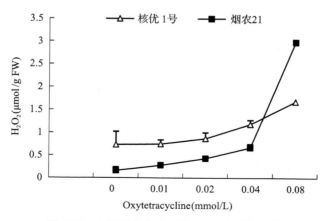

图 7.26 土霉素对小麦叶片 H_2O_2 含量的影响

浓度土霉素处理下，核优 1 号 H_2O_2 含量比对照处理含量略有升高，随后迅速增加。在 0.04 mmol/L 浓度土霉素处理下，烟农 21 H_2O_2 含量均高于对照处理，而且增加比较平缓。在 0.08 mmol/L 浓度土霉素处理下，烟农 21 和核优 1 号叶片 H_2O_2 含量分别比对照处理增加了 17.50 倍和 1.28 倍。可见高浓度土霉素处理时烟农 21 叶片中 H_2O_2 含量受土霉素影响更大。整体来说小麦叶片 H_2O_2 含量随土霉素处理水平的提高而升高。

3. 土霉素对不同耐性小麦叶片 MDA 含量的影响

丙二醛（MDA）为细胞质过氧化指标，它既是过氧化产物，又可与细胞内各种成分发生反应，使多种酶和膜系统遭受损伤。其含量的高低和细胞质膜透性的变化是反映细胞膜脂质过氧化作用强弱和质膜破坏程度的重要指标。如图 7.27 所示，小麦幼苗叶片丙二醛（MDA）含量均随着土霉素处理水平的升高而明显增加，表明植株遭受到的氧化胁迫随土霉素浓度的增加而增加。但是品种之间存在明显差异，核优 1 号 MDA 含量高于烟农 21。在 0.01 mmol/L 浓度土霉素处理下，核优 1 号 MDA 含量比对照处理含量略有升高，随后迅速增加；当土霉素浓度超过 0.02 mmol/L 浓度之后，MDA 增加趋于平缓。与对照处理相比，在 0.01 mg/L，0.02 mg/L 和 0.04 mg/L 处理小麦核优 1 号幼苗 MDA 含量分别增加了 9.11%，48.39% 和 51.22%。然而，添加土霉素后，烟农 21 幼苗 MDA 含量均高于对照处理，而且增加比较缓慢。在 4 个不同的土霉素浓度处理中，MDA 含量分别比对照处理增加了 43.93%，44.63%，47.2% 和 51.17%。烟农 21 号叶片 MDA 含量增加速率较核优 1 号缓慢，表明烟农 21 膜脂过氧化程度轻，这可能与叶片内活性氧清除能力较强有关。

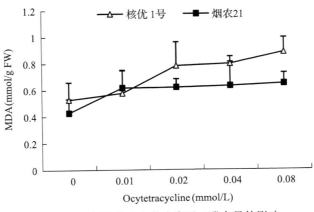

图 7.27　土霉素对小麦叶片丙二醛含量的影响

4. 土霉素对不同耐性小麦叶片细胞膜透性的影响

当植物受到胁迫时，体内会产生大量的活性氧自由基，自由基能启动膜脂过氧化作用，使膜内拟脂双分子层中含有的不饱和脂肪酸链被过氧化分解，影响植物叶片细胞膜透性，严重时导致植物死亡。如图 7.28 所示，随着处理土霉素浓度的升高，小麦幼苗叶片的细胞膜透性呈上升趋势。在 0.01 mmol/L 浓度土霉素处理下，核优 1 号细胞膜透性比对照处理显著升高，比对照增加了 3.31 倍，烟农 21 比对照增加了 1.10 倍。添加土酶素后，在 0.04 mmol/L 浓度土霉素处理下，烟农 21 幼苗细胞膜透性均高于对照处理，而且增加比较缓慢。在 0.08 mmol/L 浓度下 TOC 处理下，烟农 21 叶片细胞膜透性比对照处理增加了 3.94 倍，而核优 1 号则增加了 8.14 倍。

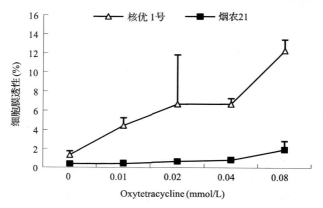

图 7.28　土霉素对小麦叶片细胞膜透性的影响

5. 土霉素对不同耐性小麦叶片保护酶活性的影响

植物在正常状态下由于保护酶等活性氧清除系统的存在而使体内活性氧存在低水平的动态平衡。抗氧化系统或活性氧清除系统由保护酶系和抗氧化物质两部分组成，在植物的保护酶系中有超氧化物歧化酶(SOD)、过氧化物酶(POD)、过氧化氢酶(CAT)、抗坏血酸过氧化物酶(APX)；抗氧化物质主要包括抗坏血酸、维生素 E 及还原型谷胱甘肽等。这两类抗氧化系统的活性或含量在受到病原菌或诱发物处理时发生变化，并与活性氧的积累有关。其中 SOD 酶的主要功能是清除超氧化物自由基。SOD 清除 O_2^- 的能力与其含量有关，而生物体合成 SOD 的数量常受 O_2^- 浓度的影响，在 O_2^- 的诱导下，可提高 SOD 生物合成的能力。CAT 主要清除植物体内的 H_2O_2，POD 是清除 H_2O_2 与许多有机氢化物的重要酶。土霉素胁迫下，植物体内活性氧代谢受到干扰，因此，SOD、CAT、POD 等的活性也会产生变化。

如图 7.29 所示，不同浓度土霉素胁迫条件下，不同耐性小麦幼苗叶片 SOD 酶活性在一定程度上受到了影响。当添加低浓度的土霉素时，烟农 21 叶片 SOD 酶活性显著高于核优 1 号的酶活性,当添加高浓度的土霉素时,两种小麦叶片 SOD 酶活性没有显著差异。

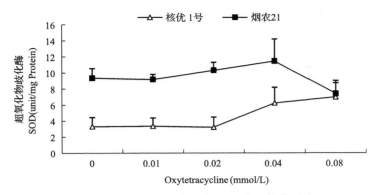

图 7.29　土霉素对小麦叶片 SOD 酶活性的影响

由图 7.30 可知，小麦幼苗 POD 活性受土霉素的胁迫而发生变化。烟农 21
叶片 POD 酶活显著高于核优 1 号叶片的酶活，在土霉素存在条件下，核优 1 号
叶片 POD 酶活性明显高于对照，土霉素浓度为 0.01 mmol/L，0.02 mmol/L 和
0.04 mmol/L 时，其酶活分别比对照处理升高了 1.64，2.93 和 4.06 倍。但是，在
土霉素浓度为 0.08 mmol/L 时，与对照相比，核优 1 号 POD 酶活性显著高于烟农
21。随着营养液中土霉素浓度的增加，烟农 21 幼苗叶片 POD 酶活性也增加。在
0.01～0.04 mmol/L 浓度范围内，添加土霉素处理烟农 21 幼苗叶片 POD 酶活性比
对照处理增加了 0.40，0.67，1.83 倍。

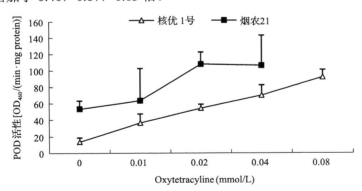

图 7.30　土霉素对小麦叶片过氧化物酶活性的影响

如图 7.31 所示，不同耐性小麦幼苗 CAT 活性对土霉素胁迫的响应存在浓度
间的差异。土霉素浓度为 0.01 mmol/L 时，核优 1 号 CAT 活性比对照升高了
1.49%，而烟农 21 则降低了 8.86%。然而在 0.02 mmol/L 浓度下，核优 1 号过氧
化氢酶活性比对照降低了 33.50%，而烟农 21 则升高了 3.10%。土霉素浓度为
0.04 mmol/L 时，两个品种幼苗 CAT 活性均低于对照处理，核优 1 号降低了 72.03%，
烟农 21 降低了 10.70%。当溶液中 OTC 浓度达到 0.08 mmol/L 时，幼苗叶片过氧

化氢酶活性显著低于其他处理。

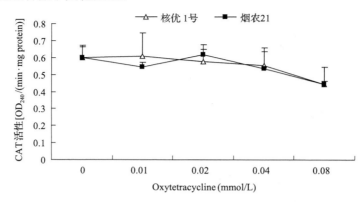

图 7.31　土霉素对小麦叶片过氧化氢酶活性的影响

6. 土霉素对不同耐性小麦叶片抗氧化剂含量的影响

在土霉素胁迫下，植物体内活性氧生成量增加，活性氧清除系统通过控制细胞中活性氧的浓度来保护细胞，抗坏血酸（ASA）作为植物体内的一种抗氧化剂能清除 $O_2^{\cdot-}$、$^1O_2$ 和 H_2O_2。如图 7.32 所示，核优 1 号叶片 ASA 酶活性显著低于烟农 21 酶活性，两个品种在不同浓度土霉素浓度处理下对酶活得效应表现不同。土霉素浓度为 0.01 mmol/L 时，与对照相比核优 1 号抗坏血酸含量降低了 4.79%，而烟农 21 则升高了 1.69%。然而在土霉素浓度为 0.02～0.08 mmol/L 时，两个品种叶片抗坏血酸含量均增加，烟农 21 抗坏血酸含量分别比对照增加了 91.92% 和 19.18%。

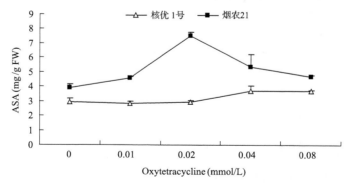

图 7.32　土霉素对小麦叶片抗坏血酸含量的影响

GSH 是植物体内普遍存在的含—SH 的还原物质，在防御自由基和脂质过氧化对膜脂的过氧化中起重要作用。如图 7.33 所示，核优 1 号叶片 GSH 含量显著高于烟农 21 GSH 含量，两个品种在不同土霉素浓度处理下 GSH 含量不同。土霉素浓度为 0.01 mmol/L 时，与对照相比核优 1 号含量降低了 15.91%，而烟农 21

则升高了 37.10%。然而土霉素浓度为 0.04 mmol/L 和 0.08 mmol/L 时，两个品种叶片含量均降低，烟农 21 GSH 含量分别比对照降低了 6.27%和 66.38%。核优 1 号 GSH 含量分别比对照降低了 14.58%和 35.24%。

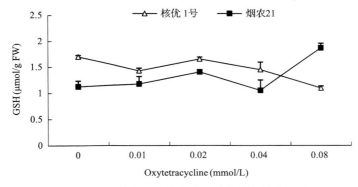

图 7.33　土霉素对小麦叶片谷胱甘肽含量的影响

由本节研究结果可知，与核优 1 号相比，烟农 21 对土霉素具有更强的耐性，因此烟农 21 细胞质中过氧化反应低，MDA 含量低，其膜系统遭受的损伤也较小，细胞膜透性小。通过比较两个品种在不同处理中抗氧化酶防御系统和抗氧化剂含量的变化，可以看出 SOD、POD 和 ASA 在小麦对土霉素的耐性中起着至关重要的作用。

参 考 文 献

李兆君, 姚志鹏, 张杰, 等. 2008. 兽用抗生素在土壤环境内的行为及其生态毒理效应研究进展. 生态毒理学报, 3: 15-20.

刘滨扬. 2011. 红霉素、环丙沙星和磺胺甲恶唑对羊角月牙藻的毒性效应及其作用机理. 广州: 暨南大学.

唐启义, 冯明光. 1997. 实用统计分析及其计算机处理平台. 北京: 中国农业出版社.

王朋, 温蓓, 张淑珍. 2011. 环丙沙星对玉米芽期抗氧化酶活性及自由基代谢的影响. 环境化学, 30: 753-759.

王彦杰, 洪秀杰, 左豫虎, 等. 2006. 禾谷镰刀菌毒素对小麦叶组织超微结构的影响. 黑龙江八一农垦大学学报, 18 (3): 5-9.

王毅, 方秀娟, 徐欣, 等. 1995. 黄瓜幼苗低温锻炼对叶片细胞叶绿体结构的影响. 园艺学报, 22 (3): 299-300.

Chi Z, Liu R, Zhang H. 2010. Potential enzyme toxicity of oxytetracycline to catalase. Science of the Total Environment, 408: 5399-5404.

Lin L, Liu Y, Liu C, et al. 2013. Potential effect and accumulation of veterinary antibiotics in Phragmites australis under hydroponic conditions. Ecological Engineering, 53: 138-143.

Wen B, Liu Y, Wang P, et al. 2012. Toxic effects of chlortetracycline on maize growth, reactive oxygen species generation and the antioxidant response. Journal of Environmental Sciences, 24: 1099-1105.

Xu J X, Zhang J, Xie H, et al. 2010. Physiological responses of Phragmites australis to wastewater with different chemical oxygen demands. Ecological Engineering, 36: 1341-1347.

第 8 章　典型抗生素在水体环境中的
降解及水生生物敏感性

目前，污水处理厂排水及河流、湖泊、水库等天然水体中都发现了数百种抗生素（Wu et al., 2016; Cheng et al., 2014; Cheng et al., 2016b; Yao et al., 2017）。在水生生态系统中，抗生素的残留不仅会对水生生物造成不利的影响，而且会加速抗生素抗性基因（ARGs）的产生（Xu et al., 2016），最终通过基因的转移进入人体，并且对人类健康产生不可预测的负面影响。广泛存在的抗生素已成为水体中环境污染研究的焦点（Liu et al., 2017）。研究抗生素在水体环境中的生物毒性及其迁移转化规律具有十分重要的意义。

8.1　土霉素对水体环境中生物毒性分析

各种污染物在环境中的积累程度不一，不同物种对污染物的耐受力也不同，如何制定一个环境标准，推导一个毒物环境的阈值是环境研究的热点之一。对于单个物种可以用剂量效应曲线来计算污染物的毒性，但是整个生态系统的毒性阈值的建立是一个难题。目前常用 SSD 法来预测阈值（Wheeler et al., 2002）。SSD 的全称是物种敏感性分布法，是用统计学理论来表示和预测各种污染物对环境影响程度的一种方法。由于不同物种对同一污染物的敏感性是不同的，所以有不同的毒性指标即 EC_{50}（半数致死浓度）、EC_{10}（引起生物体 10%毒害效应的浓度）和 NOEC（最大无效应浓度）。SSD 法是指不同物种的毒性指标服从于一定的累积概率分布，可以用这个概率分布函数来表现不同物种对污染物的敏感性程度。

利用 SSD 法可以计算参数 HCp（hazardous concentration）。HCp 指对应一定的累积概率的污染物的浓度。在这个浓度下，所有物种中受到影响的比例不超过 p，或者已经达到了（1–p%）保护程度，也就是说在一定的环境下，在这个浓度下，（1–p%）比例的物种是安全的。一般的情况下，HC5 是常用的一个指标，指 95%的物种都已经受到了保护。

毒性数据分为实验室所得数据和野外数据，目前物种敏感性分布所用的数据一般为实验室所得到的数据，但可能由于实际的环境条件与实验条件总有一定的差距，所以使用实验室的数据是不合适的。但当前可用的数据大部分为实验室所得到的数据，所以目前计算主要使用的是实验室数据。

物种敏感性分布中有多个函数分布可以选择，如 log-Normal、log-logistic、BurrⅢ等几种是常用的分布函数。其中美国推荐 log-Normal，澳大利亚和荷兰一般用 BurrⅢ(李会仙等，2012；王小庆等，2012)。利用不同的函数拟合后，要比较不同函数的拟合精度，计算 X 轴方向的残差平方和(均方根误差，root mean standard error，RMSE)以比较其拟合优度(王小庆等，2012)。

SSD 用于生态风险评价是在一定外界污染物的浓度下，得到生物群落中受到污染物影响的比例，或者是在一个物种中受到污染物影响的比率。在美国 1998年 EPA 就发布了生态风险评价指南。在我国，也利用了 SSD 敏感性分布评价了黄河口、杭州西湖以及长江铜陵段重金属的风险，研究表明黄河口的重金属生态风险高于其他的两个地方(孔祥臻等，2011)。李会仙等(2012)运用敏感性分布研究了农药、重金属等对水生生物的生态风险，并计算了不同物种和不同污染物的HC5，为我国的生态风险评价提供了一定的依据。

土霉素是水产养殖中使用量较大的一种抗生素，本研究主要利用 SSD 对土霉素对水体环境中生物毒性进行分析。

8.1.1　土霉素对水生生物敏感性分析数据选取

土霉素对水生生物的毒性数据来源于近年来 Sciencedirect 数据库、Springer数据库和中国知网等发表的国内外文献。同一污染物，不同的实验时间之间毒性数据不同，对于同一物种有不同时间点的毒性数据，则选取最敏感毒性数据。如果有针对不同生理指标的数据则选取最敏感指标的数据(王小庆等，2012)。最后挑选进一步分析作图的数据见表 8.1 和表 8.2。

表 8.1　土霉素对水生生物毒性数据

物种	测试标准	EC_{50}/LC_{50} (mg/L)	数据来源
Brachionus calyciflorus	growth EC_{50}	1.870	Isidori, 2005
Anabaena cylindrica	growth EC_{50}	0.032	Ando et al., 2007
Chlorella vulgaris	growth EC_{50}	6.400	Pro et al., 2003
Microcystis aeruginosa	growth EC_{50}	0.207	Holten et al., 1999
Microcystis wesenbergii	growth EC_{50}	0.350	Ando et al., 2007
Nostoc sp.	growth EC_{50}	7.000	Ando et al., 2007
Pseudokirchneriellasubcapitata	growth EC_{50}	0.342	Ando et al., 2007
Synechococcus leopoldensis	growth EC_{50}	1.100	Ando et al., 2007
Synechococcus sp.	growth EC_{50}	2.000	Ando et al., 2007
Tetraselmis chuii	growth EC_{50}	11.180	Ferreira et al., 2007
Lemna gibba	Wet weight EC_{50}	1.010	Brain et al., 2004

续表

物种	测试标准	EC$_{50}$/LC$_{50}$(mg/L)	数据来源
Artemiaparthenogenetica	survival LC$_{50}$	806.000	Ferreira et al., 2007
Ceriodaphnia dubia	immobilization EC$_{50}$	18.650	Isidori et al., 2005
Daphnia magna	immobilization EC$_{50}$	22.640	Isidori et al., 2005
Moina macrocopa	immobilization EC$_{50}$	126.700	Park and Choi, 2008
Palaemonetes pugio	survival LC$_{50}$	683.300	Uyaguari et al., 2009
Thamnocephalus platyurus	survival LC$_{50}$	25.000	Isidori, 2005
Oryzias latipes	survival LC$_{50}$	110.100	Park and Choi, 2008
斑马鱼	survival LC$_{50}$	1341.764	孔志明, 2004
Morone saxatilis	survival LC$_{50}$	597.000	Britt and Alford, 1996
赤眼鳟	survival LC$_{50}$	151.400	郑闽泉, 2005
Morone saxatilis	survival LC$_{50}$	75.000	Hughes, 1973
杂交鲟鱼	survival LC$_{50}$	447.200	刘晓勇, 2011
大马哈鱼	survival LC$_{50}$	116.000	USEPA, 1996

表 8.2　土霉素水生生物 NOEC 值

名称	暴露时间/测试终点	浓度(mg/L)	来源
Anabaena cylindrica	growth NOEC	0.0031	Ando et al., 2007
Anabaena flosaquae	growth NOEC	0.02500	Ando et al., 2007
Anabaena variabilis	growth NOEC	0.1000	Ando et al., 2007
Microcystis aeruginosa	growth NOEC	0.0310	Ando et al., 2007
Microcystis wesenbergii	growth NOEC	0.2500	Ando et al., 2007
Nostoc sp.	growth NOEC	0.7800	Ando et al., 2007
Pseudokirchneriella subcapitata	growth NOEC	0.1830	Ando et al., 2007
Daphnia magna	survival NOEC	9.2300	Kyunghee, 2012
Daphnia magna	EC$_{10}$	7.4000	Wollenberger et al., 2000
Moina macrocopa	reproduction NOEC	27.7000	Kyunghee, 2012
Hydra attenuata	morphology NOEC	50.0000	Quinn et al., 2008
Oryzias latipes subcapitata	adult growth NOEC	50.0000	Kyunghee, 2012

8.1.2　土霉素对水生生物敏感性 SSD 曲线的拟合

　　用累积概率分布函数 BurrⅢ对毒性数据进行拟合,拟合结果见图 8.1 和图 8.2。由图 8.1 和图 8.2 可知,水生生物中鱼类处于敏感性曲线的上段,表示鱼类对土霉素的敏感性较小,无脊椎动物水蚤类处于曲线的中段,表示水蚤等对土霉素的敏感性中等,水藻处于曲线的最低端表示水藻对土霉素的敏感性最高,最容易受到影响。采用基于 BurrⅢ分布的 BurrliOZ 统计软件构建 SSD 曲线并计算出第 5 个百分点值即 HC_5 中值。用 EC_{50} 计算得出的 HC_5 值为 0.0300 mg/L，用 NOEC 计算得出的 HC_5 值为 0.0054 mg/L。

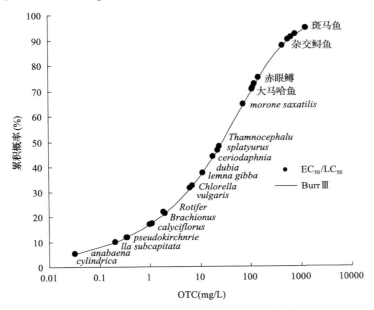

图 8.1　土霉素水生生物 EC_{50} 敏感性曲线

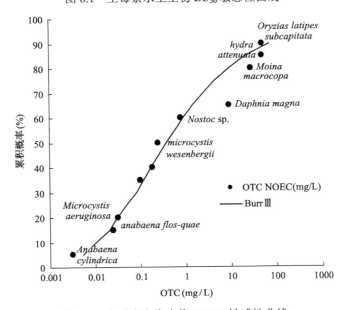

图 8.2　土霉素水生生物 NOEC 敏感性曲线

8.1.3 水体中土霉素的含量以及土霉素生态风险评价

从表 8.3 可以看出，大部分水域中的土霉素浓度小于 HC_5 值，对水生生物的影响不大，仅有养殖场污水中抗生素浓度大于 HC_5 值，对于生物的影响较大，生态风险远远大于其他水体。用 BurrliOZ 软件计算南昌养殖场废水中土霉素残留所对应影响的水生生物概率为 6.81%，上海养猪场废水中的土霉素残留所影响的水生生物概率为 6.46%，市政污水中土霉素残留所影响的水生生物概率为 4.12%。其他土霉素浓度下，生物的风险较低，没有超过 5%的阈值。

表 8.3　水体中土霉素含量

位置	OTC（μg/L）	引用文献
南昌养殖场废水	71.7500	贺蕴普，2011
上海养猪场废水	60.5000	姜蕾，2008
贵阳南明河水	ND~3.0000	刘虹，2009
养殖场排水口	0.07~72.9100	魏瑞成，2010
市政污水	2.1750	那广水等，2009
郊区河水	0.7510	那广水等，2009
养殖场排污口	1.3440	那广水等，2009
污水处理厂	0.2500	那广水等，2009
中国，海河(高流量季节)	0.0450	Luo et al., 2011
中国，海河(低流量季节)	0.0400	Luo et al., 2011
中国，黄河(高流量季节)	0.0845	Jiang et al., 2011
中国，黄河(低流量季节)	0.0371	Jiang et al., 2011
中国，江苏地表水	2.2000	Wei et al., 2010
中国，九龙江(高流量季节)	0.0334	Zhang et al., 2011
中国，九龙江(低流量季节)	0.2210	Zhang et al., 2011
韩国，江原道地表水	1.4100	Ok et al., 2011
德国，Lutter 河水	——	Hirsch et al., 1999
德国地表水	——	Hirsch et al., 1999
意大利，Po 和 Lambro 河水	0.0192	Calamari et al., 2003
卢森堡，Alzette 河水	0.0020	Pailler et al., 2009
卢森堡，Mess 河水	0.0070	Pailler et al., 2009
美国，溪流水体	0.3400	Kolpin et al., 2002

　　用 NOEC 计算的敏感性曲线进行分析，用 BurrliOZ 软件计算南昌养殖场废水中土霉素残留所对应影响的水生生物概率为 28.57%，上海养猪场废水中的土霉素残留所影响的水生生物概率为 26.6%，市政污水中土霉素残留所影响的水生生物概率为 14.1%。其他的土霉素浓度下，生物的风险较低，没有超过 5%的阈值。

　　由以上研究结果可知，水生生物中，水藻类对土霉素的敏感度最高，无脊椎动物次之，鱼类是最不敏感的。除了养殖场废水和排污水的生态风险较高外，其他自然环境中的生态风险均较低。

8.2　淡水湖天然胶体颗粒对氧氟沙星和恩诺沙星光化学反应的影响

　　传统概念中"所谓溶解态"（<0.45 μm 或者 0.22 μm）实质上由部分"胶体态"颗粒（1 μm～1 nm）和"真溶态"（<1 nm）两部分组成。天然胶体颗粒（NCPs）普遍存在于各种水体且以 10^8 数量级计量，即天然水体中大量可溶性物质实质上是以"胶体态"颗粒存在而非真正溶解的"真溶态"。NCPs 是由无机或有机组分构成的复合体系，开展天然水体中 NCPs 的抗生素光化学研究具有重要意义。研究表明，NCPs 能与许多其他有机污染物（如多环芳烃、内分泌干扰物和其他药物等）发生强烈的相互作用（Cheng et al.，2016a；Yan et al.，2015a；Yan et al.，2015b）。此外，其他研究报道也发现 FQs 对土壤和沉积物的吸附性很高（$K_d = 260 \sim 16543$ L /kg），这表明它们在天然固体介质中的高积累性和低迁移性（Cheng et al.，2014；Riaz et al.，2017）。有机污染物在 NCPs 上的吸附可以通过能量转移反应、光吸收和有效的光散射加速污染物的光降解，也可以通过激发态猝灭和辐射屏蔽等降低污染物光降解。因此，当前基于可溶性有机质（DOM）的有机污染物光化学性质不能完全用来解释 NCPs 在天然水体中的整体光化学特性。近年来，切向超滤（CFUF）技术的发展，使我们可以在较短的时间内收集大量的 NCPs，进而更好地研究它们对天然水体中有机污染物转化规律的影响。

　　氟喹诺酮类抗生素作为一类广谱的抗革兰氏阳性和阴性细菌活性药物，具有良好的口服吸收特性，广泛应用于动物疾病的预防和治疗。其在废水和天然水体中的浓度相对较高，变化范围在 ng/L 到 μg/L 量级之间（Hao et al.，2015；Xu et al.，2015；Zhang et al.，2017）。本节研究了 NCPs 对水环境中广泛存在并频繁检出到的氧氟沙星（OFL）和恩诺沙星（ENR）两种氟喹诺酮类抗生素（表 8.4）的光化学的影响（Li et al.，2012）。研究不同粒径 NCPs 对 OFL 和 ENR 的光解动力学的影响，并探讨这两种抗生素在 NCPs 溶液中的光化学反应类型和机理。

表 8.4　氧氟沙星（OFL）和恩诺沙星（ENR）的理化性质和 LC-MS/MS 参数

抗生素	结构	$\log K_{ow}$	pK_a	母离子	CV^a	子离子	CE^b	LOD(ng/L)	LOQ(ng/L)
氧氟沙星		−0.02	pK_{a1}=6.10 pK_{a2}=8.28	362.43	36	261.23 318.36	26 18	8.24	27.48
恩诺沙星		1.1	pK_{a1}=6.27 pK_{a2}=8.30	360.39	34	245.23 316.38	26 20	18.6	61.9

a.CV：锥形电压（V）；b.CE：碰撞能量（eV）

8.2.1　OFL 和 ENR 反应动力学

1. NCPs 的分离与表征

基于前期研究报道（Cheng et al., 2014; Cheng et al., 2016a; Li et al., 2012），选取雄安新区白洋淀轻度抗生素污染水域（38°50.854′N，115°57.387′E）进行样品采集，OFL 和 ENR 含量仅在 1~20 ng/L 范围内变化。取样前将高密度聚乙烯氟化塑料桶用 10%硝酸浸泡过夜，然后再用去离子水和所取水样彻底冲洗，并收集湖面下 0.5 m 的表层水。水样运至实验室后立即通过 1.0 mm 滤囊（Millipore, Durapore）过滤水样，以获得预过滤水样。

如图 8.3 所示，通过 CFUF（表面积 0.5 m², Millipore Pellicon 2）对预过滤水样进行进一步处理，得到不同尺寸的胶体颗粒（Cheng et al., 2016a）。通过使用一系列不同分子量或孔径的超滤膜盒（Millipore Pellicon 2: 1 kDa-PLAC, 10 kDa-Biomax, 100 kDa- Biomax and 0.65 μm-DVPP），分离出 4 种不同粒径的胶体颗粒：①粗胶体颗粒：F1（0.65~1 μm）；②细胶体颗粒：F2（100 kDa 至 0.65 μm）；③超细胶体颗粒：F3（10~100 kDa）；④F4（1~10 kDa）。CFUF 操作分为浓缩和渗滤两种模式。在浓缩模式下，截留液（胶体颗粒）循环流回给料罐，而透过液（次级胶体颗粒和真溶相）则流入其他单独容器中。操作完成后，体积浓度因子（VCF）为 10。其次是透析模式，通过用超纯水代替透析损失的溶液体积，使截留液体积保持不变。透析用水量是截留液体积的 10 倍。透析结束后，将所提取的胶体溶液（F1~F4）在−18℃冷冻保存。

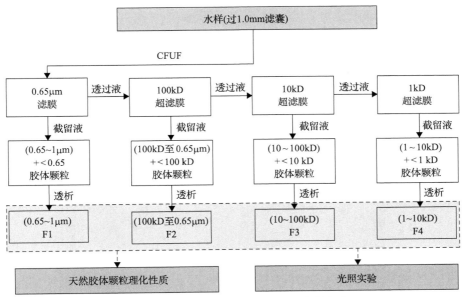

图 8.3 不同尺寸 NCPs(F1~F4)分离的程序

上述获得的 NCPs 溶液(F1~F4)在真空旋转蒸发器(IKA RV05)中 50℃以下蒸发浓缩，然后浓缩液经冷冻干燥(Christ ALPHA2-4)制备干胶体颗粒。胶体有机碳(COC)含量用装有固体样品模块(SSM-5000A)的岛津全有机碳分析仪(TOC-5000A型)测定。大中量金属元素(K、Ca、Na、Mg)和微量金属元素(Fe)用 ICP-AES(Jobin Yvon ULTIMA)测定。NCPs 的理化性质如表 8.5 所示。此外，根据 8.1.2.4 抗生素检测方法，原 NCPs 中的 OFL 和 ENR 浓度均低于检测限(LOD，表 8.4)。

表 8.5 天然胶体颗粒的理化性质和 FQs 对 NCPs 在单一和混合处理中的吸附率

NCP	理化性质						
	pH	COCª (g/kg)	Ca(g/kg)	Mg(g/kg)	K(g/kg)	Na(g/kg)	Fe(mg/kg)
F1	6.56	103.31	78.33	9.31	30.54	139.46	492
F2	6.70	223.33	58.37	10.09	33.08	214.61	159
F3	6.74	462.89	90.41	23.59	49.80	120.40	172
F4	6.24	277.12	92.39	7.64	39.69	145.04	241

NCP	吸附率(%)			
	OFL-Single[b]	ENR-Single[b]	OFL-Mixture[c]	ENR-Mixture[c]
F1	68.32±8.22	91.85±8.73	73.18±16.24	95.10±4.65
F2	42.81±10.90	90.76±10.21	53.20±5.87	93.15±3.92
F3	86.84±2.57	83.93±5.77	83.22±3.50	87.45±1.35
F4	50.06±1.59	90.81±3.26	49.57±8.45	88.27±2.62

a.COC：胶体有机碳；b.OFL-Single 和 ENR-Single：抗生素单独添加吸附；c.OFL-Mixture 和 ENR-Mixture：抗生素混合添加吸附

2. 光解实验

采用 XPA-1 型旋转式光化学反应器(中国南京徐江机电厂)和模拟太阳光源 (500W 氙灯,290nm 滤光片,$\lambda > 290$nm)在避光通风橱中进行光化学实验。用辐射计(PMA 2100 太阳光公司)测量反应系统的光强度(290~420 nm)为 0.96 mW/cm^2,不同波长的光强见图 8.4。采用水浴循环冷却,使反应体系温度保持在(25±1)℃。在连续搅拌条件下,用含 50 mL 反应液的具塞石英玻璃管进行光化学实验。

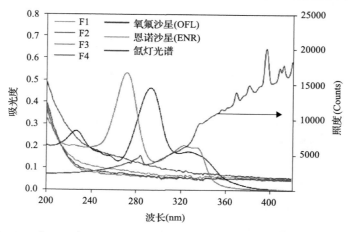

图 8.4   OFL(1 mg/L)、ENR(1 mg/L)和不同粒径 NCP 溶液(F1~F4, 10 mg/L)
紫外-可见吸收光谱及光源的发射光谱

光化学实验通过分别照射每种抗生素(单一添加处理:OFL-Single,ENR-Single)和同一溶液中的两种抗生素(混合添加处理:OFL-Mixture,ENR-Mixture)进行。每种化合物的初始浓度为 5 μg/L,添加 NCPs 溶液(F1~F4, 10 mg/L)。使用内径为 3.0 cm 的 50 mL 石英管对反应溶液进行辐照,充分混合并在黑暗中储存 24 h,并在相同条件下进行暗对照实验(每个处理 3 个平行)。由于反应溶液 pH 变化较小(6.24~6.74),也为了避免缓冲剂或其他调节剂在光化学过程中的影响,反应溶液的 pH 没有进行调整。使用异丙醇(IPA)、叠氮化钠(NaN$_3$)和山梨酸(AOS)指示光解溶液中是否产生·OH、^{1}O$_2$ 和三重激发态胶体有机质(^{3}COM*)及其是否参与光解反应。其中异丙醇是·OH 的猝灭剂,NaN$_3$ 是 ^{1}O$_2$ 的猝灭剂,山梨酸是 ^{3}COM* 的猝灭剂。

使用内滤效应校正法来评估不同尺寸 NCPs 溶液(F1~F4)中直接和间接光解的贡献(Leifer, 1988)。根据 Guerard 等(2009)提出的方法,使用光屏蔽系数($S_{\Sigma\lambda}$)量化 NCPs 光吸收对直接光解速率的影响。根据如下公式计算特定波长下光屏蔽系数(S_λ)。

$$S_\lambda = \frac{1 - 10^{-\alpha_\lambda l}}{2.303 \alpha_\lambda l} \tag{8.1}$$

其中，$\alpha_\lambda (\mathrm{cm}^{-1})$ 是波长比衰减系数；$l(\mathrm{cm})$ 是测试试管的光程；$S_{\Sigma\lambda}$ 由波长作图的积分区域除以没有内滤作用发生时的理论区域（即对所有波段 $S_\lambda = 1.0$）。根据方程 $k_{dp} = S_{\Sigma\lambda} \times k_{con}$，预测了 NCPs 溶液（$k_{dp}$）中直接光解速率常数，其中 k_{con} 是在超纯水条件下实验确定的直接光解速率常数。S_λ 由 290～350 nm 范围内的 OFL 和 ENR 计算。

3. OFL 和 ENR 在不同粒径 NCPs 上的吸附实验

将含有 10 mg/L F1～F4 的 OFL 和 ENR 的单一溶液和混合溶液（5 μg/L）充分混合，避光平衡 24 h。将样品转移到 1 kDa（Pall，美国）超滤离心管中，以 4000 r/min 离心 15 min（Xu et al.，2011）。采用 UPLC-MS/MS 分析样品，根据下述方程确定 OFL 或 ENR 对不同粒径 NCP 的吸附率（AP）：

$$AP(\%) = \frac{C_0 - C}{C_0} \times 100 \tag{8.2}$$

其中，C_0 为目标抗生素的初始浓度；C 为吸附后目标抗生素的残留浓度。

4. 抗生素分析

采用超高效液相色谱-四极杆串联质谱仪（UPLC-MS/MS）测定了光解及吸附后 OFL 和 ENR 的残留浓度。UPLC-MS/MS 的接口部件为电喷雾离子源（ESI），采用多重反应监测（MRM）对靶向抗生素进行定量分析。本节具体的抗生素液质联用检测技术参数列于表 8.4。OFL 和 ENR 的检测限（LOD）分别为 8.2 ng/L 和 18.6 ng/L，定量限（LOQ）分别为 27.5 ng/L 和 61.9 ng/L。

所有样品一式三份，相对标准偏差小于 10%。使用一级动力学模型计算两种抗生素的光降解动力学参数：

$$\frac{dC}{dt} = -kC \tag{8.3}$$

式中，C 表示时间为 t 时目标抗生素的浓度，k 表示速率常数。抗生素的半衰期（$t_{1/2}$）用 $t_{1/2} = \ln 2/k$ 计算。

5. NCP 溶液中的 OFL 和 ENR 反应动力学

每种抗生素在单一和混合溶液中的初始浓度均为 5 μg/L，NCPs（F1～F4）含量为 10 mg/L，接近于天然水中胶体颗粒的浓度（Cheng et al.，2016a）。在所有的光化学实验中，在黑暗对照组中没有观察到明显的 OFL 和 ENR 损失，表明在光化学实验中，微生物或水解方法的衰减可以忽略不计。

　　OFL、ENR 和 F1～F4 的紫外-可见吸收光谱与模拟太阳的发射光谱($\lambda >$ 290 nm)相互重叠(图 8.4)(Ge et al., 2010)，在存在 F1～F4 的情况下，OFL 和 ENR 在水体中的直接光解和间接光解都有可能发生。图 8.5 给出了抗生素混合添加处理条件下，纯水(PW)和不同 NCPs 溶液(F1～F4，均为 10 mg/L)中 OFL 和 ENR(均为 5 μg/L)的光解反应动力学曲线。

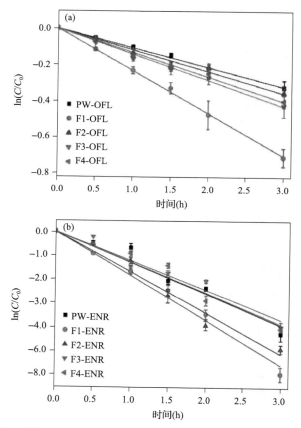

图 8.5　抗生素混合添加条件下氧氟沙星(a)和恩诺沙星(b)在纯水(PW)和
不同大小的 NCPs 溶液(F1～F4)中的光解反应动力学

　　如图 8.5 所示，OFL 和 ENR 在纯水和 CNPs 溶液中的光化学反应遵循准一级反应动力学 $R^2 > 0.95$)。FQs 光解半衰期($t_{1/2}$)从抗生素单一添加处理 F1 溶液中的 0.37 h(ENR)到混合添加处理 F4 溶液中的 6.86 h(OFL)不等。光源(500 W，氙灯)相同时，ENR 单独添加处理 k_{obs} 和 $t_{1/2}$ 值与前人的研究结果类似(Li et al., 2011)。然而，与其他的抗生素相比，如奥美普林 $t_{1/2}$ 变化范围为 5.9～68.6 h(500 W，氙灯)(Guerard and Chin, 2012)，或苯丙醇类抗生素 $t_{1/2}$ 变化范围为 143～500 h

（1000 W，氙灯）（Ge et al.，2009）。本节中较短的 FQs 半衰期意味着在水环境体系中抗生素光解是影响其环境行为的一个重要因素。比较抗生素单独添加和混合添加处理中 OFL 和 ENR 的 k_{obs} 值差异，发现二者无显著差异（$P<0.01$）（图 8.6）。这一结果可能是由于 OFL 和 ENR 在抗生素单独添加和混合添加处理中相似的吸附能力引起（表 8.5）。许多研究表明，疏水性有机污染物（HOCs，如多环芳烃）和离子性有机污染物（IOCs，如抗生素）均可被天然有机质（NOM）吸附，进而影响其在水环境系统中的迁移、转化和生物有效性等（Rui et al.，2016）。因此，抗生素的光敏化降解过程可以通过其与 COM 的相互作用而改变。先前的研究已表明，由于吸附作用促进了能量转移，进而增强了 β-内酰胺类和氨基糖苷类抗生素在富含 NOM 溶液中的间接光解（Rui et al.，2016；Xu et al.，2011）。可以推测，抗生素单独添加和混合添加处理在敏化剂上相似的吸附能力会产生相似的能量转移，但仍需进一步的研究来评估抗生素和 NCPs 之间相互作用的特性。因此，为了节省时间和实验经费，后续的光化学实验将在 OFL 和 ENR 的混合溶液中进行。

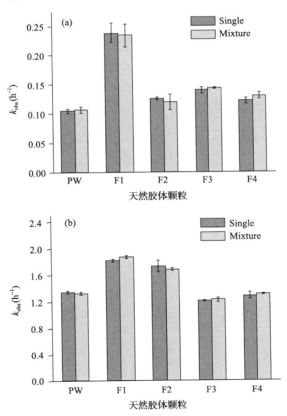

图 8.6　抗生素单独添加（Single）和混合添加（Mixture）处理条件下氧氟沙星（a）和恩诺沙星（b）在纯水（PW）和不同大小 NCP 溶液（F1～F4）中的准一级光解反应速率常数（k_{obs}）

如表 8.6 所示，OFL 和 ENR 在不同粒径 NCPs 溶液（F1～F4）中同时进行了直接和间接光解。除了 OFL 在 F1 溶液中的光化学行为，其他所有的胶体溶液中两种抗生素的直接光解速率常数均占表观降解速率常数的 50%以上。因此，直接光解是两种靶向抗生素的主要降解途径。此外，除了 ENR 在 F3 和 F4 溶液中的光解反应，其他 NCPs 均通过间接光解途径增强了两种抗生素的降解，特别是当 OFL 和 ENR 在反应活性最大的 F1 溶液进行光解时，分别促进了 63%和 41%的光解反应速率（表 6.8）。天然胶体溶液中抗生素光化学反应差异可能归因于多种因素的综合效应。也可能归因于内滤效应，即通过用光屏蔽因子（$S_{\sum\lambda(290\sim340)}$）区分 k_{ip} 来补偿间接光解速率常数。实验结果表明，光屏蔽效应抑制了 OFL 和 ENR 在 NCPs 溶液中的直接光解，而且小粒径 NCPs 比大粒径 NCPs 具有更强的内滤作用（表 8.6）。这可能是由于吸附有 OFL 或 ENR 的小粒径胶体颗粒具有强重叠吸收光谱（图 8.4）。因此，相比大粒径 NCPs，小颗粒更容易竞争吸收光子。此外，NCPs 的组成，特别是 COM，可以通过清除 ROS（例如，·OH 和 $^1O_2$）来抑制 FQs 可能的间接光解。在 NCPs 中，小分子的胶体有机碳（COC）含量，如 F3（462.89 g/kg）和 F4（277.12 g/kg），远高于 F1 中的含量（103.31 g/kg）（表 8.5）。这也导致了小粒径 NCPs 的抗生素光解速率较慢。

表 8.6　不同粒径胶体溶液（F1～F4）中 OFL 和 ENR 光解速率常数（k_{obs}）、半减期（$t_{1/2}$）和预测的直接光解、间接光解对 k_{obs} 的贡献

NCP	$S_{\sum\lambda(290\sim350)}$[a]	k_{obs}(h^{-1})	$t_{1/2}$(h)	k_{dp}[b](h^{-1})	k_{ip}[c](h^{-1})	DP[d](%)	IP[d](%)
OFL							
PW	NA	0.106±0.005	6.54	0.106	NA	100	0
F1	0.821	0.234±0.019	2.96	0.087	0.147	37	63
F2	0.809	0.119±0.014	5.82	0.086	0.033	72	28
F3	0.773	0.143±0.033	4.85	0.082	0.061	57	43
F4	0.784	0.130±0.006	5.33	0.083	0.047	64	36
ENR							
PW	NA	1.320±0.024	0.53	1.320	NA	100	0
F1	0.834	1.866±0.023	0.37	1.101	0.765	59	41
F2	0.813	1.682±0.017	0.41	1.073	0.609	64	36
F3	0.785	1.223±0.026	0.57	1.036	0.187	85	15
F4	0.797	1.308±0.005	0.53	1.052	0.256	80	20

a.290～350 nm 波长范围内总光屏蔽因子；b.k_{dp} 为直接光解速率常数；c.k_{ip} 为间接光解速率常数；d.DP 和 IP 分别为直接光解和间接光解所占比例

8.2.2　OFL 和 ENR 反应类型

如表 8.6 所示，除直接光解外，OFL 和 ENR 的光化学反应也经历了不同粒径 NCPs(F1~F4)的光敏化间接光解。间接光解对 OFL 和 ENR 整体降解的贡献率分别为28%~63%和15%~41%。许多研究已证实，在(模拟的)天然水中，阳光介导的间接光解主要是由 NCPs 衍生的活性物质，如 $^1O_2$、·OH 和 $^3COM^*$ 引起的(Xu et al., 2011; Yan et al., 2015a)。为了评估 NCPs 在氙灯照射下形成的不同活性物质的作用，在不同粒径 NCPs 存在下向 FQs 溶液中添加：①2-异丙醇，一种·OH 清除剂(Ge et al., 2010)；②叠氮化钠，·OH 和 $^1O_2$ 的清除剂和③山梨酸 $^3COM^*$ 猝灭剂(Xu et al., 2011)。通常，在 3 种猝灭剂存在的条件下测量的 k_{obs} 值较低(表 8.7)。异丙醇的加入对 OFL 和 ENR 的光化学反应均有一定的抑制作用，说明它们的光反应是通过·OH 进行光氧化的。叠氮化钠的加入也抑制了 OFL 和 ENR 的光化学反应，而且叠氮化钠的抑制作用略大于异丙醇，说明 OFL 和 ENR 也发生了 $^1O_2$ 介导的光解反应。

表 8.7　抗生素混合添加处理中不同粒径胶体溶液(F1~F4)的存在下 OFL 和 ENR 光降解的准一级速率常数(k_{obs})

	F1	F2	F3	F4
OFL				
None	0.234±0.019	0.119±0.014	0.143±0.033	0.130±0.006
2-propanol[a]	0.194±0.003	0.098±0.001	0.121±0.012	0.109±0.008
Sodium azide[b]	0.181±0.001	0.079±0.005	0.117±0.002	0.103±0.006
Sorbic acid[c]	0.102±0.006	0.057±0.005	0.078±0.005	0.072±0.003
Fe(III)[d]	0.258±0.016	0.129±0.014	0.344±0.013	0.177±0.013
ENR				
None	1.866±0.023	1.682±0.017	1.223±0.026	1.308±0.005
2-propanol	1.656±0.065	1.469±0.008	1.184±0.043	1.208±0.160
Sodium azide	1.631±0.087	1.383±0.155	1.179±0.055	1.194±0.028
Sorbic acid	1.249±0.122	1.019±0.059	1.339±0.068	1.042±0.061
Fe(III)	1.706±0.016	1.683±0.015	2.261±0.105	1.876±0.023

a.异丙醇(20 mmol/L)；b.叠氮化钠(1.0 mmol/L)；c.山梨酸(0.5 mmol/L)；d.Fe(III)(5 μg/L)

相较于异丙醇和叠氮化钠，山梨酸的猝灭效果更明显。然而，这种化合物可以作为 $^3COM^*$ 或抗生素自身三重激发态的猝灭剂。为了证明这一点，我们研究了纯水中山梨酸存在下 OFL 和 ENR 混合物的光降解反应。尽管也观察到抗生素去除过程中存在少许抑制作用(数据未列出)，但远远低于添加 NCPs 溶液中的抑制效果。这表明在模拟条件下，COM 对抗生素的光致氧化起着非常大的作用，尽管不能排除其他反应类型的作用，但它们的重要性较小。这与其他有机污染物的研究结果一致(Carlos et al., 2012; Xu et al., 2011)。

　　通常，OFL 或 ENR 与活性物质(例如，·OH, $^1O_2$ 和 $^3COM^*$)反应的效率可能与抗生素和活性物质之间的亲密性有关(Xu et al., 2011)。NCPs 与抗生素的结合增强相互间的能量传递并促进抗生素的光解。为了验证这一猜想，研究了 OFL 和 ENR 在不同粒径 NCPs 上的吸附率(AP)。结果表明，NCPs 结合的抗生素可能对其光解有显著影响(表 8.6)。例如，由于 ENR 的 AP 从 87.45%(F3)增加到 95.10%(F1)，间接光解对整体降解的贡献率从 15%(F3)增加为 41%(F1)。这是由于相较于未结合的抗生素分子，NCPs 与抗生素的结合有助于能量的传递。

8.2.3　抗生素的光化学特性与天然胶体颗粒性质之间的关系

　　为了进一步研究抗生素在 NCPs 溶液中的光化学反应机理，测定了 NCPs 的理化性质(表 8.5)。胶体有机碳(COC)含量为 103.31～462.90 g/kg。NCPs 中 Ca、Mg、Na 和 K 的浓度为 7.64～214.61 g/kg，而铁含量为 159～492 mg/kg。这一结果与 Cheng 等(2016a)报道结果一致。胶体组分含有大量的金属元素，特别是钙、镁、钠和钾，这可能是由于胶体颗粒的表面积较大，有机碳含量和阳离子交换量(CEC)较高所致。因此，NCPs 具有很强的固定溶解性阳离子和有机污染物(如抗生素)的能力(表 8.5)(Pan et al., 2012; Yan et al., 2015b)。

　　皮尔逊相关分析表明，k_{obs} 值主要与 Ca、Mg、Na 和 K 含量呈负相关(表 8.8)。这一结果可能归因于 NCPs 中抗生素和阳离子之间的竞争吸附(Cheng et al., 2011b; Yusheng et al. 2011)。Pan 等(2012)已经证明，由于 Mg(II)和 OFL 之间的竞争吸附，Mg(II)降低了 DOM-OFL 结合，OFL 降低了 DOM-Mg 结合。抗生素与 NCPs 结合的增强可能对其光化学反应有显著影响。这一结论可以通过抗生素的 k_{obs} 值与 AP 值之间的关系得到证实，两者之间具有正相关，尤其是 $k_{obs(ENR)}$ 与 AP_{ENR} 之间具有显著相关性($r = 0.999$, $P<0.01$)(表 8.8)。激发态 COM 向抗生素的能量转移可能是由结合促进的，进而在抗生素光氧化过程中起着关键作用(Song et al., 2007; Xu et al., 2011)。此外，相关分析还表明，k_{obs} 与 Fe 的结合呈正相关，尤其对于 OFL 关系显著($r = 0.963$, $P<0.05$)(表 8.8)。究其原因，可能是 FQs 和胶体表面结合的 Fe，特别是 Fe(III)，通过在哌嗪环 N1 原子上的吸附和初始氧化形成自由基中间体，最后生成终级产物(Zhang and Huang, 2007)。此外，天然水中的 Fe(III)通过羧酸根被 DOM 或胶体络合(Weller et al., 2013)。无须额外添加 H_2O_2 的光降解地表水中有机污染物的 Fenton 类 Fe(III)-carboxylate 体系也被认为是一种有效去除有机污染的方法，因为它能高效地生成·OH，从而完全氧化有机污染物(Mangiante et al., 2017)。为了验证这一机理，研究了不同粒径 NCPs 溶液中 Fe(III)对 FQs 光化学反应的影响(表 8.7)。Fe(III)的加入对 NCPs 溶液中抗生素的光降解有很好的促进作用。这也表明，NCPs 中的 Fe 在氟喹诺酮类抗生素的光化学

反应中具有重要作用。

表 8.8　抗生素 k_{obs} 和 NCPs 理化性质之间的皮尔逊相关系数 (r)

	pH	COC[a]	Ca	K	Mg	Na	Fe	AP$_{OFL}$[b]	AP$_{ENR}$	$k_{obs(OFL)}$	$k_{obs(ENR)}$
pH	1										
COC	0.254	1									
Ca	−0.481	0.482	1								
K	0.641	0.833	0.327	1							
Mg	0.153	0.976*	0.652	0.833	1						
Na	0.189	−0.375	−0.905	−0.472	−0.567	1					
Fe	−0.221	−0.734	0.086	−0.403	−0.579	−0.332	1				
AP$_{OFL}$	0.736	0.185	0.061	0.694	0.242	−0.455	0.299	1			
AP$_{ENR}$	0.068	−0947	−0.679	−0.659	**−0.963***	0.482	0.658	0.028	1		
$k_{obs(OFL)}$	0.021	−0.603	0.075	−0.165	−0.454	−0.404	**0.963***	0.488	0.609	1	
$k_{obs(ENR)}$	0.179	−0.906	−0.685	−0.558	−0.921	0.442	0.667	−0.083	**0.999****	0.642	1

a.胶体有机碳；b.FQs 的吸附率；**.$p<0.01$ 显著相关；*.$p<0.05$ 显著相关

出乎意料的是，pH 与 k_{obs} 不具显著相关性。这一结果可能是由于本研究中 NCPs 溶液的 pH 变化范围较窄（6.24～6.74）。然而，依据溶液 pH 的变化，两种抗生素由于具有不同 pK_a 值的多个离子化基团而呈现复杂的离子化模式（表 8.4）。随着 pH 从酸性增加到碱性，OFL 和 ENR 的主要种类从 (OFL/ENR)$^+$ 和 (OFL/ENR)$^\pm$ 变为 (OFL/ENR)$^-$（图 8.7），其中占主导地位的两性离子和阴离子会产生显著的影响（Ge et al., 2018; Salma et al., 2016）。此外，值得一提的是，COC 与 k_{obs} 之间的相关性不显著（$P>0.05$）。这可能与 NCPs 很少以单一形式存在有关，即使是"均匀"的胶体颗粒（如腐殖质）也包含了可识别生物分子的复杂混合物。这也是我们进一步研究的重点，以明确不同粒径 NCPs 的组成，包括有机和无机部分，甚至量化它们在污染物光化学行为中的作用。

本节研究首次提供了模拟阳光照射下不同粒径天然胶体颗粒溶液中低浓度 FQs 降解的光化学数据。结果表明，不同粒径的 NCPs 对光敏化抗生素降解有明显不同的效果。在 NCPs 的影响下，OFL 和 ENR 同时进行了直接和间接光解。一方面，光屏蔽抑制了 OFL 和 ENR 在 NCPs 溶液中的直接光解，特别是相较于大粒径 NCPs，小粒径 NCPs 内滤效应更强。另一方面，OFL 和 ENR 的光化学反应也经历了不同粒径 NCPs 光敏作用下的间接光解，这与由 ^{3}COM* 介导的主要光解途径一致。抗生素在 NCPs 上的吸附对抗生素的光解起着非常重要的作用。研究结果表明，对于不同粒径的 NCPs 组成对有机污染物光敏化降解的作用还需要进行更系统深入的研究。

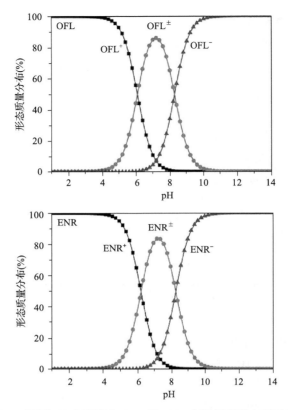

图 8.7　不同 pH 水溶液中 OFL 和 ENR 主要解离形态质量分布

参 考 文 献

贺蕴普, 贺德春, 王志良, 等. 2011. 养殖废水中四环素 HPLC 分析方法的研究. 广州化学, 1: 26-31.

姜蕾, 陈书怡, 杨蓉, 等. 2008. 长江三角洲地区典型废水中抗生素的初步分析. 环境化学, 27: 371-374.

孔祥臻, 何伟, 秦宁, 等. 2011. 重金属对淡水生物生态风险的物种敏感性分布评估. 中国环境科学, 3: 1555-1562.

孔志明, 曲薆薆, 孙立伟, 等. 2004. 兽药添加剂阿散酸和土霉素的毒理. 农业环境科学学报, 23: 240-242.

李会仙, 张珊卿, 吴丰昌, 等. 2012. 中美淡水生物区系中汞物种敏感度分布比较. 环境科学学报, 32: 1183-1191.

刘虹, 张国平, 刘从强, 等. 2009. 贵阳城市污水及南明河中氯霉素和四环素类抗生素的特征. 环境科学, 30 (3): 687-692.

刘晓勇, 张颖, 齐茜, 等. 2011. 杂交鲟幼鱼对几种外用消毒药物敏感度的研究. 水产学杂志, 3: 10-15.

那广水, 陈彤, 张月梅, 等. 2009. 中国北方地区水体中四环素族抗生素残留现状分析. 中国环境监测, 25: 78-80.

王小庆, 韦东普, 黄占斌, 等. 2012. 物种敏感性分布在土壤中镍生态阈值建立中的应用研究. 农业环境科学学报, 31 (1): 92-99.

魏瑞成, 葛峰, 陈明, 等 2010. 江苏省畜禽养殖场水环境中四环类抗生素污染研究. 农业环境科学学报, 29: 1205-1210.

郑闽泉, 袁定清, 刘伯仁, 等. 2005. 赤眼鳟对常用水产药物的敏感性试验. 水产养殖, 3: 35-39.

Ando T, Nagase H, Eguchi K, et al. 2007. A novel method using cyanobacteria for ecotoxicity test of veterinary antimicrobial agents. Environmental Toxicology and Chemistry, 26: 601-606.

Brain R A, Johnson D J, Richards S M, et al. 2004. Effects of 25 pharmaceutical compounds to Lemna gibba using a seven-day static-renewal test. Environmental Toxicology and Chemistry, 23: 371-382.

Britt W, Alford C. 1996. Cytomegalovirus. Fields Virology. Philadelphia: Lippincott-Raven Publishers. pp. 2493-2523.

Calamari D, Zuccato E, Castiglioni S, et al. 2003. Strategic survey of therapeutic drugs in the rivers Po and Lambro in Northern Italy. Environmental Science & Technology, 37: 1241-1248.

Carlos L, Mártire D O, Gonzalez M C, et al. 2012. Photochemical fate of a mixture of emerging pollutants in the presence of humic substances. Water Research, 46(15): 4732-4740.

Cheng D, Liu X, Wang L, et al. 2014. Seasonal variation and sediment-water exchange of antibiotics in a shallower large lake in North China. Science of the Total Environment, 476-477: 266-275.

Cheng D, Liu X, Zhao S, et al. 2016a. Influence of the natural colloids on the multi-phase distributions of antibiotics in the surface water from the largest lake in North China. Science of the Total Environment, 578: 649-659.

Cheng D, Xie Y, Yu Y, et al. 2016b. Occurrence and partitioning of antibiotics in the water column and bottom sediments from the Intertidal Zone in the Bohai Bay, China. Wetlands, 36(1): 167-179.

Fanun M. 2014. Preface// The Role of Colloidal Systems in Environmental Protection. Amsterdam: Elsevier: 17-21.

Ferreira C S, Nune B A, de Melo Henriques-Almeida J M, et al. 2007. Acute toxicity of oxytetracycline and florfenicol to the microalgae Tetraselmis chuii and to the crustacean Artemia parthenogenetica. Ecotoxicology and Environmental Safety, 67: 452-458.

Ge L, Chen J, Qiao X, et al. 2009. Light-source-dependent effects of main water constituents on photodegradation of phenicol antibiotics: mechanism and kinetics. Environmental Science & Technology, 43 (9): 3101-3107.

Ge L, Halsall C, Chen C-E, et al. 2018. Exploring the aquatic photodegradation of two ionisable fluoroquinolone antibiotics-Gatifloxacin and balofloxacin: Degradation kinetics, photobyproducts and risk to the aquatic environment. Science of the Total Environment, 633: 1192-1197.

Guan Y, Wang B, Gao Y, et al. 2016. Occurrence and fate of antibiotics in the aqueous environment in China and removal by constructed wetlands: A review. Pedosphere, 27(1): 42-51.

Guerard J J, Chin Y P. 2012. Photodegradation of ormetoprim in aquaculture and stream-derived dissolved organic matter. Journal of Agricultural and Food Chemistry, 60 (39): 9801-9806.

Guerard J, Miller P, Trouts T, et al. 2009. The role of fulvic acid composition in the photosensitized degradation of aquatic contaminants. Aquatic Sciences-Research Across Boundaries, 71 (2): 160-169.

Hao X, Cao Y, Zhang L, et al. 2015. Fluoroquinolones in the Wenyu River catchment, China: Occurrence simulation and risk assessment. Environmental Toxicology & Chemistry, 34(12): 2764-2770.

Hirsch R, Ternes T, Haberer K, et al. 1999. Occurrence of antibiotics in the aquatic environment. Science of the Total Environment, 225 (1-2): 109-118.

Holten L C H, Halling-Soerensen B, Joergensen S E. 1999. Algal toxicity of antibacterial agents applied in Danish fish farming. Archives of Environmental Contamination and Toxicology, 36 (1): 1-6.

Hughes J S. 1973. Acute toxicity of thirty chemicals to striped bass, Morone saxatilis. Report, Louisiana Wildlife and Fisheries Commission, Baton Rouge, LA.

Isidori M. 2005. Toxic and genotoxic evaluation of six antibiotics on non-target organisms. Science of the Total Environment 346: 87-98.

Jiang L, Hu X, Yin D, et al. 2011. Occurrence, distribution and seasonal variation of antibiotics in the Huangpu River, Shanghai, China. Chemosphere, 82: 822-828.

Kolpin D W, Furlong E T, Meyer M T, et al. 2002. Pharmaceuticals, hormones, and other organic wastewater contaminants in U.S. streams, 1999-2000: A national reconnaissance. Environmental Science & Technology, 36 (6): 1202-1211.

Kyunghee J. 2012. Risk assessment of chlortetracycline, oxytetracycline, sulfamethazine, sulfathiazole, and erythromycin in aquatic environment: Are the current environmental concentrations safe? Ecotoxicology, 21: 2031-2050.

Li W, Shi Y, Gao L, et al. 2012. Occurrence of antibiotics in water, sediments, aquatic plants, and animals from Baiyangdian Lake in North China. Chemosphere, 89 (11): 1307-1315.

Liu X, Steele J C, Meng X Z. 2017. Usage, residue, and human health risk of antibiotics in Chinese aquaculture: A review. Environmental Pollution, 223: 161-169.

Luo Y, Xu L, Rysz M, et al. 2011. Occurrence and transport of tetracycline, sulfonamide, quinolone, and macrolide antibiotics in the Haihe River Basin, China. Environment Science and Technology, 45 (5): 1827-1833.

Mangiante D M, Schaller R D, Zarzycki P, et al. 2017. Mechanism of ferric oxalate photolysis. ACS Earth and Space Chemistry, 1 (5): 270-276.

Nam S, Choi D, Kim S, et al. 2014. Adsorption characteristics of selected hydrophilic and hydrophobic micropollutants in water using activated carbon. Journal of Hazardous Materials, 270: 144-152.

Ok Y S, Kim S C, Kim K R, et al. 2011. Monitoring of selected veterinary antibiotics in environmental compartments near a composting facility in Gangwon Province, Korea. Environmental Monitoring & Assessment, 174 (1-4): 693-701.

Pailler J Y, Krein A, Pfister L, et al. 2009. Solid phase extraction coupled to liquid chromatography-tandem mass spectrometry analysis of sulfonamides, tetracyclines, analgesics and hormones in surface water and wastewater in Luxembourg. Science of the Total Environment, 407 (16): 4736-4743.

Pan B, Qiu M, Wu M, et al. 2012. The opposite impacts of Cu and Mg cations on dissolved organic matter-ofloxacin interaction. Environmental Pollution, 161 (1): 76-82.

Park S, Choi K. 2008. Hazard assessment of commonly used agricultural antibiotics on aquatic ecosystems. Ecotoxicology, 17: 526-538.

Pro J, Ortiz J A, Boleas S, et al. 2003. Effect assessment of antimicrobial pharmaceuticals on the aquatic plant Lemna minor. Bulletin of Environmental Contamination and Toxicology, 70: 290-295.

Quinn B, Gagne F, Blaise C. 2008. An investigation into the acute and chronic toxicity of eleven pharmaceuticals (and their solvents) found in wastewater effluent on the cnidarian, Hydra attenuate. Science of the Total Environment, 389: 306-314.

Riaz L, Mahmood T, Khalid A, et al. 2017. Fluoroquinolones (FQs) in the environment: A review on their abundance, sorption and toxicity in soil. Chemosphere, 191: 704-720.

Rui L, Cen Z, Bo Y, et al. 2016. Photochemical transformation of aminoglycoside antibiotics in simulated natural waters. Environmental Science & Technology, 50 (6): 2921-2930.

Salma A, Thoröe-Boveleth S, Schmidt T C, et al. 2016. Dependence of transformation product formation on pH during photolytic and photocatalytic degradation of ciprofloxacin. Journal of Hazardous Materials, 313: 49-59.

Sturini M, Speltini A, Maraschi F, et al. 2015. Sunlight-induced degradation of fluoroquinolones in wastewater effluent: Photoproducts identification and toxicity. Chemosphere, 134: 313-318.

USEPA. 1996. Ecological Effects Test Guidelines: Fish Acute Toxicity Test, Freshwater and Marine, OPPTS 850.1075, EPA 712-C-96-118; U.S. Environmental Protection Agency: Washington, DC.

Uyaguari M, Key P, Moore J, et al. 2009. Acute effects of the antibiotics oxytetracycline on the bacterial community of the grass shrimp, Palaemonetes pugio. Environmental Toxicology and Chemistry, 28: 2715-2724.

Wammer K H, Korte A R, Lundeen R A, et al. 2013. Direct photochemistry of three fluoroquinolone antibacterials: Norfloxacin, ofloxacin, and enrofloxacin. Water Research, 47(1): 439-448.

Wei R, Ge F, Huang S, et al. 2010. Occurrence of veterinary antibiotics in animal wastewater and surface water around farms in Jiangsu Province, China. Chemosphere, 82 (10): 1408-1414.

Weller C, Horn S, Herrmann H. 2013. Photolysis of Fe(III) carboxylato complexes: Fe(II) quantum yields and reaction mechanisms. Journal of Photochemistry & Photobiology A Chemistry, 268(17): 24-36.

Wenk J, Aeschbacher M, Sander M, et al. 2015. Photosensitizing and inhibitory effects of ozonated dissolved organic matter on triplet-induced contaminant transformation. Environmental Science & Technology, 49(14): 8541-8549.

Wenk J, Eustis S N, Mcneill K, et al. 2013. Quenching of excited triplet states by dissolved natural organic matter. Environmental Science & Technology, 47(22): 12802-12810.

Wheeler J R, Grist E P M, Leung K M Y, et al. 2002. Species sensitivity distributions: data and model choice. Marine Pollution Bulletin, 45: 192-202.

Wollenberger L, Halling-Sørensen B, Kusk K O. 2000. Acute and chronic toxicity of veterinary antibiotics to Daphnia Magna. Chemosphere, 40: 723-730.

Wu M, Que C, Tang L, et al. 2016. Distribution, fate, and risk assessment of antibiotics in five wastewater treatment plants in Shanghai, China. Environmental Science & Pollution Research, 23(18): 1-9.

Xu H, Cooper W J, Jung J, et al. 2011. Photosensitized degradation of amoxicillin in natural organic matter isolate solutions. Water Research, 45(2): 632-638.

Xu Y, Chen T, Wang Y, et al. 2015. The occurrence and removal of selected fluoroquinolones in urban drinking water treatment plants. Environmental Monitoring & Assessment, 187(12): 729-739.

Xu Y, Guo C, Luo Y, et al. 2016. Occurrence and distribution of antibiotics, antibiotic resistance genes in the urban rivers in Beijing, China. Environmental Pollution, 213: 833-840.

Yan C, Nie M, Yang Y, et al. 2015a. Effect of colloids on the occurrence, distribution and photolysis of emerging organic contaminants in wastewaters. Journal of Hazardous Materials, 299: 241-248.

Yan C, Yang Y, Zhou J, et al. 2015b. Selected emerging organic contaminants in the Yangtze Estuary, China: A comprehensive treatment of their association with aquatic colloids. Journal of Hazardous Materials, 283: 14-23.

Yao L, Wang Y, Tong L, et al. 2017. Occurrence and risk assessment of antibiotics in surface water and groundwater from different depths of aquifers: A case study at Jianghan Plain, central China. Ecotoxicology and Environmental Safety, 135: 236-242.

Zhang D, Lin L, Luo Z, et al. 2011. Occurrence of selected antibiotics in Jiulongjiang River in various seasons, South China. Journal of Environmental Monitoring, 13: 1953-1960.

Zhang H, Huang C H. 2007. Adsorption and oxidation of fluoroquinolone antibacterial agents and structurally related amines with goethite. Chemosphere, 66 (8): 1502-1512.

Zhang R, Zhang R, Zou S, et al. 2017. Occurrence, distribution and ecological risks of fluoroquinolone antibiotics in the Dongjiang River and the Beijiang River, Pearl River Delta, South China. Bulletin of Environmental Contamination & Toxicology, 99(1): 46-53.